U0255112

如何与鲸交谈

HOW TO SPEAK WHALE

一次与动物交流的未来之旅

[英] 汤姆·穆斯蒂尔 —— 著
(Tom Mustill)
张孝铎 —— 译

北京联合出版公司 · 湛庐
Beijing United Publishing Co.,Ltd.

图书在版编目（CIP）数据

如何与鲸交谈：一次与动物交流的未来之旅 / (英)
汤姆·穆斯蒂尔著；张孝铎译. -- 北京：北京联合出
版公司, 2025. 2. -- ISBN 978-7-5596-8124-9
Ⅰ. Q95-49

中国国家版本馆CIP数据核字第2024JW1083号

如何与鲸交谈：一次与动物交流的未来之旅

[英] 汤姆·穆斯蒂尔（Tom Mustill） 著
张孝铎 译

出 品 人：赵红仕
出版监制：刘 凯
选题策划：联合低音
责任编辑：翦 鑫
封面设计：今亮後聲 HOPESOUND 2580590616@qq.com
内文制作：旅教文化

关注联合低音

北京联合出版公司出版
（北京市西城区德外大街83号楼9层 100088）
北京联合天畅文化传播公司发行
北京美图印务有限公司印刷 新华书店经销
字数247千字 880毫米×1230毫米 1/32 13印张
2025年2月第1版 2025年2月第1次印刷
ISBN 978-7-5596-8124-9
定价：78.00元

献给父亲，真希望你能亲眼看到这一切。

也献给座头鲸 CRC-12564，是你为我开启了这段旅程。

你们甚至不能理解彼此，

又何谈与海洋沟通？

——斯坦尼斯瓦夫·莱姆《索拉里斯星》*

* Stanisław Lem, *Solaris* (London: Faber and Faber, 2003), 23.

艺术家莎拉·A. 金（Sarah A. King）创作的插画，描绘了鲸鱼向夏洛特和我靠近时的情景

目　录

引　言

列文虎克要“细细端详”

Van Leeuwenhoek Decides to Look

如果我从未发现，会怎样？

——蕾切尔 · 卡森《万物皆奇迹》[1]

17 世纪中叶，荷兰共和国代尔夫特生活着一个名叫安东尼 · 范 · 列文虎克（Antonie van Leeuwenhoek）的男人。列文虎克可不是等闲之辈，下页图中这位就是他。

列文虎克是个卖布料的商人，同时也是一位高科技发明家。过去的五十年间，欧洲见证了望远镜和显微镜等放大工具的快速发展。这类器件大多利用了相似的原理，将两片玻璃透镜安装在一根镜筒内。透过这些镜片观察物体，仿佛为使用者赋予了“超能力”，让遥远的星球和微小的物体都变得清晰可见。它们非常稀有：掌握磨制、抛光和镜片安装技术的人本就

安东尼·范·列文虎克手持他发明的放大器件。扬·维尔科列绘，1686 年

不多，许多人更是对这些技术守口如瓶。对列文虎克这样的布料商来说，“显微镜”（microscope，由希腊语表示“小”和“观看”的词组成）是这行必不可少的工具，可以用来检查他买卖的纺织品的质量。早期的显微镜至多能放大 9 倍，后来放大倍率不断提高。不过，多透镜设计有一个缺陷：放大倍数越高，图像失真越严重。放大约 20 倍以上，图像就难以辨认了。[2]

在代尔夫特，列文虎克一直在秘密研发一种与众不同的技术。他没有使用多组透镜，而是精雕细琢小小的玻璃球——其中一些球体的直径刚刚超过 1 毫米。他将它们安装在可折叠的金属支架上，然后将一个物体放上支架，眼睛贴近玻璃球，透过它观察物体。他发现，这样可以将物体放大至 275 倍 [3]，且图像几乎没有失真。据称，列文虎克一生制作了 500 多台显微镜 [4]。最近的研究发现，这些器件的聚焦能力和清晰度，与现代光学显微镜不相上下。[5]

有了这一具有革命性的放大技术，列文虎克不但用它来检查所售布料的质量，还用它探索了生意之外的世界。就在其他显微镜使用者忙着放大和探索可见的事物（比如昆虫或软木塞）时，列文虎克发现了一个肉眼看不见的世界。他从当地的湖中提取少量水样，肉眼看去，水里什么都没有；令他惊奇的是，透过小玻璃球，他看到水中有成群的“极微动物”（animalcules）[6]，即微小的动物、细菌和单细胞生物。目光所及之处，他从来没见过的生物正成群疾游。这些生物遍布我们周围——在雨水和井水中，在我们体内，在列文虎克从嘴巴和肠道提取的样本里。他看得入了迷：“在水滴中，成千上万的生物在小小的一滴水中挤作一团，动来动去，这是我见过的最赏心悦目的画面。”[7]

当时，人们还无法观察到跳蚤、鳝鱼和蚌类的卵，便以为它们不存在。人们认为，这些小动物并不像有些动物那样从卵中孵化出来，而是经过一种所谓“自然发生”（spontaneous

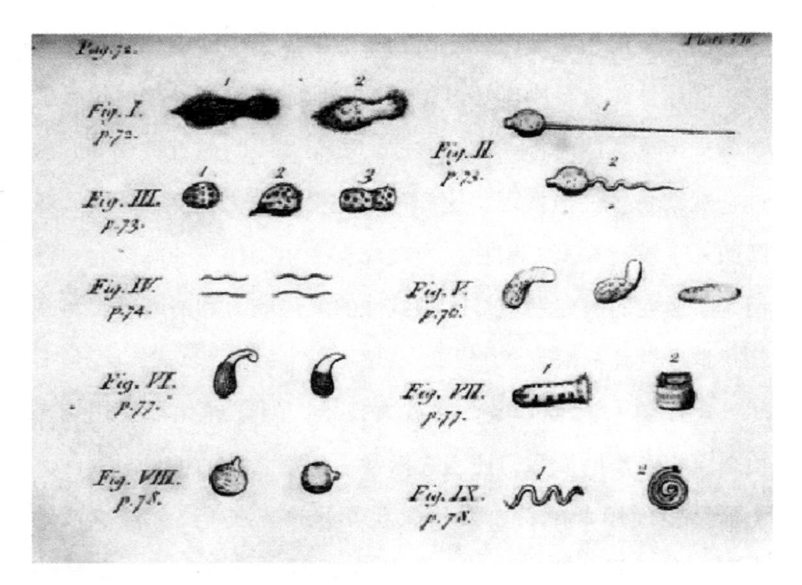

列文虎克为他发现的微生物绘制的插图（复制品）。人们认为，图 4（图中第三行左图）是有史以来第一幅印刷出来的细菌图像

generation）*的过程产生的：跳蚤从尘土中蹦出来，贻贝从沙子里长出来，鳗鱼则是由露水灌溉而生。列文虎克的光学器件揭示了这些从前看不到的卵是存在的，推翻了“自然发生论”。他沉醉在自己发现的新世界里：红细胞、细菌、盐的结构、鲸鱼的肌肉细胞。他还研究了彼时仍充满了未解之谜的人类生殖领

* 自然发生说，又称为“自生说”或“化生说”，是 19 世纪前盛行的一种理论，认为生命可以从它们存在的无生命的物质元素中自然发生。1862 年，巴斯德用著名的曲颈瓶实验否定了微生物的自然发生。——译者注

域，在精液中观察到长着尾巴、能游动的小东西——精子。每当想到这个时刻，我就忍不住好奇：这一切该多么令他惊讶啊——以及他弄到的精液样本是谁的呢？

在海峡对岸的英国，自然哲学家罗伯特·胡克（Robert Hooke）也一直在实验各种显微镜，增添和改进透镜，并用它们观察雪花的结构和跳蚤的毛发。他发表的绘画书揭开了这些隐秘世界，在公众中引起轰动。胡克的书让著名日记作者塞缪尔·佩皮斯（Samuel Pepys）*欲罢不能，躺在床上一直读到深夜两点。佩皮斯细细研究这些绘画，称这本书是他"一生读过的最新颖、精妙的书"[8]。列文虎克致信胡克和皇家学会（当时名为"伦敦皇家自然知识促进学会"）以及其他见多识广的实验者，介绍他的发现。起初，虽然有可靠的证人做证，但许多人并不相信这位"好奇心极盛又极勤奋"[9]的商人。怎么可能存在一整个我们完全看不见的生命领域呢？列文虎克抱怨道："经常听到别人说，我关于那些小动物的童话故事是编造的。"[10]在当时，他不但对自己的显微镜严加保护，对制作方法更是三缄其口，然而这对减轻世人的怀疑可没有任何帮助。

* 塞缪尔·佩皮斯（Samuel Pepys，1633—1703），英国作家、政治家，海军大臣。1659 至 1669 年，佩皮斯以日记的形式完整记录了将近十年的生活见闻（共 125 万字），详细记录了大到查理二世加冕、伦敦大火，小到蛋糕配方、住宅浴室的各种事物。——译者注

在伦敦，胡克努力复制列文虎克的实验结果。他反复尝试，终于复制出这种精致的小玻璃球。不过直到 1677 年 11 月 15 日，他才透过小球成功地聚焦一滴雨水，看见了其中动来动去的微小生物。他被“如此令人赞叹的奇观”所震惊[11]，并“深信不疑”，它们就是动物。果然，眼见方为实。有了胡克的佐证，列文虎克顺理成章地当选了皇家学会会员，如今更被广泛视为“微生物学之父”。他的发明使我们得以观察到一直围绕在我们身边的微生物——但同样重要的是，他拥有足够强大的好奇心，去探寻其他人眼中一无所获之处。

几个世纪过去了，我们的文化也发生了改变。有人在街上打喷嚏，你会想象细菌喷溅到你身上。当你担心你的痣看着有些异常时，你会联想起微小的癌细胞疯狂分裂的画面。了解微观世界改变了我们的生活：我们懂得了要洗手和清洁伤口，我们有了创造和冷冻胚胎的能力，我们知道了每个人体内潜藏的细菌与人体细胞一样多，以及一个肉眼看不见的生态系统。列文虎克探寻微观世界的决心改变了我们的行为、文化，以及我们看待自己的方式。

这就是列文虎克这项发明留给我们的遗产。我们无法抹去，也无法忽视他最先发现的东西。

* * *

时至今日，我们还能发现哪些看不见的世界呢？毕竟，我们已经身处全新的探索前沿了——17 世纪以来，我们的观察工具日新月异，其中许多都用到了我们自己身上：安全摄像头追踪你在街上的行走轨迹；手机中的温度计会感应到房间温度的降低，陀螺仪会感应到你在睡眠时的轻微移动。我们有太多东西被追踪着：你的睡眠和梦境，你的居所和行踪；你的指纹、声纹、虹膜图案、步数与步态、体重、排卵、体温、可能的感染、乳腺扫描检查、你的脸型和表情；你喜欢什么，不喜欢什么；你喜欢谁，不喜欢谁；吸引你的歌曲、颜色和物体都有什么；什么能激发你的欲望，什么又让你觉得有趣；你的名字、头像和用户名；你使用的词语，你说话的口音。

这才刚刚开始。现在，你不仅被朋友和家人记住，还被你从没见过的电脑记住——它们将从你这里探测到的东西转化成明确的数据，通过互联网上传至庞大的服务器，与数十亿人的数据存放在一起。关于你的数据积累速度比你写任何回忆录都快，哪怕你离开人世，它们也将继续存在。其他机器会利用这些数据接受训练，从而找寻看不见的行为模式。

过去几十年来，大学里最前途无量的工程师、数学家、心理学家、计算机科学家和人类学家当中，不少人被挖走，为

Alphabet、Meta、百度、腾讯等巨型信息公司工作。在20世纪40年代，这些人才可能已经加入“曼哈顿计划”，从事原子分裂研究工作；在60年代，他们也许已经受雇在喷气推进实验室（Jet Propulsion Laboratory）设计航天器了。如今，聪明的年轻人靠着挖掘出用来记录、积累和分析人类数据的新方法而得到丰厚回报。他们的机器可以利用语言中隐藏的模式，翻译各种人类语言，而无须学会说任何一种语言；借助不易察觉的面部模式，他们可以判断出一个微笑是否真诚，比人眼看得更准。[12] 虽然不情愿，但我们只能接受这样的现实：我们的数据被积累起来，我们或将被深谙个中模式的人所操纵。

凡此种种，很容易让我们忘记我们也是动物——人科动物。所有这些模式——我们的身体、行为和交流模式——都是生物学的一部分。我们为寻找人类隐藏的模式而创造的工具，也可以用于其他物种。正如列文虎克的显微镜既能用于检查布料，又能用于发现跳蚤的起源一样，起初为有效兜售产品才开发出来的众多追踪设备、传感器和模式识别机器，如今正向人类以外的世界扩展，用于观察其他物种和自然界的其他领域。在这个过程中，它们正在彻底改变生物学。

本书讲述了在这个全新的大发现时代，一些先驱者解密自然世界的故事。这是一次大数据与庞然巨兽的相遇之旅，碳基智能正在这个前沿地带探索碳基生命的模式。本书聚焦于最神秘、最迷人的一些动物——鲸鱼和海豚，以及最新技术如何从根本上改变了我们对它们不为人知的生活和能力的看法。本书还探讨了水下机器人、海量数据集、人工智能（AI）和人类文化变革如何结合起来，帮助生物学家破解鲸豚交流之谜。

这本书讲的是怎样学会说“鲸语”，以及随着科学、技术和文化的变化，这样的设想能否实现。随着我们将模式识别机器从人类自己身上移开，转而用它们来研究其他物种的表达，我不禁开始好奇，我们是否会因我们的发现而改变，就像列文虎克透过他的玻璃球看到的微观世界改变了我们一样？我们的发现能否促使我们去保护这些动物呢？

我知道，这一切听起来有些离奇。我以前也这么认为。但这可不是我编出来的：是这个故事落到我头上，我只是跌跌撞撞地跟着它走。故事的起点是 2015 年，当时一头重达 30 吨的座头鲸跃出海面，不偏不倚，落在了我身上。

第一章

闯入，鲸鱼的追逐

Enter, Pursued by a Whale

他们说海水冰冷，但大海中有最滚烫的血液。

——詹姆斯·T. 柯克船长《星际迷航 4: 抢救未来》[1]

2015 年 9 月 12 日，我和朋友夏洛特·金洛克（Charlotte Kinloch）在美国加利福尼亚州海岸附近的蒙特雷湾（Monterey Bay）*划皮艇。清晨6点左右，我们与一名导演及其他六名皮艇爱好者从莫斯兰丁（Moss Landing）出发，这座深水港位于海滨城市蒙特雷与圣克鲁斯（Santa Cruz）之间狭长海湾的中间位置。我们每两人一组，每组分配了一艘双人皮艇。天气寒冷，

* 蒙特雷湾是全世界规模最大的海洋生态保护区之一，也是欣赏鲸豚的热门地点。——译者注

雾气弥漫，万籁俱寂，我甚至能听见水滴从桨板滴落到海面的声音。港口岸壁内风平浪静，海獭懒洋洋地仰浮休息，或者在毛茸茸的“筏子”上相互依偎，从远处观察我们。

我们刚一绕过防波堤成堆的巨石进入外海，一群海狮就出现在我们周围的海面上。它们翻腾滚动，就像巨大的水下机器露出旋转的齿轮顶部，满脸胡须，打着响鼻儿。周围的雾气让晨光发生漫射，我们仿佛坐在灯箱中划桨，几乎什么都看不清。但生命就在我们身旁，无处不在。头顶，鹈鹕在海鸥的刺耳叫声中徐徐飞翔。

我凝视着几乎显现出金属光泽的灰蓝色海洋。现在，我们下方是一道比科罗拉多大峡谷还要深的水下峡谷。[2] 虽然我们离陆地不远，但此处的海底已经深达数百英寻*，一条巨大的裂缝从海岸延伸入海，足有 30 英里（约 48 公里）长。这处地质奇观是世界第三大海底峡谷。它让富含营养的深层海水流向海面；海面上，阳光与营养物质结合而产生的“海洋魔力”，滋养出一条令人惊叹、堪称自然奇迹的食物链。在 276 英里（约 444 公里）长的海岸线和 600 平方英里（约 1,554 平方公里）海域中，这片国家海洋保护区拥有数量极其丰富、品种极为多样的物种，因而有了“蓝色塞伦盖蒂”（Blue Serengeti）[3] 之称。

* 英寻（fathom），是海洋测量中计算水深的单位，1 英寻约等于 1.83 米。——译者注

在陆地上，只有为数不多的地方能亲眼见到巨型动物，比如坦桑尼亚的塞伦盖蒂大草原。在大部分陆地区域，你能看到的体形最大的动物很可能只是一头牛，而海中至今还生活着很多巨兽。它们大多在远离人类视线的极地水域或遥远的岛链附近活动。不过，由于这处峡谷的存在，地球上体形最大的水生动物在这里混居一处：大白鲨、棱皮龟、翻车鱼、海象、座头鲸、虎鲸，以及巨型动物之最——蓝鲸。它们就生活在安静的海岸边，毗邻人类最热闹的聚居地之一——从旧金山和硅谷过来，路程不算远。

我们的导游肖恩（Sean）是个留着胡子的棕发小子，看样子他腰系皮艇防水裙的时间，比穿着陆上服装的时间还多。肖恩介绍说，如果我们看到鲸鱼，应该与它们保持 100 码（91.44 米）的距离。它们是野生动物，我们有责任避开它们，而不是要求它们躲着我们。这片水域生活着很多种鲸鱼和海豚。灰鲸妈妈护送幼鲸，从它们出生的墨西哥海域，沿海岸一路游过来；虎鲸在这里潜伏，伺机捕猎它们；长须鲸、小须鲸在这里巡游，追逐浮游生物群；灰海豚在这里捕食乌贼。

皮艇划出港口不过几分钟，我们就看到鲸鱼了。它们简直无处不在。晨雾散去，我们看到它们喷出的水柱（又称“喷潮”）冲出水面，喷向四面八方；鲸鱼的呼吸在空气中留下了“轨迹”，沿着沙岸向蒙特雷湾和大海流动。作为保育生物学家和野生动物纪录片制作人，我有幸见过许多不同种类的鲸鱼，但从未有过这样的体验——这里的鲸鱼实在是太多了。

起初，我们看到的鲸鱼都在半英里（约 800 米）开外，比较远。然后，三头鲸鱼相继出现在距离我们咫尺之遥的地方，它们在快速游动。没过多久，更多的鲸鱼出现在我们身后，复又消失。肖恩要大家靠拢，然后划艇开始后退，与鲸鱼保持距离。此刻，海面风平浪静。

突然，鲸鱼浮出水面，发出爆破般的喷气声，震耳欲聋，仿佛就响在耳边，听着像是一种介于马儿嘶鸣和储气罐减压之间的声音。它们呼出的气体，闻着像带有鱼腥味的变质西蓝花，顺风向我们吹来。

通常情况下，真正看到鲸鱼的那一刻可能会令人失望——你能看到鲸鱼的时候，大多是它们浮出水面呼吸的时候——站在高高的甲板上，你匆匆瞥见的动物好像一根会呼气的大木头。在这个高度，你很难对鲸鱼庞大的体形有直观的感受。从皮艇上看鲸鱼，则是截然不同的体验。当我们与它们处在同一水平面时，我们才真切地感受到了它们惊人的体积和力量。

那天早上，我们要找的鲸鱼是座头鲸（*Megaptera novaeangliae*），它是所有鲸目动物中体形最大的物种之一。鲸目动物（cetaceans），是对包括鲸鱼、海豚和鼠海豚在内的一类哺乳动物的统称。座头鲸刚出生时，体重就和陆地上的白犀牛不相上下了。此刻，在我们身边游动的成年座头鲸，大多数体形有机场摆渡车那么大。薄雾下，朦胧的光线照亮了它们皮肤上的每一处细节，其肌理与黄瓜类似，带有细纹状的裂缝和疤痕，两个鼻孔上方有肌肉发达的隆起，可在头顶闭合。它们的背部呈蓝灰色，腹面颜色较浅；胸鳍很长，状似手臂。

我们此前已经得知，鲸鱼们正在捕食海面下延绵 1 英里（约 1.6 公里）的鱼群。显然，我们的皮艇下方正在举行一场盛大的鲸鱼宴会。座头鲸是大胃王，可以一次性捕食几百条鱼，并一口吞下。它们是洄游物种：夏季前往更清凉的海域，比如南极洲、阿拉斯加和蒙特雷湾，每天的大部分时间里都在进食，月复一月，它们大吃特吃，体重不断增加；到了冬季，它们就不吃东西了，一连数月都不进食，它们会游向温暖的热带海域，在那里求偶、处理寄生虫并产崽。

座头鲸是“在海面上高度活跃”的鲸鱼，它们经常将一部分身体伸出海面，或者在海面上翻滚。捕食猎物时，它们会突然从水中扑出，头部大部分露出水面，张大嘴巴；下潜时，它们则会优雅地折叠身体，让尾鳍完全伸展到水面之上。在热带海域时，它们基本都在休息，很少活动，为漫长的回程保存体力。不过，宁静会不时地被雄性座头鲸打破。它们在“求偶追逐仪式”（heat runs）中追逐雌鲸，并且相互争斗、撞击，这是一场血腥而危险的竞争。座头鲸每年洄游的距离是迁徙的哺乳动物中最长的，几乎跨越整片海洋。当它们返回聚食场时，体内的脂肪已经消耗殆尽，瘦得连脊骨的轮廓都清晰可见。所以，座头鲸在蒙特雷可不是无所事事地混日子的。正是饕餮时节，它们要把肚子塞满。

我们周围的座头鲸都在游动，并且速度很快。三四头组成一小群，频频转身。我知道，这些鲸鱼可以相互配合，用它们的身体和呼出的气泡困住密集成群的鱼类，将猎物推向水面，然后再一起猛冲过去。在这番巧妙的调动中，不同的鲸鱼似乎扮演着不同的角色。就合作捕猎的哺乳动物而言，有一点极不寻常：鲸鱼“团队”的成员之间往往没有血缘关系，却年复一年地聚在一起，结伴远游数千英里。我看到四头鲸鱼浮出水面，身体排成一条直线，胸鳍重叠在一起。它们整齐划一地呼气、吸气，旋即消失不见，活像得分时碰拳的排球运动员。

这种关系被称为友谊关系，尽管科学家们通常称之为“稳定的多年伙伴关系”（stable multiyear associations[4]）。我们坐在皮艇上颠簸不已，脚指头冻僵了，嘴巴张得大大的，看着它们大快朵颐。我后来得知，当天在这个海湾至少出现了120头鲸鱼。它们有时会将鳍“啪”地拍在水上，发出巨大的声响（称为“鳍肢拍水”，pec-slapping），甚至还会将头探出水面，眼睛在空中四处观望，这种行为叫作“浮窥”（spy hopping）。向天边望去，我们几次看到鲸鱼们跃出海面（“跃水”，breach）的画面——鲸鱼从水中跃起，然后砸向海面，炸起白色的海浪，发出“轰”的一声，就像远处的惊雷。当时我还没意识到，即使就蒙特雷湾来说，这也是一场前所未有的饕餮狂潮。天时地利人和，我们碰巧在最平静的天气下，遇到了有史以来距离海岸最近、密度最大的鲸群。

我看向我们的向导肖恩，注意到他的神色并不轻松。他的目光在我们这支小船队的四艘皮艇上来回扫视；如果我们漂得太远，他就时不时地喊我们靠拢；当新的鲸鱼出现时，他便催我们划桨后退。当然，鲸鱼的游动速度比皮艇快多了。

晨光渐逝，三四艘观鲸船和其他皮艇加入了我们。我们离海滩太近了，甚至有个玩立式桨板的人也靠过来了。我早就不再在意天气有多么寒冷潮湿，也忘了我的屁股已经坐麻。几个小时后，夏洛特——那天之前，她这辈子还没见过鲸鱼——和我将我们的皮艇划离鲸鱼的方向，和小组其他人一起回到岸边，筋疲力尽，满怀敬畏。

我们距离港口还有大约一半距离时，前方约 30 英尺（约 9 米）处，一头成年座头鲸突然从海里跃出，不可思议地冲向空中，用夏洛特后来的话说，就像一座建筑破海而出。鲸鱼在水中时，就像一座冰山：你能看到的只是冰山一角，无法真正理解它的大小。座头鲸成年后的身长在 30 ~ 50 英尺（约 9 ~ 15 米），每一英尺的体长重约一吨。一种体重是双层巴士三倍的动物，你能想象它在你上方悬停是什么样子吗？上一秒，我们还在碧波如镜的海面上往岸边划；下一秒，这块由肌肉、血液和骨骼组成的、活生生的巨物就升入空中，向我们飞来。我甚至注意到它喉部的凹槽。“喉腹褶”，我在心里嘀咕。接下来，我人已经在水下了。

座头鲸比体形最大的霸王龙还大三倍；长达 16 英尺（约 4.8 米）的胸鳍是地球生命史上动物里最大、最强的前肢。如果给座头鲸的胸鳍拍 X 光片，那么你看到的结构和你自己的胳膊差不多，只不过大得可怕：肩胛骨与肱骨相连，桡骨和尺骨接合，还能看到手骨和手指——这是它们的祖先回归海洋之前在陆地生活留下的痕迹。

当鲸鱼向我们砸下来时，巨大的冲击力把皮艇压到海水里，我们也随着下落的鲸鱼一起被吸入海中，在我们刚刚所在的位置激起一片浪花。在水下，我掉出皮艇，像玩具小人一样打着转，在冰冷的水中翻滚——速度快得超乎我想象，胃在翻腾——就像从高处往下跳时的感觉。我睁开眼睛，但除了一片白色什么也看不到。我意识到，鲸鱼在离我非常近的地方。然后，我感觉到它离开了，没有碰到我。迸发的白浪慢慢变成了幽暗的海水。

直到那一刻，我才感到后怕。在那之前，我只是以事实来看待这一切：我头顶上方有一头鲸鱼，我要死了。我的部分爬行脑（本能脑）所做的合理解释是，我之所以还没死，唯一的原因就是我处于休克状态，感觉不到身体已经被砸成了碎片；很快，我就会被疼痛击垮，失去意识。但我奇迹般地感觉到救生衣在被向上拉扯，我随即蹬腿向亮光处游去。

我确信夏洛特已经死了。

水花下面是夏洛特和我，以及我们的皮艇，还有一头座头鲸

我浮出水面，环顾四周，看到了她的脑袋。她的头还会动，还连在躯体上，眼睛睁得大大的，双唇紧闭，挤出了一个由肾上腺素和恐惧刺激出来的笑容。我欣喜若狂。我们还活着。

我们居然还活着？

我们游向皮艇，皮艇懒洋洋地漂在海面上，我们紧紧抓住它。皮艇里满是海水，它的鼻子（艏）受到撞击，凹陷变形；艇身被鲸鱼皮肤上的藤壶剐蹭，留下了划痕。后来，我很想知道要多大的力，才能把漂在海面上的皮艇那种高刚性的模压塑料壳撞出凹痕。就算我全力击打一只漂在浴缸里的橡皮小鸭子，也不会给它留下任何痕迹。科学家们估计出了这一过程涉及的力。[5] 要跃出水面，座头鲸的速度必须达到 26 英尺 / 秒（约 7.9 米 / 秒）。对大小相当于一辆卡车的物体来说，这是一个惊人的速度。据他们估计，一头体形庞大的成年鲸鱼想要飞跃出水面，需要释放相当于 40 枚手榴弹的能量。这么一说，我们就好像是在雷击中活下来一样幸运。

其他人划艇过来，看起来比我们更加不安——这不难理解，毕竟他们以为刚刚目睹了我们的死亡。当有人从水中捞起夏洛特的人字拖时，一艘观鲸船“突突”地从我们旁边驶来。我们仰头看着一排排俯身望过来的游客。一些人大声询问我们是否安好，还有一些人用手机录下我们的样子。大多数人刚才都面向另一边，远眺大海。他们以为我们是被浪花从皮艇上冲下来的，而不是被鲸鱼撞下来的。有人把我们的皮艇翻过来，倒空海水，我们扒住另一只皮艇晃荡着，既亢奋又震惊。我们安全了。

就在这时，一头鲸鱼沿着海面向我们游来。附近一艘皮艇上的人开玩笑地说：“它又回来了，没玩够！”

我笑了，但心里有点发慌。尽管我知道这些鲸鱼不会吃人——实际上也不能吃人，因为它们没有牙齿，嗓子眼儿只有葡萄柚那么大——但我也知道，它们通常不会在人类上方跃水。靠过来的鲸鱼的头部几乎快要撞到我们了，这时，它身体前部向下倾斜，又潜下去了。当座头鲸弯曲身体潜入水中时，它们的背部会明显拱起，露出其背鳍前方醒目的隆起——这也是它们得名“humpbacks”（直译为“驼背鲸”）的原因。当座头鲸长长的脊柱弯成弧线，头部向海底俯冲时，身体的其他部位仍在向上移动。它的身体就像一节节火车车厢，先是上升，然后沉入我们下方：先是背鳍，然后是粗壮的尾柄——看着就像梁龙的尾巴，只是缩窄到人类躯干的宽度——最后是巨大的尾鳍出现，在空中闪闪发光。这两扇宽大的桨状物尖端滴着水，形成一道水帘。

我漂在海里，近在咫尺的画面让我呆若木鸡。这是观鲸者喜爱的画面：巨大的黑色心形尾鳍在昏暗的光线下闪耀，仅是尾部末端就有一匹马那么大。“这就是鲸尾扬升（fluking），”我心里想着，“它这样做是为了利用尾部来克服浮力，帮助下沉。”[6] 在它下潜的位置，海面上留下了一个明显的痕迹，就像一块摊平的巨型煎饼。这是一头鲸鱼的“足迹”。

此时，如果把双脚向下伸，我应该可以在它游过时触到它的身体。然而，我只是像树懒一样，把我短粗无力的陆地腿紧紧地缠在皮艇上。接着，我想起来：刚才有一头鲸鱼砸在我们身上，而我们竟然活下来了。我转身对夏洛特说了这句话。她用更“生动活泼”的语言表示，她知道这一点，但在我们回到陆地之前，她希望我闭嘴。

最后，观鲸者们继续赏鲸，我们爬上了排干水的皮艇。肖恩显然很不放心，他用一根绳子把他的皮艇和我们的拴在一起，然后向港口划去。雾气基本已经散去，只余下薄薄一层，莫斯兰丁后面废弃发电站的两座大烟囱在雾中若隐若现。这会儿，我们冻得直哆嗦。

途中，我们遇到一群小学生，老师正带着他们出海。孩子们个个兴高采烈。“一头鲸鱼刚刚落到我们身上了。”经过他们时，我这样说道。但他们只是对这个奇怪的、浑身湿漉漉的英国人笑了笑，然后就继续前进了。

回到基地，我们每个人领到了一顶蒙特雷湾皮艇鸭舌帽和一些热巧克力，但没人和我们多聊。

这一切都让人感到难以名状的尴尬，好像之前我们失态了似的。我不确定我们当中有谁能完全理解刚才那件事的威力，以及险些发生的情况有多么可怕。也许他们担心我们起诉吧。（后来我得知，他们不再组织皮艇赏鲸游，据说是他们的保险不再承保这个项目了。）一个朋友开车送我们回到租住的爱彼迎民宿。

路上，夏洛特终于忍不住哭了。我在车里弯腰系鞋带时，鼻子里流出一股海水——是我们在海里翻转时留存在鼻窦里的。我能想到的是：我曾短暂卷入一种美丽而激烈的力量，以及没有人会相信我们。这时我突然想起来，早上我把两部 GoPro 相机留在车里了。夏洛特曾建议我带上，但我决定不带——毕竟，每个人拍的鲸鱼视频都大同小异。

我们回到租住的海边别墅，与朋友们会合。我们一起度过的漫长假期即将结束，他们都准备出发去机场了。我打算留下，和附近其他朋友去露营。

“你们回来晚了，”我们的朋友露易丝说道，“我们只好帮你们收拾了行李，你们也没赶上早餐。”

“一头鲸鱼扑到我们身上了。”我说。

“不碍事的，”露易丝说，“但是如果还不走，我们就要因为推迟退房被罚款了。”

我拥抱了夏洛特，她从刚才就不大讲话了。她曾试着向丈夫汤姆（Tom）解释发生了什么，但汤姆不大高兴，主要是因为他既热爱鲸鱼，又喜欢冒险。我们吃了一点早餐的剩饭，然后大家各奔东西。夏洛特在回家的航班上晕倒了，迫不得已吸了氧。

海边别墅外，我坐在路边，等朋友尼科（Nico）和他父母来接我。我意识到，唯一能证实这个离奇故事的人已经离开了。我挤进车后座，和尼科的妈妈以及他当时的女朋友塔尼娅（Tanya）坐在一起。我向他们讲述了刚发生的事，虽然我觉得他们相信我，但尼科的妈妈似乎更想知道塔尼娅的父母是做什么的。我总不能反反复复说这一件事，所以我们转到了其他话题上。几个小时后，在大瑟尔（Big Sur）山区，我们抵达松林中的露营地。夜幕降临，我站在尘土飞扬的山坡上，一边眺望太平洋，一边喝着啤酒。不远处，一群露营者在演奏音乐。这里没有手机信号，我只能独自咀嚼此前发生的一切。我想知道，有没有人相信我——我的意思是，谁会真的相信一头30吨重的鲸鱼跃水时落到了我们身上呢?

那天晚上，我躺在帐篷里睡不着。我抬头望向一片黑暗，看到庞大得不可思议的身躯就在我上方：海水从它身上流淌下来，头部密布着疙疙瘩瘩的突起，里面藏着鲸鱼的胡须，鳍肢的边缘长着藤壶。它的模样在空中显得比在海里大得多，但也像一个荒唐可笑的画面。事情发生时我几乎无暇感到恐惧，此刻回想起来，我的心跳反而加快了。从那以后，人们经常问我是不是受到了创伤，我不这么认为。说实话，我兴奋得发狂。这是多么令人惊叹、多么叫人心潮澎湃的经历！我躺下来，闭上眼睛，将所有画面深深烙在记忆中，这样我就永远不会忘记。

我们驱车回旧金山。出了国家公园，手机信号就恢复了。塔尼娅和尼科的妈妈因为宠物起了争执，尼科化解了这场矛盾。我挤在她们旁边，恨不得翻遍互联网地寻找一些东西——一张照片、一篇博客，任何能证明这一切真实发生的东西。找到了！机缘巧合，就在鲸鱼跃出海面的那一刻，附近观鲸船上一个名叫拉里·普兰特斯（Larry Plants）的男人正在用手机录像。手机视频中可以看到，我们在划桨前进，突然鲸鱼冲出水面，猛地撞向我们，夏洛特和我瞬间消失在一片白浪中，六秒钟后，我们浮出水面。视频中充满了拉里兴奋的画外音“我拍到了，我拍到了！”，以及旁边一位女性的尖叫声：“皮艇，皮艇！”他把视频发给观鲸公司，后者将其上传到 YouTube。此时，观看量已经超过十万次了。[7]

拉里·普兰特斯所拍摄视频截图

我意识到，很快就会有更多人看到这条视频，所以应该给我母亲卡罗琳（Caroline）打个电话。我告诉她，我险些被一头下坠的鲸鱼害死，还好安然无恙，正在回家路上。“天呀，汤姆！”她叫道，然后继续说，“不知道你爸爸听了会怎么说。”这也是我的第一个念头。我父亲迈克尔（Michael）*最喜欢珍奇野兽和海洋的故事。但我们没法问老爸——他在几个月前去世

* 作者的父亲迈克尔·穆斯蒂尔（Michael John Mustill, 1931—2015）是英国著名法官。曾就读于剑桥大学，历任商业律师公会皇家律师、后座法庭法官、上诉法院常任法官、上议院贵族法官、上议院司法委员会成员等，受封为勋爵。——译者注

了。我还没有走出悲伤，每当有好玩的事情，我仍然想给他打电话，然后才带着震惊和尴尬交织的复杂心情记起，他已经不在了。

我在机场接到《早安美国》节目打来的采访电话。第二天我抵达伦敦时，那段视频的浏览量已达到四百万次，而且还在继续增加。我们与鲸鱼的“邂逅”在网络上爆红，此时已经拥有了它自己的数字生命。我从希思罗机场乘地铁，到达尔斯顿金斯兰站下车。那是一个美丽的初秋傍晚，金色的暮光低沉。人们在街上喝酒、吵嚷，仿佛一切都不曾改变。然而两天前，一头鲸鱼在我上方高高腾空，怎么可能一切都没有改变呢？我记得父亲去世的第二天，我从他的乡间小屋回家，走的也是这条路，这种感觉似曾相识。我看着其他人，知道世界已不再是以前的样子，然而这些人看上去却若无其事。

接着，已经有超过六百万人观看了那段视频。它似乎触动了一种令人不安又无法抗拒的吸引力，一头巨大的、隐匿的、神秘的野兽与两个渺小的人类，发生了一场壮观而意外的碰撞。

在我们这次死里逃生事件中寻找意义，或许就像一只松鼠在乡间公路上为它鼻头前一英寸（约 2.5 厘米）处呼啸而过的卡车寻找意义一样，徒劳无益。不过，在“鲸鱼碰撞”事件发生几天后，我的朋友、纽约西奈山伊坎医学院的乔伊·雷登伯格（Joy Reidenberg）教授写信给我，说她一直在琢磨这次跃水。乔伊是鲸鱼专家，与我合作过多部影片，她一生都在研究鲸鱼

夏洛特和我，很庆幸我们还活着

的解剖结构。在位于17层、俯瞰中央公园的实验室，她坐在虎鲸的头骨和解剖人类尸体的医学生中间写信说：这头鲸鱼跃出水面的动作很奇怪——它起初朝着一个方向前进，然后似乎在我们头顶改变了方向。它没有直接拍在我们身上，而是扭动身体，转向，只有鳍轻轻碰到我们。她写道："我认为你们俩能活下来，是因为鲸鱼很小心地尽量不撞到你们。"[8]

她说的对吗？它真的试图躲开我们吗？它下落时没有压碎我们，也没有在水中伤害我们，并且游得非常缓慢。一些推崇新世纪哲学的朋友同意雷登伯格的看法，认为这是来自宇宙的信号。其他鲸鱼专家则持不同看法。有些人认为，这可能是一种攻击行为，鲸鱼想攻击我们；另一些人则认为，跃出水面只是鲸鱼进食后常见的行为，它是在向其他鲸鱼发信号。

显然，我们在试图理解鲸鱼跃水怎么会落到我们身上时，遇到的问题之一就是，对于它们为什么会跃出水面，我们一无所知。我觉得这简直不可思议。地球生命史上最大的动物之一，能够强行让自己从生活的必需环境中跳脱出来，并展示出如特技芭蕾般的精彩动作，而我们居然不知道其中的原因。

有人认为，鲸鱼跃水是为了摆脱寄生在它们皮肤上的巨型虱子和藤壶。还有人认为，这是一种展示力量的炫耀行为，要么就是鲸鱼把这当作游戏或者练习。广泛接受的理论是，跃水在某种程度上与交流有关：鲸鱼使用叫声交流，但海洋中太过嘈杂，它们跃出水面时发出的声音则非常响亮，并且这声音在水中传播时——比在空气中传播快得多——好几英里外都听得到。我们是不是不小心闯入了一场鲸鱼对话，无意中打断了一个水花迸溅的句子？

对鲸鱼来说，跃水可能意味着上述的一切，也可能与这些事毫无关系。用乔伊的话说：“没有人真正知道跃水的意义，也没有人确切地理解发生在你身上的事情。”这就好像问一个在街头跳舞的人：“你为什么在街上跳舞？”嗯，也许是因为开心，没准儿是疯了，也有可能是鞋里有只蚂蚁。你不会鲸鱼读心术，也不能问它：“你干吗要这么做？”

没错，你没法向一头鲸鱼提问。

新闻报道让我们名声大噪。我们成了世界各地新闻快报里的新奇故事；我们出现在每份报纸上，上了《时代》杂志[9]，名字出现在日本的游戏综艺节目里。报道和错误的报道迅速传遍世界。在一个早间电视节目上，采访记者让人哭笑不得地问："当鲸鱼跳到你们身上时……你们意识到那是一头鲸鱼了吗？"[10]是的，我告诉他们，我们确实意识到那是一头鲸鱼。我们成了一张哏图，一幅动图，一段供众人分享、传播的史诗级"翻车"视频。《星期日泰晤士报》的漫画家用我们的经历改编出一幅幽默漫画：夏洛特成了英国首相戴维·卡梅伦，我成了财政大臣乔治·奥斯本，我们坐在一艘划艇上；工党领袖杰里米·科尔宾则是那头鲸鱼，正跳到我们身上。

对于这段人鲸相撞的视频，我既怕看，又爱看。用慢动作回放视频时，我注意到随着鲸鱼下落，皮艇尾部的人影缩小了，那是我在试图把皮艇翻正。但是皮艇头部那个女人一动不动，像根木头一样笔直、僵硬。夏洛特距离鲸鱼比我近得多。她全程都盯着它，直到一切消失，只留下几朵浪花。报道引用了两位母亲的评论：夏洛特的妈妈说，再也不让她下海了；我妈妈说，看到我安然无恙她就放心了——不过如果我因此不幸离世，倒也是死得其所。然后，新闻继续报道其他事件，好像这事儿就这样过去了。

但一切都不一样了。我成了"鲸鱼男孩"，像避雷针吸引闪电一样，我成了鲸鱼迷疯狂追逐的对象，我遇到的每个人似乎都有关于鲸鱼或海豚的故事要讲。约克郡的一名退役海军潜艇水兵告诉我，当他们的潜艇在深海穿行时，他听见鲸鱼在周围鸣唱，叫声穿透艇身。他觉得鲸鱼是在和潜艇玩耍。一位科学家讲述了一头灰鲸如何在墨西哥一处潟湖接近她，抬起头，张开嘴，懒洋洋地靠在她的小船边。她将手伸进鲸鱼口中，轻抚它微微颤抖的巨大舌头，双方的目光始终注视在彼此身上。一位出版商告诉我，她曾在澳大利亚和野生海豚共泳。一头海豚游过来，绕着她打转，似乎在用头部类似声呐的回声定位器官扫描她的身体。它对她“情有独钟”，对其他人毫无兴趣。导游告诉她，这头海豚怀孕了。几天后，这位出版商发现她自己也怀孕了。

我收到了很多孩子的来信，还去学校为他们讲解发生了什么。一个孩子写信给我：“亲爱的汤姆……鲸鱼是怎么跳到你身上的？”接着写道：“你有什么朋友吗？”不得不说，这次与鲸鱼的相遇确实让我交到了很多朋友，他们都是曾与鲸类有过神奇互动的人，以及为它们着迷的人。

我从小就喜欢鲸鱼。我最早的记忆之一就是，当得知威尔士并不是一个巨大的海豚馆时，我失望至极。我的家庭度假影集里塞满了虎鲸明信片，我十几岁时打的第一份暑期工，就是在一艘观鲸船上。直到我进入 YouTube 的鲸鱼世界——我从来没把这个网站当成一种资源——从此之后，我就钻进了鲸类动物的虫洞。很快，我就沉迷于鲸鱼和海豚视频，看得太久，以至于浏览器的算法也察觉到了我的兴趣：我开始被推销南极观鲸游轮和水上公园的横幅广告狂轰滥炸。

我记得有一段视频是夜间拍摄的。视频中，一名水肺潜水员在浑浊的水中，借助水下手电筒的光源拍摄魔鬼鱼（即蝠鲼）。[11] 这时，一头宽吻海豚靠过来，胸鳍上挂着一个大鱼钩，系在鱼钩上的尼龙线缠着它前半截身体。潜水员向围着他打转的动物招手，海豚径直游到他手边，一动不动地躺在水中，任由潜水员捋着鱼线，活动鱼钩。接下来的几分钟里，他用双手、刀子和剪刀从海豚的鳍上剪下鱼钩、鱼线，他的手指顺着鱼鳍一直抚摸到这只野生动物的吻部和背部，来回摸索，颇费了一番力气才将缠进肉里的线团解开。

这头海豚真是来寻求帮助的吗？它真的把鳍伸向人类了吗？作为一名生物学家，我所受的训练让我养成了警惕这种拟人化思维的习惯。但除此之外，还能有其他解释吗？

在另一段视频中，一名科学家在水下拍摄两头座头鲸。其中一头将她卷到背上，并用鳍肢推着她往前游。[12] 等她终于逃回船上，同事们尖叫道，“水里有一条虎鲨”，而那头鲸鱼保护了她。“我爱你，谢谢你！”她对那头鲸鱼喊道，而它就在船只附近流连不去。

加拿大的一名皮艇爱好者对着一群亮白色的白鲸唱歌，令他惊讶的是，其中一头白鲸模仿他并鸣唱回应。他从皮艇滑下水，在碧绿的海水中一边游泳，一边唱歌，在水下发出咕咕哝哝的声音。白鲸就跟着他一起吱吱叫[13]，眼睛盯着他，和他并排游动。

这种跨物种的水下二重唱意味着什么呢，如果它确实有意义的话？我突然想到，在苹果手机和GoPro问世之前，这些故事只能被当成逸事众口相传，能得到半信半疑的反应已经是不错的结果了。但是有了视频，它们就无法轻易被忽视了。

当然，身为科学家，我知道这可能存在选择偏差：海豚无视潜水者、白鲸默默转身不理皮艇划手、座头鲸坐视游泳者面临鲨鱼攻击的视频不会在网上爆红。然而，当我津津有味地观看每一段人鲸互动的视频时，我不禁思考这一切意味着什么。在这一段段已被数字化的相遇中，是否存在着某种跨物种的认识？甚至在我生活的伦敦，鲸鱼似乎也一直是新闻的焦点。一头白鲸来到泰晤士河生活[14]，这头光洁闪亮、比马还要长的北极海兽，游弋在一座拥有700万人口的城市下游，而这里的大多数居民从未听说过这种生物。它上溯河口，游动翻腾，发出嗡嗡声和咔嗒声，待了几个星期，然后就消失了。

这些事件需要解释和答案，但很多情况下，业已发生的事情似乎一目了然：鲸鱼和海豚在与人类互动，甚至可能是在交流。那头跃到我们身上的座头鲸，究竟想说些什么呢——如果它真的在表达什么意思的话？一想到这里，我心中的拟人论警铃就响起来。我觉得有些荒唐。可问题还在，并挥之不去。

那时，我制作野生动物纪录片已经有十年了，专注于拍

作者在蒙特雷湾拍摄一头尾部拍水的座头鲸

摄自然保护和人与自然相遇的故事。我拿下了一份委托，为英国广播公司（BBC）自然历史部（NHU）和美国公共电视网（PBS）制作一部关于蒙特雷湾周边社区及当地生活如何与鲸鱼相互影响的纪录片。[15] 我开始竭尽所能地去了解发生在我身上的这段奇遇，试图将它与加利福尼亚地区太平洋中的座头鲸，以及全球范围内的人鲸互动等更宏大的故事联系起来。我在船上和科学家、如痴如狂的观鲸者、救援队、渔民待了几个月。关于鲸鱼的书籍和研究论文——还有 YouTube 上那些奇奇怪怪的视频——塞满了我的脑袋。我们的三人摄制小组每天清晨出发拍摄鲸鱼，尽量在下午风浪渐强导致镜头摇晃之前下水。海浪汹涌或难觅鲸鱼踪影时，我们就躺在成堆的救生衣上睡觉。

我们透过取景器观察、预测鲸鱼可能出现的位置，沿着它们的身体移动摄影机的焦点，想办法把它们庞大的身体都收入镜头，以超慢动作回放它们喷水和拍水，调大它们的声音并循环播放，有时还能捕捉到它们的眼睛直视镜头的画面——我与它们相处的时间越长，越觉得这些生物神秘莫测。当一头鲸鱼是什么感觉？它们内心是否也翻涌着和我们人类相似的想法和感受？每天的拍摄结束时，我的皮肤都被风吹得生疼；筋疲力尽时，闭上眼睛仍然能看到海洋；因为长时间盯着摄影机镜头里不断变化的地平线而头晕目眩。

在纪录片制作过程中，发生了三件事。第一，我们似乎每周都在鲸类世界遇到意想不到的发现。我们见到了新种群，目睹了新行为，甚至发现了新物种。想象一下，新的大象物种被如此频繁地识别出来是什么景象。而这些动物的体形可达大象的 20 倍。过去几年中，科学家们竟然还发现了一种极有可能是南极肉食虎鲸的全新哺乳物种[16]，一种来自新西兰的神秘深海鲸类拉氏中喙鲸（Ramari's beaked whale）[17]，还有一种在墨西哥湾出现的巨大的滤食性鲸鱼赖氏鲸（Rice's whale）[18]。在印度洋，人们利用探测原子弹的水下麦克风录音，通过独特的歌声，发现并区分了两个新的侏儒蓝鲸种群[19]。每个新的群体中都存在新的行为模式、新的交流形式——许多科学家认为，其中还存在新的文化。当然，说它们新完全是对我们人类而言，这些鲸鱼物种早在我们之前就存在了。

拍摄期间发生的第二件事是，我被机器包围了。我说的不仅仅是摄影机——无人机飞在我们头顶上方，拍摄和测量鲸鱼；研究船悬挂着定向水听器；甚至海底也架设了摄影机、麦克风和其他传感器。人们用机器来分析鲸鱼的粪便、DNA 和黏液。还有科学家使用配备了机械臂和探测仪的遥控载具；6 英尺（约 1.8 米）长、形如导弹的潜航器，一次能在远离陆地的海浪下航行数月之久。科学家们还在鲸鱼身上放置记录器，追踪它们的活动并记录它们视角中的世界；与此同时，卫星在太空中追踪着它们。除此之外，每天还有成千上万的游客来到海上，给看到的每一头鲸豚类动物拍照片、录视频；每艘观鲸船都配有无人机、从船身两侧伸出去的摄像头，以及数字照片数据库。我们对鲸鱼的记录比以往任何时候都更全面、距离更近、连续性更强。这些高度创新的工具正在改变我们与自然世界的关系——我在世纪之交获得生物学学位时，它们都还不存在。就像列文虎克的放大设备引领了微观发现的时代一样，这个鲸豚生物学的黄金时代，也是由技术和好奇心推动的。

我在拍摄中注意到的第三件事是，人们正在利用其他强大的新机器来理解所有这些与鲸有关的信息。这个发现令我别有感触。就在我们差点丧命的几周前，一个座头鲸照片数据库搭建起来，当地的公民科学家后来就是利用它，锁定了跃到夏洛特和我头顶的那头鲸鱼，他们将它命名为“头号嫌疑犯”。这项发现是通过一个专门在座头鲸照片中进行查找的算法得到的。还有一个算法用于分析多来年的海底录音，协助揭示了蒙特雷湾的鲸鱼正在唱歌的事实——这让很多人感到意外，因为他们以为鲸鱼只在越冬的热带家园才会鸣唱。事实证明，整个冬季，它们都在不分日夜地歌唱。这个例子生动地说明，整个生物学领域正在发生深刻而重大的转变。各种各样的新技术，给我们提供了海量信息——比我们梦寐以求的还要多，让我们能够更快地进行分析，也让我们与共享这个世界的神奇生物越来越近。

在这个发现的时代，这些感知和识别模式的机器——这一切意味着什么，又会带来什么样的结果？如果这仅仅是一个开始，那么算法在这些全新的鲸鱼数据中还将发现什么？

拍摄行将结束时，两位硅谷来的年轻人找到我。他们靠互联网公司发家，现在想为保护动物出一份力。两人告诉我一个天马行空的想法：他们想利用最新的人工智能工具，来“解码”动物之间的交流，就像是“动物界的谷歌翻译”。我一下子就想起我们之前推测“头号嫌疑犯”的动机时，乔伊说的话：“你没法问一头鲸鱼，‘你干吗要这么做？’。”

我回想起我所见到的一切，以及生物学家从记录和发现中捕捉到的剧烈变化。为什么我们不能直接问问鲸鱼呢？是什么妨碍了我们？从科学角度来说，这件事到底有哪些部分是不可能实现的？我决心找出答案。

第二章

海洋中的歌

A Song in the Ocean

只有你热爱某样事物时，你才会为了它自讨苦吃。

——芭芭拉·金索沃（Barbara Kingsolver）[1]

多年来，当我埋头于鲸类世界时，我遇到的人总会不约而同地提到一个人。对许多人来说，正是他的研究第一次触动了他们，吸引他们投身于与这些动物“共事”的生活。也正是从他那里，我认识到破解鲸类交流之谜的力量和重要性。罗杰·佩恩博士（Dr. Roger Payne）就是为鲸鱼赋予歌声的那个人。

没想到，这位鲸鱼科学家中的领军人物住在远离大海的佛蒙特州森林深处。6月的一个星期五，我驱车驶下高速公路，沿着一条穿过森林的蜿蜒长路行驶。多美的一天，阳光透过树林洒在路上。鲍勃·迪伦低沉沙哑的声音在车载音响中响起，我的思绪也飘忽不定。

在我右前方，一只体形巨大的黑狗出现在树林边缘。我放慢车速，以防它突然冲到我面前——它果不其然冲过来了。直到这时，我才意识到那是一头黑熊。它穿过马路来到我这一侧，转过头看了我的车一会儿，然后摇头晃脑，慢悠悠地钻进了车旁的灌木丛。顺着斜坡继续往前，那边有一条这里看不见的小溪；沿途植物的沙沙声泄露了黑熊的踪迹。又开了不远，我来到一座漆成白色的高大木质农舍前。一侧的空地上放着蜂箱，窗户上安了蜂鸟喂食器。房子俯瞰着一片青草地，眺望着连绵起伏的树林。目光所及，没有其他人类居住的迹象。我感觉我离海洋和鲸鱼远得不能再远了。

我敲了门，一个笑容满面的高个子男人出现了。他穿着灰色衬衫和卡其裤，戴着金丝眼镜。看着一点都不像 83 岁的人，我不禁脱口而出。“像啊，怎么不像。如果你了解我的想法和感受，你就知道：83 岁就是我这样。”他说道。但他动作麻利，眼睛里闪烁着青春的光芒。

罗杰坚持要在采访前带我参观一圈。他领着我绕到房后，经过工作室敞开的门——他喜欢鼓捣木头，做东西、修东西。罗杰说，房子不是他的，是一位热爱鲸鱼的朋友借给他和丽莎的——丽莎是他的第二任太太，也是一位备受赞誉的演员。这位朋友对罗杰毕生研究和保护鲸类动物之举大为钦佩，慷慨地将房子借给他们。罗杰在这里并不孤单：林中藏着一片小湖，湖上有一座水上茶室，农舍附近一座小寺院的僧侣经常光顾。一尊巨大的金身佛像在马路对面的树丛中闪闪发光。

我们向小湖走去，鹡鸰和其他小鸟在湖边跳跃。有个人正在茶室的浮木码头打坐冥想。湖边有一条长长的草坡，将近10英尺（约3米）高。一条粗粝大石砌成的隧道穿坡而过，与自然环境完美融合。这条隧道仿如通往墓室的入口，宽度足够两个人通过。这一切都出自罗杰那位热爱鲸类动物的贵人之手。隧道阴暗凉爽，通向小坡的另一侧。我们一钻出来，便置身于一圈巨大的立石之中。这是十几座粗糙的方尖碑，每座都超过10英尺高。罗杰告诉我，他和丽莎就是在这里举行的婚礼。仪式致辞是他的朋友、作家科马克·麦卡锡（Cormac McCarthy）帮他写的，由他们的另一位朋友、曾出演《星际迷航》的帕特里克·斯图尔特爵士朗读。我顿时觉得，眼前的人是一位仁慈的老巫师。

回到屋里，思念不列颠的新西兰人丽莎，一边给我们端来她刚烤好的面包，一边抱怨佛蒙特州真是乡下地方，找不到高品质的烘焙食品和她最喜欢的奶酪。罗杰在高背印花扶手椅上坐下，膝上卧着一只虎斑猫，开始讲述他的故事。

20世纪50年代末到60年代初，罗杰在研究猫头鹰，特别是猫头鹰的听觉机制如何让它们能够在完全黑暗的环境中捉到老鼠。他是一位天才科学家，正在这个研究方向上钻研。但后

罗杰·佩恩在南美聆听鲸鱼的声音

来发生的事改变了他的生活。那时，他在马萨诸塞州海岸附近的塔夫茨大学工作。一天晚上，他从广播中听到一则公告：一头鲸鱼在附近的海滩搁浅。罗杰决定开车去看看。等他抵达时，天色已经漆黑，大雨如注，所有人都走了。罗杰沿着海滩走着，发现了那具尸体。他注意到那并不是鲸鱼，而是海豚。有人切断了它的尾鳍，有人在它的呼吸孔里塞了一根雪茄，还有人在它的身上刻下了自己名字的首字母。怒浪拍岸。罗杰站在黑暗里，淋着雨，看着那头海豚，凝视它那“漂亮的曲线”[2]在附近建筑物的光照下柔和地显现。他备感痛心，后来写道：“我拿掉了雪茄，在那里站了很久，心情难以形容。每个人都有过这样影响一生的经历，也许还不止一次。对我来说，那个夜晚就是其中之一。”[3]

那一刻，罗杰意识到，一个人只有将海豚视为与人类截然不同之物、未知之物，认为它不过是一件物品时，才会在它身上刻下自己的名字。“这太疯狂了，”他心想，“事情不该是这个样子。”但如此宏大的问题令他感到力有不逮，于是继续从事他原来的研究。过了一段时间，他参加了一场由国际捕鲸统计局负责人主持的讲座。主讲人详细介绍了全球鲸鱼所面临的“冷酷现实”：工业捕鲸船队搜寻和宰杀体形最大、利润最高、最容易发现的鲸种，包括露脊鲸、蓝鲸和长须鲸，肆无忌惮，不受约束；他们捕光这些鲸鱼之后，就继续捕杀其他鲸类，如塞鲸、座头鲸、抹香鲸和小须鲸。罗杰震惊了。

讲座结束几天后，罗杰偶然听到一段露脊鲸叫声的录音。他从没听过这样的声音，如此神秘而美妙。这声音萦绕耳畔，令他难以忘怀。他给闹钟设置了闹铃，每天早上都播放这段录音来叫醒他。“我想，如果我能在这种声音中醒来，也许这一整天都会过得很美好。事实证明，的确如此。”[4]

但是，鲸鱼的叫声不仅仅悦耳，其实也是一种警示，提醒世人它们正身处危境。在罗杰看来，部分问题在于人们与鲸鱼的唯一联系是通过捕鲸业建立的。他认为，我们一看到鲸鱼就立即杀死它们，“并非激发人们探究其复杂、趣味、多变和聪明才智的好办法”。他下定决心要改变这一现状。

有一天，在纽约动物学会（New York Zoological Society，即今“野生动物保护协会”，Wildlife Conservation Society）的会议上，他直接宣布：他要研究鲸鱼了。他承认，他根本不知道自己在说什么。事实上，他甚至连一头活鲸鱼都没见过。但这番宣言得到了积极的反响，受此鼓舞他决定做下去，研究这些饱受迫害的神秘巨兽。结果，一做就是一辈子。和许多鲸鱼科学家一样，罗杰也认为研究鲸鱼是一种很吸引人的生活方式。“我一直想要走下去，沿着越来越窄的道路，直到找到一条通向海洋的小路。”他说，“那一刻，登船，启程。那是一种真切而激荡人心的体验，令我无法抗拒。”他说这些话时，好像将我一直以来心有所感却难以言表的东西讲了出来。

罗杰开始撒网。凡是了解鲸鱼的人，他都去跟他们交谈。终于，他得到了一条线索：百慕大一个名叫弗兰克·沃特林顿（Frank Watlington）的美国海军工程师，录下了一些奇怪的声音。彼时正值冷战高峰，美国在水下设置了监听站，窃听往来的苏联潜艇。弗兰克有权限接触离岸 35 英里（约 56 公里）处一组绝密监听设备阵列上的一个水听器。这个水听器的频段覆盖很广，可以接收到人类能听到的所有频率。每当弗兰克听到有趣的声音，就会录下来。他总是听到一些不寻常的声音——悠长、多变、复杂——并注意到，它们似乎与他在百慕大见到洄游座头鲸的时间相吻合。他开始怀疑这些声音是座头鲸发出的。

罗杰和他当时的妻子凯蒂（Katy）前往百慕大与弗兰克见面。这位海军工程师把罗杰夫妇二人带到一艘船的内部最深处，那里的一台发电机发出震耳欲聋的轰鸣声，罗杰连自己说话的声音都听不见了。他戴上弗兰克的耳机听录音。“我觉得这是一头座头鲸！”弗兰克对他喊道。听到耳机里的声音，罗杰犹如醍醐灌顶：“如果这是一头座头鲸，那么这个声音将向全世界传递出从不曾传递的信息。”几十年后，凯蒂在接受采访时仍清楚地记得那个画面：“眼泪顺着我们的脸颊淌下来。你知道吗，我们完全被迷住了，惊呆了。”[5]直到今天，弗兰克·沃特林顿的录音仍然是人类捕捉到的，最动听、最令人难忘的座头鲸叫声之一。

那是 1967 年，商业捕鲸如日中天，每年遭捕杀的鲸鱼超过 7 万头。[6]弗兰克担心捕鲸者会利用这些声音寻获并杀害更多鲸鱼。他将录音转录了一份给罗杰，告诉这对夫妇：“去拯救鲸鱼吧。”[7]之后的三个月，罗杰废寝忘食地研究弗兰克的磁带。那些鲸鱼的鸣叫声极为复杂，持续大约 20 分钟，从刺耳的喷泡泡声到尖利的叫声，再到低沉悲伤的哀鸣，不一而足。他反复听这些录音，听了千百遍。直到有一天，他恍然大悟：“天啊，这些动物在重复它们自己的叫声。”

罗杰与斯科特·麦克维（Scott McVay）合作，将鲸鱼的声音转换为可视声谱图，它们清楚地显示出重复的模式。这些模式由音高和音量不同的单元（“音符”）组成。从我们听力范围内最低音域的低沉隆隆声，到接近我们听觉极限的刺耳最高音，这些音以组为单位（“乐句”）产生，并在几分钟内重复，形成一个“主旋律”。据罗杰介绍，弗兰克磁带上的第一段录音由六段主旋律组成，可分别用六个字母（A、B、C、D、E、F）表示。他们发现，在鲸鱼切换到下一个旋律之前，每个旋律都会重复不同的次数。当模进循环回到第一个旋律（A）时，罗杰和斯科特称这一模进为一首“歌曲”。第一首歌曲是这样的：AAAAABBBBBBBBBBBBCCDDEFFFFFFFF。当鲸鱼再次唱起旋律A时，这标志着第二遍演唱的开始。座头鲸等不了多久就会再唱一遍，因此，“它们的阵阵歌声犹如奔流不息的声音之河，持续好几分钟甚至好几个小时”。

大多数动物的鸣叫声是线性的，也就是说其结构中没有嵌套层次。身为曾经的大提琴手，罗杰认为，与这些鲸鱼的叫声最接近的其实是音乐，这也是他将之称为“鲸歌”的原因。

罗杰和斯科特于1971年发表的研究论文轰动一时，他们的声谱图登上了《科学》杂志的封面。在论文中，他们写道：“座头鲸会连续发出一连串悦耳且富于变化的声音，持续时间为7 ~ 30分钟，然后以极为精确的方式重复同一连串声音。我们将这样的行为称为‘歌唱’，将每一段被重复的声音称为‘歌曲’。”[8]

罗杰和同事还观察到，只有雄性座头鲸会发出叫声。它们垂直悬在水面下约65英尺（约19.8米）处，一动不动，一首

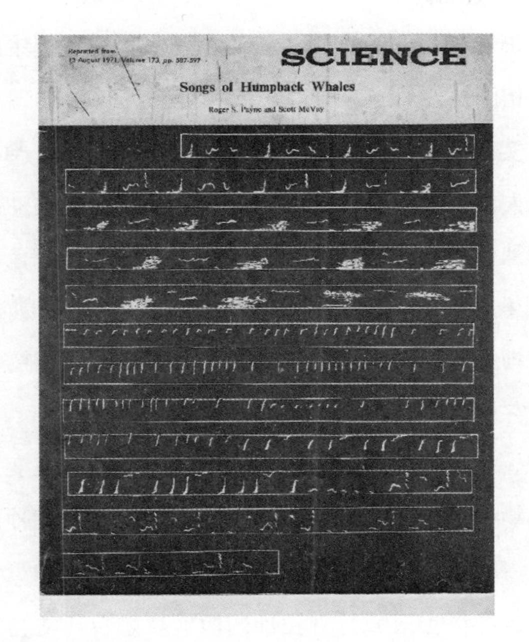

Reprinted from
13 August 1971, Volume 173, pp. 587-597

SCIENCE

Songs of Humpback Whales

Roger S. Payne and Scott McVay

1971 年，罗杰和斯科特的开创性论文发表在《科学》杂志上，展示了鲸歌的“乐谱”

接一首地唱着完整的歌曲。连唱几首之后，它们会浮上水面吸气，然后再次下沉，继续鸣唱。通常情况下，它们在唱到特定的主旋律之前不会中断歌唱去换气，但无论唱到哪一段时去换气，它们都会“迅速将呼吸藏入音符之间，以免打断歌曲的演绎，就像人类唱歌时一样”[9]。只要不被打断，演唱就能持续好几个小时，甚至绵延数日。鲸鱼“创作”歌曲时，甚至运用了与人类创作歌曲时相似的乐法。例如，座头鲸在其歌曲中加入了打击声和调性，其比例与我们在一些音乐传统中所采用的比例大致相同。

罗杰实验室的成员琳达·吉尼（Linda Guinee）与凯蒂·佩恩（她本人就是造诣颇高的音乐家和科学家，她的动物交流研究涵盖了从鲸鱼到大象的多种对象）共同发现，鲸鱼甚至也会押韵。[10] 我问罗杰为什么会这样。他说，琳达、凯蒂和他推测，鲸鱼押韵的原因与古希腊吟游诗人在史诗中押韵一样，是为了帮助它们记住长歌中接下来要唱的内容。

凯蒂·佩恩率先证明了鲸鱼所唱的歌曲始终在变化，这在鸣唱的动物中是极不寻常的。已知的十多个座头鲸种群栖息在全球众多海域中，每个种群都在不同的地方繁殖和觅食。它们似乎对特定的觅食区域情有独钟，但雄性鲸鱼通常会造访多个繁殖区。每当繁殖季节开始，一个种群的鲸鱼可能会互相唱出略有不同的歌曲。随着繁殖季的推移，就像管弦乐团的配合渐入佳境，它们的歌唱似乎会融合成一首连贯的作品，然后相当准确地重复。这些歌曲不断演变[11]，每一年的歌都与前一年的有所不同。过了几年，就变成完全不同的另一首歌了。不同的鲸鱼种群，在不同的海洋中唱着各不相同的歌曲，但似乎也有澳大利亚鲸鱼这样的“金曲厂牌”，它们朗朗上口的曲调好像从种群中泄露出来，被雄性鲸鱼带入其他海域。那些海域的雄鲸便借用澳大利亚鲸鱼的乐句和主歌元素，将其添到它们自己的歌里。

这些歌曲听上去从未重复先前的主旋律模式。凯蒂·佩恩引用语言学家爱德华·萨丕尔（Edward Sapir）[12]的说法，将人类语言随时间变化的方式与鲸鱼做了类比："语言在自身的形成发展过程中，会随着时间的推移而移动。它有一种漂移的趋势……每个词、每个语法元素、每种表达方式、每种发音和口音，都在缓慢变化。"[13]此外，唱歌的不止座头鲸。事实证明，其他大型鲸类比如印度洋的蓝鲸也会唱歌，只不过它们的歌曲似乎要简单得多。弓头鲸（Bowhead whales，又叫格陵兰露脊鲸）能活两百多年，它们的歌被比作爵士乐。[14]

继罗杰之后，研究人员发现海洋中充斥着鲸鱼和海豚的叫声，这些声音丰富多样、无处不在，令人"耳不暇接"。有些声音只能在100码（约91米）内听到，有些声音则可以跨越整个海洋传播。

猫咪在罗杰腿上动了动，他也在扶手椅上坐得更深了些。就在他说话时，一束光从窗外透进来，慢慢地爬过他身后的书架。这就说到我来这里的目的了——他发现了什么？这些鲸歌是什么意思——如果它们的确有意义的话？为什么鲸鱼会唱歌？为什么它们的歌如此复杂？罗杰回答说，谁也不知道。所有这些过去是、现在依然是引起激烈争论的话题。

罗杰认为，可能这些歌根本没有意义，但他自己都无法相信这一点。他猜测，根据鲸鱼在歌唱中投入的巨大努力，以及它们会学习不同歌曲版本的事实来看，这些歌一定有某些“极其重大的意义”。然而，对于在有生之年能了解鲸鱼之歌的含义，他已经不抱希望。罗杰认为，这些歌曲很大程度上是雄鲸用来吸引雌鲸的求偶表现，就像鸟类的鸣唱一样。但是，他对这个理论仍有几个疑问。其中最重要的一点是，与鸟类的求偶鸣唱不同，雌性座头鲸并没有对唱歌的雄性表露出明显的关注。“啊，没错，”他笑了笑，“你对鲸鱼研究得越多，就越不了解它们的全貌，就像物理学一样。”他顿了顿，又说道：“我非常想知道它们是什么意思。”

我得承认，作为一名科学家，这个回答让我有些失望——我渴望得到一些答案，更何况我们半个世纪前就发现座头鲸会唱歌了！罗杰告诉我，这个问题几十年来都让他彻夜难眠。他的神秘发现只是故事的开始。他挖掘出的歌曲美妙动人，但这些歌曲的演唱者鲸鱼彼时正面临永远沉寂的危险。20 世纪 70 年代，有 363,661 头鲸鱼惨遭屠戮。[15] 罗杰深入研究这些歌曲，不仅是为了找出它们的含义，还因为他知道它们的力量——“激发人类的喜爱之情”。[16]

罗杰从一开始就确信，如果其他人听到这些歌，他们会对鲸鱼另眼相看，就会关心鲸鱼。1970 年，在他的科研成果于《科学》杂志上发表之前，他就精选了最佳的鲸歌，发行了专辑《座头鲸之歌》（*Songs of the Humpback Whale*）。这张专辑卖出了 125,000 张，后来成为多白金唱片。他成了公关大师，为歌手、音乐家、教徒、演员、诗人、政治家、记者，以及他认为可能关心鲸鱼的各路听众播放这张专辑，吸引更多人欣赏鲸歌之美。他上了大西洋两岸的深夜电视节目和电台的听众讨论节目。鲸鱼的声音“如野火般蔓延，人们被吸引了；他们听到这些声音时，被深深地打动了”[17]。他听说鲍勃·迪伦有时会中断演出，播放这些录音的片段。鲸歌很快便家喻户晓，在约翰尼·卡森（Johnny Carson）的《今夜秀》（*Tonight Show*），在《大卫·弗罗斯特秀》（*The David Frost Show*）上播放，还出现在朱迪·科林斯（Judy Collins）的热门歌曲《别了，塔尔瓦蒂》（“Farewell to Tarwathie”）的背景音中。鲸类的歌声与日渐高涨的环保运动相映相照。第一个地球日过后，短短几个月内，罗杰的专辑就发行了，次年绿色和平组织成立。通过观看电视节目《海豚飞宝》（*Flipper*）爱上海豚的观众，此时也将鲸鱼纳入了他们的心爱动物行列。

最了不起的成就当属罗杰成功说服《国家地理》（*National Geographic*）杂志在1979年1月刊中附上了鲸歌唱片。当时，《国家地理》的发行量高达1,050万份，也就是说他们制作了1,050万张座头鲸精选辑塑胶唱片。直到今天，这仍然是有史以来单次制作数量最多的唱片。

半个世纪后，我做了一次又一次采访，与科学家、观鲸船船长、自由潜水员、水下摄像师以及其他热爱鲸鱼和海豚的人对话。我发现，正是这张唱片，令他们在童年和青少年时期如痴如醉，最终让他们一生都为鲸鱼而着迷。

遭受了几个世纪无休止的残酷捕杀后，幸存鲸鱼的数量最终急剧减少，抗议声也随之高涨。野生动物电视纪录片中播放捕鲸的镜头；人们穿上印着“拯救鲸鱼”字样的T恤衫，而他们的祖父母过去曾穿着鲸骨紧身衣；绿色和平组织的船只一边在捕鲸者和被追猎的对象之间穿梭，一边播放罗杰的专辑。公众带来的压力与日俱增，并转化成国际政治压力。1972年，美国通过《海洋哺乳动物保护法案》（Marine Mammal Protection Act），该法案禁止在美国水域捕杀鲸鱼，并禁止鲸鱼产品的进出口。国际捕鲸委员会（International Whaling Commission，简称IWC）也从制定捕鲸配额，转变为禁止所有捕鲸活动。1982年，商业捕鲸禁令终获通过。到了现在，捕鲸活动已经基本停止。（然而，就在我写作本书的时候，日本捕鲸者撕下了科研捕鲸的伪装，退出国际捕鲸委员会，在该国水域恢复了商业捕鲸活动，尽管日本似乎很少有人愿意食用鲸鱼肉。）

为了拯救鲸鱼，罗杰将这些歌曲的力量发挥到了极致——不是通过呼吁人们做出理性选择，而是唤起我们的情感和同情心。他让鲸鱼在我们人类的文化中发出了自己的声音，他作为人类个体的这一决定，正是鲸鱼还能存活至今的原因之一。

访谈接近尾声，罗杰起身去准备晚餐，把猫抱到一个温暖的角落。而我，突然从他的故事中领悟了一些事情。一直以来，罗杰都在寻找能够将人类与鲸鱼联结的东西。早在发表具有里程碑意义的论文前很多年，他就听到了鲸鱼的声音。为了建立这种联结，并触及数以百万计的同类，他必须证明这些声音就是歌曲；他必须找出它们的模式，展示它们的结构。对罗杰来说，鲸歌到底有何含义已经不是那么重要了；鲸鱼唱歌的事实足以改变它们的命运。他必须掌握科学的证据，才能触动人类的心灵。五十年后，他还在继续他的使命。

我是看着大卫·爱登堡（David Attenborough）的纪录片长大的，在通过这些片子了解自然界的过程中，我被地球和地球生命的故事迷住了。我最渴望的，就是亲眼看到、亲身探索、亲自发现这些故事。然而，对当年那个无忧无虑的小博物学家来说，这是一段艰难的时期。虽然我的岁数目前刚达到人类平均寿命的一半，但自从我出生以来，所有脊椎动物中，据估计有一半的物种已经消失。[18] 短短几千年，我们已经造成 83% 的野生哺乳动物和一半的植物消失。[19] 我们用能在人类世界生存的少数物种，取代了生命的多样性。当我眺望家乡的油菜田、停车场和高尔夫球场，想到这里曾经是一片温带雨林遍布、巨兽徜徉之地时，我不禁想起了（苏格兰）喀里多尼亚人的首领卡尔加库斯（Calgacus）评价罗马敌人造成的破坏："他们制造了一片废墟，却称之为和平。"[20]

如今，人类饲养的鸡的数量已经达到 250 亿只。[21] 它们的生物量是地球上目前所剩野生鸟类重量总和的两倍还多；事实上，每年被宰杀的鸡数量之多，已经导致垃圾堆中的鸡骨头不断堆积，正在形成一层古生物层，成为未来“人类世”的标记。按重量计算，地球现存的所有哺乳动物中，96% 是人类和家畜动物，比如牛、绵羊、山羊、狗和猫。至于海洋，据称到 2050 年，海洋中的塑料数量将超过鱼类。[22] 这种特大规模的死亡在生命史上是罕见的。

作为一名野生动物影片制作人，我和许多同行一样成了某种“自然战地记者”。但直到在蒙特雷湾与座头鲸相遇之前，我都没有真正研究过捕鲸问题。在那次邂逅前，我天真地以为大部分捕杀鲸鱼的事件发生在 19 世纪，也就是赫尔曼·梅尔维尔（Herman Melville）的时代；彼时，工业社会依赖鲸鱼加工产品，燃烧的鲸油为城市照明，从鲸鱼口部获取的鲸须被制成紧身胸衣。然而，当我开始阅读关于鲸鱼的资料，包括利用鲸鱼 DNA 和捕鲸记录进行的新研究时，我才发现大部分被捕杀的鲸类其实是在 20 世纪遭遇不幸的，而且其中很多就发生在我成长和生活的时代。

借助以化石燃料为动力的大型钢铁捕鲸加工船，捕鲸者能捕到速度更快、个头更大的鲸鱼，例如比早期捕鲸帆船速度更快的蓝鲸和长须鲸。大型捕鲸船能在远距离外用爆炸鱼叉杀死鲸鱼，再将它们拖上船；人类团队和机器在甲板上不知疲倦地处理死鲸鱼的同时，船只继续捕猎。然后，这些海中巨兽被加工成商品，比如狗粮、化肥、润滑剂、人造黄油、口香糖和打字机色带。最近的证据表明，这种做法在 20 世纪 80 年代——也就是我的童年时代——还很盛行。那时候，苏联舰队在南极海域捕杀巨鲸，用它们的肉养活西伯利亚皮草养殖场的动物。虽然无法知道确切的总数，但据估计仅在 20 世纪，我们就捕杀了大约 300 万头鲸鱼，超过了许多鲸鱼种群数量的 90%。[23] 就生物量而言，这可以视为历史上最大的动物捕杀行动。

三百万头鲸鱼。

蓝鲸是地球生命史上体重最重、体形最大的动物。它们长期遭到捕杀，直到幸存数量仅剩种群的 0.1%。在 18 世纪，南极最大的蓝鲸种群估计约有 30 万头。捕鲸行为在数十年前停止时（主要是因为鲸鱼已所剩无几，要找到幸存者十分困难），估计全球仅存约 350 头。这种全球范围的屠杀是难以想象的。用人类作比，这相当于杀死了除了保加利亚居民以外的世界上所有人。试着想象一下，鲸类在工业化捕鲸之前曾达到何种规模——不只是这些动物本身，还有它们的行为、文化和交流方式，简直令人头晕目眩。亚瑟·查理斯·克拉克（Arthur Charles Clarke）1962 年曾写道：“我们并不了解我们正在摧毁的这个实体的真正本质。”[24] 彼时，对研究鲸鱼的人来说，它们看起来行将灭绝，像猛犸象和恐龙一样消失在我们面前。它们将成为孩子的古老故事和梦境，成为一个消逝的世界残存的遗迹。

但它们没有灭绝。这多亏了罗杰和同人的努力，以及迫使各国将保护鲸鱼写进法律的数百万人的抗议和呼吁。如今，分布在世界各地的众多鲸鱼种群数量正在回升和扩大。这展现了我们可以改变、生命可以修复的事实，与“人类天生具有毁灭性倾向”的危险叙事形成了对比——正是这种叙事导致了世人的冷漠。

在我与座头鲸狭路相逢的蒙特雷湾，渔民和捕鲸船船长告诉我，在 20 世纪 70 年代，甚至连看到座头鲸这种事都是闻所未闻的——然而，在最早抵达这片海岸的欧洲人的逸事趣闻里，可从不乏鲸鱼的身影。如今，又有大量鲸鱼重返蒙特雷湾，其规模足以让座头鲸跃出水面撞上划艇者的可能性不再渺茫。它们在这处海湾的数量和可见度，也支撑起价值数百万的观鲸产业。人们认为，太平洋中部的座头鲸种群数量正在恢复到捕鲸前的水平。[25] 还有其他鼓舞人心的例子：在南大西洋海域，南乔治亚岛（South Georgia）的捕鲸站一个世纪前就将蓝鲸捕杀殆尽，而 2019 年和 2020 年的报告 [26] 显示，蓝鲸突然在此处现身，科学家们认为，是鲸鱼“重新发现”[27] 了这片岛屿及周围水域。

罗杰和丽莎邀我留下来吃晚饭，我们聊了很久，谈到深夜。罗杰又给我讲了一个故事，我花了很长时间才领悟个中深意。1971 年，两艘太空探测器中的“旅行者 1 号”发射升空。这些航天器是科学工具，配备了摄像头和传感器。但它们也是发射到无垠宇宙的信息，是地球生命的表达。罗杰介绍，每艘探测器都载有一个 12 英寸（约 30.5 厘米）的镀金铜质磁碟，上面刻录了人类当时认为重要的照片、图表和录音。这是一个五花八门的大杂烩：海浪拍打的声音、人类进食的照片、我们的解剖结构版画，以及表现人类生育繁殖的绘画。

磁碟收录了五十五种语言的问候，从阿卡德语到威尔士语，不一而足。天文学家、公共知识分子卡尔·萨根（Carl Sagan）和妻子安·德鲁扬（Ann Druyan）受邀来编辑这些录音，其中就包括罗杰的鲸歌。[28] 在联合国秘书长的致辞和一系列不同人类语言的声音和信息之后，鲸鱼的声音出现了。“我谨向外太空的地外居民致以加拿大政府和人民的问候。”加拿大驻联合国代表庄重地说道。接下来，声音渐强，是座头鲸摄人心魄、神秘莫测的叫声，持续了三分钟。

罗杰查过了：这两艘探测器目前距离地球已经超过 190 亿英里（约 306 亿公里），正以超过每小时 34,000 英里（约 54,718 千米 / 时）的速度飞行。它们是人类发射到太阳引力范围之外、飞离太阳系的少数人造物体之一。倘若 50 亿年后，我们未能在太阳寿终正寝、于垂死之际吞噬地球 [29] 和邻近行星之前离开太阳系，那么这些探测器就可能成为我们人类留下的唯一记录，而那些录音也是鲸鱼存在过的全部痕迹。

在这张刻录在镀金磁碟并送入遥远太空的图中，三个人正在展示舔食、进食和豪饮行为。图中的模特是否知道，他们会成为星际宴会的大使呢？

不过，罗杰认为，任何接收到这些信息的外星人都不会发出赞佩。如果录音中包含“62条来自动物的问候和1条来自人类的问候”，那么外星人或许会认为我们是先进的。但我们太关注自己，而忽视了地球上的同伴。在罗杰看来，这恰恰是我们才“踏上梯子的最低阶”的证据，而唯有爬上梯子“才能自豪地向星际社会宣布，是的，地球上存在智慧生命”。说到这里，他哈哈大笑。

然后，他正色道：“但是你要想想，那两张金色唱片上的

座头鲸，摄于雷维亚希赫多群岛国家公园，墨西哥

信息到底是给谁看的呢？我认为是给我们自己的。给我的感觉就是这样。”如果鲸鱼能让我们理解这个世界，与其他物种共情同感，那么这将是我们可以学到的最重要的一课。我准备告辞时，他告诉我，我们面临的主要问题是，由于和地球上的其他生物缺乏更密切的接触，我们都错过了什么。他说：“如果我们还想拥有任何未来的话，我们就必须确保我们所做的事情是在保护地球上的其他生命。没有它们，我们也将无法生存。”在罗杰看来，向全世界展示人类如何与鲸鱼产生共情是一座至关重要的桥梁，通往关乎我们自身生存的文化变革，也是我们理解

生命之间的牵绊、纠正肆意破坏行为的一种方式。

我踏上这段旅程，是为了理解我们怎样与鲸鱼“交谈”、“解码”动物的交流方式。但与罗杰·佩恩相处了一天后，我领悟到，“我们为什么想要这么做”远比“怎么做”更重要。

第三章

说话之道

The Law of the Tongue

想象一下可能性……想象我们可以透过其他生物的眼睛看到的东西，想象围绕在我们周围的智慧。

——罗宾 · 沃尔 · 基默尔《编结茅香》[1]

在蒙特雷湾国家海洋保护区观察座头鲸的几个月里，我注意到一些不寻常的事情。鲸鱼发现我们的船，有时看起来想要避开我们，会径直消失；有时又似乎全不在意，对我们熟视无睹。但是偶尔，鲸鱼也会主动靠近我们。

按照规定，我们在离鲸鱼很远的距离外就得停下，掉转船头向鲸鱼游动的反方向航行。谁承想它们会改变航向，向我们直冲过来。它们将头伸出水面，先用一只眼睛盯着我们看，然后转身，用另一只眼睛打量我们。接着，它们围着船身游动，张开巨大的胸鳍，扭动身体，似乎在检查这艘船。它们还会小心翼翼地从我们触手可及之处浮出水面，呼气，一动不动地竖立在水里，这种行为就是“立木”（logging，意为像木头一样在水中垂直不动）。有时，它们会做出炫耀行为：轻轻地拍打它们的鳍，鲸尾举在空中来回摆动，同时头部朝下扎入水中，就像我在泳池里倒立、用脚向朋友的孩子们打招呼一样。

目前，我们还不清楚座头鲸从这样的交际中能获得什么：它们得不到船只的投喂或帮助，也无法借此躲避敌人；这些举动看上去不可能对船只构成威胁，也不符合座头鲸展示其攻击性的表现——喷气发出响亮的咆哮，在感受到威胁时挥舞胸鳍和尾巴，就像我见到它们对虎鲸所做的那样。但是，它们与我们的交际从来没有升级为暴力。观鲸者称这些个体为“友好的鲸鱼”，它们在同伴中极为“抢眼”，以至于只要船长们认出一位“友好”，就会在附近逡巡，等待一场跨物种的神秘互动。

在地球上奇妙的万物生灵中，不同物种间存在着多种互动关系，这些关系统称为“共生关系”（symbiosis），意即“生活在一起”[2]。生物学家根据谁能从中获得最好的结果，将各种各样的互动分成了几类。1975 年，一位生物学家在印度尼西亚潜水时挖到一只豹斑海参。海参是一种表面坚韧、粗糙的海洋

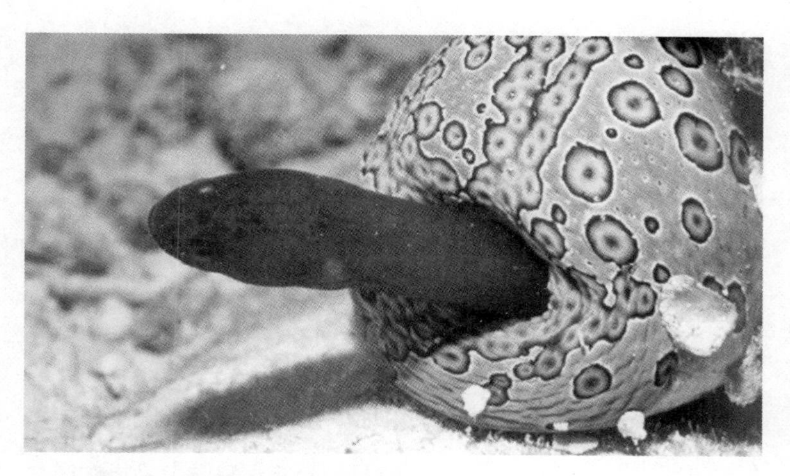

一条潜鱼从海参的肛门探出头来看风景

生物，外观类似一个肥厚海星的手腕。他将这只海参放入盐水桶。过了一会儿，他惊讶地发现，十几条小鱼从海参的肛门游了出来。[3]星点潜鱼（Star Pearlfish，又叫珍珠鱼）是一种细长、光滑，几乎毫无防御能力的小鱼，它们喜欢躲藏在其他动物体内。海参通过肛门呼吸，这么做好处有很多，但有一个很大的缺点——既然需要通过肛门来呼吸，那就不能一直收缩括约肌，“大门紧闭”，哪怕潜鱼就在旁边。这位生物学家数了数，足有15条潜鱼从这只豹斑海参后部钻了出来，每条鱼的长度至少有这只可怜的无脊椎动物体长的四分之一。

生物学家认为，这只倒霉的海参并不会因为有鱼生活在其肛门内而受益，甚至一些潜鱼物种是可怕的不速之客，会吞食宿主的生殖器官。为了防止这种情况发生，一些海参进化出了“肛门牙齿”[4]。这样一来，海参—潜鱼的关系就归入了共生关系中的“寄生”（parasitic），即一方受益，另一方付出代价。

接下来是“共栖”（commensal）。在这种关系中，一方个体受益，且不会给另一方个体带来明显的好处或坏处。比如，牛背鹭（cattle egrets）和牛群混在一起，捕食后者吃草时惊起的小虫。这可以说是一种“你赢—我无所谓”的关系。一些藤壶物种（与蟹类有亲缘关系的黏附性甲壳动物）已经进化到能够在鲸鱼的皮肤上“定居”，它们将自己粘到鲸鱼身上，再长出一层坚硬的保护壳，美美地搭着免费便车，从流经的水中滤食。人们甚至在一些鲸鱼身上发现了接近半吨重的藤壶。[5]

最后，还有“互利共生”（mutualistic），这是我最喜欢的互动关系。互利共生就像迪士尼电影中的双赢伙伴，不同的物种为实现互惠互利而合作。例如，南非有一种叫作“响蜜䴕”（honeyguide）的鸟，它擅长寻找蜂巢，喜欢吃蜂蜡和蜂的幼虫，但碍于体形，它无法破巢而入，也无法抵御蜂群的攻击。为此，它要寻求“狠角色”蜜獾的帮助。蜜獾是一种黑白相间、毛发浓密、爪子坚硬的四足鼬科动物，爱吃蜂蜜。响蜜䴕把蜜獾引到蜂巢，蜜獾将蜂巢扒开，甩掉蜜蜂，大啖蜂蜜；蜜蜂四处飞散，响蜜䴕趁机俯冲，啄食散落在地上的美味蜂窝。蜜獾在挖刨蜂巢时，会将肛门袋——一种威力强大的恶臭囊袋——翻出来，人们认为这种味道能熏跑蜂群。生物学家波科克（Pocock）曾于1908年称这种气味“令人窒息”[6]。对蜜蜂来说，这句话说得也没错；当蜜獾释放出这种气味时，它们被熏得“要么逃之夭夭，要么奄奄一息”[7]。我以前也养蜂，真羡慕蜜獾有这么一个肛门袋。

互利共生关系可以在亲缘关系遥远的动物间形成。在海底世界，无脊椎动物手枪虾（pistol shrimp）与脊椎动物虾虎鱼（goby fish）生活在一起[8]。海底是一个危险的地方，需要保持警惕才能发现捕食者，而一个又舒服又深邃的洞穴，可以充当对生存至关重要的庇护所。虾虎鱼不擅长挖掘，但视力远胜过它的虾米搭档，它会提醒后者注意捕食者的靠近，以及可能会忽视的其他危险。手枪虾则会挖沙子，能挖出一个四通八达的巨大洞穴，比单独一只虾所需大得多。这些洞穴中有旁道，供手枪虾在需要生长和蜕壳时躲藏；还有宽敞的通道，足够室友虾虎鱼诱惑别的鱼进来交配。（显然，这是一种亲密无间的死党关系。）鱼和虾自幼便结成联盟，一起成长。如果虾虎鱼在洞中时，洞穴坍塌压在了它身上，它也不惊慌，而是平静地等待朋友手枪虾将它挖出来，并修复它们的栖身之所。

互利共生的例子无处不在，且并不局限于动物界。你可能见过古老的墙壁或墓碑上生长的地衣。[9]它们看起来像一个活的有机体，实际上是由两种或更多来自不同领域、截然不同的生物组成的。地衣是一种混合物，由真菌（真菌界）、藻类（原生生物界/植物界）和/或蓝藻菌（原核生物界）组成。真菌为藻类或蓝藻菌提供了构造物和栖息地，后者则将阳光转化为食物，供真菌摄取。它们共同形成了一个完全相互依存的复合有机体。组成该有机体的两个或多个物种的亲缘关系非常遥远，它们拥有共同的祖先至少要追溯至数十亿年前（相比之下，我们与鲸鱼的共同祖先存在于区区 1.45 亿年前）。

关于生命界不同物种之间的合作，还有一个例子发生在金合欢树上。金合欢树的树皮有时会生出瘿：这种木质腔室是某些蚂蚁物种的理想家园。[10] 当采食嫩叶的长颈鹿靠近这棵树，准备大快朵颐时，这些住在瘿中的无脊椎动物“房客”——蚂蚁，就会迅速赶到现场保护“房东”，向长颈鹿喷洒酸液，直到后者丧气而走。

物种之间的交流是地球生命不可或缺的重要特征，已经存在了数十亿年。所有这些互利共生关系都有一个共同点：它们都是通过信号结合起来的。生长中的真菌会释放一种特殊的叫作“菌丝”的触须，并产生黏液来感知潜在藻类合作伙伴的信号分子，从而估量它们的大小，以确定能否一起形成地衣。响蜜䴕会发出特殊的鸣唱来引起蜜獾的注意，然后飞在蜜獾前面带领它找到蜂巢的位置。觅食的手枪虾会将一根长触角放在好朋友虾虎鱼的尾巴上[11]，如此一来，一旦目光锐利的鱼朋友发现危险，就会摇动尾巴向近视的虾朋友发出信号，然后双双迅速逃到安全的地方。金合欢树会释放化学信号（激素），提醒树上的蚂蚁住客，有边吃边走的草食动物靠近了，并告诉它们到什么位置支援。生物通过向同物种或跨物种的其他生物发出信号而生存，也包括鲸鱼和人类在内。

无论人类走到哪里，都与周围的其他动物建立了联系。我们学会解读它们的信号，它们也学会解读我们的信号；我们一起寻找栖身之处，一起觅食，互相保护。我们引导它们的行动，它们则提示我们应该留心的重要事物。对人类和动物来说，正确理解这些信号往往攸关生死。有时候，我们会发出明确的信号，比如牧羊人指示牧羊犬穿过遥远的田野，并引导它的步伐，用程式化的口哨声告诉它跑得远一点或者蹲下，将羊群赶进小小的围栏。有时候，这些信号则是下意识的。最近的研究发现，马可以通过皮肤感知骑手的心率[12]，并对后者的压力做出反应；马的心率和压力水平会随着骑在它背上骑手的心率和压力水平同步上升或下降。几千年来，这些关系实质上一直是互利共生的：双方都能从理解对方的信号中获益。

在许多文化中，一些人的工作就是留心自然界的迹象和预兆。挤奶女工、牧羊人、猎狼人、赛鸽人、捕鼠者、驯用水獭的渔民——他们对各自的动物伙伴都非常关注。关于人类和其他动物之间互利共生的趣闻多不胜数，而信号是所有故事的内核。

有些故事可以用训练来解释，即我们对展示出特定行为的动物进行奖励或惩罚，这被称为“操作性条件反射”（operant conditioning）。在这种情况下，动物无须理解为何会得到奖励，只需做出与之前得到奖励时一样的反应即可。在巴西皮奥伊州（Piauí），一只雄性鹦鹉被毒贩主人教会了高喊“妈妈，警察来了”[13]，等警察真来了，它也被“拘留”了。据《卫报》（*The Guardian*）报道：“参与行动的一名警官谈到这只有两只翅膀的罪犯时说道：‘它一定受过这方面的训练。警察一靠近，它就开始大叫。’”被逮捕之后，它反而始终保持沉默。

有些故事则不太容易简单地定义为操作性条件反射。历史上一个著名的人与动物组合是“跳跃者”詹姆斯·爱德温·怀德（James Edwin “Jumper” Wide）和他的朋友豚尾狒狒杰克（Jack）[14]。19 世纪 80 年代，怀德生活在南非埃滕哈赫（Uitenhage），是一名铁路警卫员。他经常从一节车厢跳到另一节车厢，因此得到“跳跃者”这个外号。但他后来有一次跌入火车下，失去了膝盖以下的双腿。这次事故后不久，他在开普敦城外的伊丽莎白港干线铁路被重新录用，成了一名信号员。根据传说,“跳跃者”在集市上看到一只学会了牵牛车的小狒狒。他看中这只动物的潜力，从主人那里将它买下，取名“杰克”。很快，“跳跃者”就训练杰克成了信号员学徒[15]，还教会它用平板车拉着他四处跑。他们俩一起住在信号员宿舍，这种安排对“跳跃者”和杰克来说再好不过了。

火车站通过操纵杠杆前后扳道，以便火车沿着不同的路线行驶。为了教会杰克拉动正确的杠杆，“跳跃者”发明了一套信号系统：要扳动几号杠杆，他就相应地举起几根手指。（将要进

杰克和“跳跃者”站在他们的信号室前，杰克正在扳一根轨道杠杆。图右是杰克拖着“跳跃者”四处转悠的平板车。约摄于 1885 年

站的火车会鸣笛，指示需要按照什么顺序拉动哪些杠杆。）这个系统运行得天衣无缝，“跳跃者”每天晚上会给杰克喝几口白兰地，让它有甜头可尝。故事到这里，还可以解释为操作性条件反射。但接下来就有趣了：有报道称，杰克很快就能自己解读火车的鸣笛声，并据此迅速行动，按照正确的顺序拉动正确的杠杆，将进站的火车送上正确的轨道。

这只狒狒还学会了对其他信号做出反应。如果一列进站的火车鸣笛四声，那就表示司机需要从一个特殊的盒子中拿一套钥匙。杰克观察到“跳跃者”听到这个信号时会用假肢蹒跚地

走向钥匙盒，它便学会了跑在朋友前头，帮他取钥匙。

有一天，麻烦来了。一位乘客看到是一只“猴子”在操作铁路信号，备感不安。[16] 于是铁路公司展开了调查，将这个一人一狒狒的团队解雇了。幸运的是，在其他员工的呼吁下，公司决定对杰克进行测试。他们把杰克带到一个与它所在信号站一模一样的模拟信号站，然后用一系列实际中不太可能使用、且迅速变化的火车鸣笛声来考验它。结果发现，杰克表现优异。它不仅获准继续工作，还领到了政府提供的每月口粮和就业编号。直到它因肺结核去世，“信号员杰克”连续九年操作信号都没有出过一次错，它的车站也成了旅游景点。这一切只是杰克的机械反应，即对声音做出反应、拉动杠杆，并通过奖励或惩罚来学习下一次应该执行哪套动作吗？还是说，杰克通过某种方式理解了因果关系，想要取悦“跳跃者”，并真正理解了他教给它的东西？

这不是狒狒和人类合作的唯一故事。纳米比亚的纳马人长期训练狒狒作为牧羊人。这些狒狒白天会跟着山羊，贴身保护；到了傍晚，它们就将山羊聚拢在一起；一旦发现捕食者，它们还会大叫发出警报，并在黄昏时将羊群赶回羊圈，有时还会骑在个头最大的山羊背上。这种合作至少延续到 20 世纪 80 年代。[17] 有些狒狒甚至会为山羊梳理毛发，比如一只名叫阿拉（Ahla）的雌狒狒就是如此。它还知道每只小山羊的母亲是谁，当小山羊与母亲走散时，它会帮助山羊母子团聚。

或许这些狒狒在无意识的条件反射或有意识的训练下学会了这些技能。也许杰克不需要理解任何东西，只需要知道在特定的鸣笛声响起和火车开来时必须拉动特定的杠杆，作为奖励，它也能得到食物和庇护所。阿拉将山羊幼崽送回它们的母亲处，可能是在回应它身为等级群体中一名成员的本能。毕竟，这些都是半驯化的动物，从出生起就与人类生活在一起，见惯了我们奇怪的行为方式。

遇到"友好"的鲸鱼之后，我开始寻找人类和鲸类互利共生的例子：也就是人和野生鲸鱼通力合作的时代。我遇到了一种无法轻易解释清楚的互利共生关系，也说不清是谁先开始的这种互动，谁训练了谁。这就是"伊甸杀手"（Killers of Eden，双关，Killers 指虎鲸）的故事。

鲸鱼、海豚和鼠海豚都属于一类亲缘关系密切的动物（一个下目），称为"鲸目"（cetaceans）。这个名字源自古希腊语中的"kētŏs"一词，意为"巨大的鱼"或"海怪"。但它们不是鱼，而是哺乳动物；和我们一样，它们体内流动着温热的血液，用肺呼吸空气，用母乳哺育幼崽。大约 5000 万年前的某个时候，可能在今天的巴基斯坦附近，一些哺乳动物开始返回海洋，它们就是所有鲸目动物的祖先。它们失去了大部分毛发和胡须，体形变为流线型，还长出脂肪层（鲸脂）来抵御环境。它们的手和足变成了桨状，逐渐完美地适应了水中生活，以至于无法在陆地上生存。从热带到南北极的海洋，从最深的海底到内陆

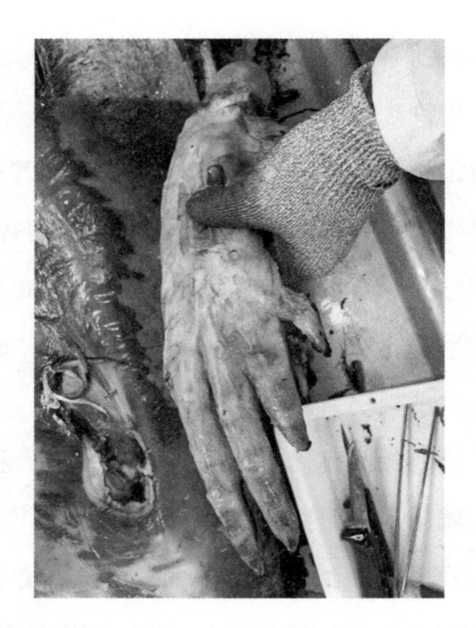

每头鲸鱼和海豚的鳍内部，都有一条起初进化出来用于在陆地上行走的前肢或后肢。图中，索氏中喙鲸（*Mesoplodon bidens*）的“手”被解剖它的人手握住

深处的河流，它们扩散到地球各个水域。今天，至少存在90种鲸豚类动物。它们都是食肉动物，捕食其他动物以获取生存所需的营养和水分。在本书中，我经常使用“鲸”来统称鲸鱼、海豚和鼠海豚。

根据口腔特征，鲸类可分为两种：一种是齿鲸（*Odontoceti*，齿鲸亚目，字面意思是“长着牙的海怪”）；另一种是须鲸（*Mysticeti*，须鲸亚目，字面意思是“长着胡子的海怪”）。大约3400万年前，须鲸从齿鲸中分化出来，牙齿被粗壮、柔韧的刚毛取代。刚毛由一种叫作“角蛋白”的物质构成——组成你头发和指甲的也是角蛋白。须鲸会大口吸入海水，从中滤食鱼类和磷虾等猎物。它们通常体形庞大。差点让我们丧命的那头座头鲸，就是须鲸的一种。须鲸还有其他 15 个种类，包括蓝鲸、灰鲸、露脊鲸、长须鲸和小须鲸等。

齿鲸，顾名思义，就是长牙齿的鲸类。它们无法通过过滤大量海水来获取食物，因此会捕食它们可以咬住的动物。所有海豚和鼠海豚物种都属于齿鲸亚目，不过不同物种间的体形相差很大，有像狗一样大、极度濒危（可能仅存十只[18]）的加湾鼠海豚（vaquita porpoise），也有像公寓大小的抹香鲸。加湾鼠海豚在科特斯海（Sea of Cortez）捕食小鱼，抹香鲸则追逐庞大的猎物——体长 30 英尺（约 9.1 米）的大王乌贼。对于牙齿和鲸须赋予鲸类的两种不同的捕食策略，我们可以简单地理解为：一种是滤食，大口吞咽小动物；另一种是使用牙齿捕猎，往往是小口地吃掉大动物。

最著名的齿鲸或许就是虎鲸（*Orcinus orca*）了。某些种类或“生态型”(ecotypes)*虎鲸，会捕食鲑鱼或鲱鱼等鱼类；其他生态型则会捕食海洋哺乳动物，其中一些专门捕猎鲸类，甚至是蓝鲸等大型物种。一种理论认为，虎鲸（killer whale，杀人

---

* 生态型，指物种对某一特定生境发生基因型反应的产物，是与特定生境相协调的基因型集群。通常物种分布越广，分化出的生态型越多。——译者注

正在用鲸须过滤鱼类并进行“冲刺式进食”的座头鲸

鲸）的名字源自西班牙捕鲸者的叫法“ballena asesina”，意为“鲸鱼杀手”。在世界上的某些地区，人们感觉“killer”有贬义色彩，如今已改用“orca”一词。

须鲸试图避开捕猎它们的生态型虎鲸，但它们每年的洄游路线都会穿过水下的凶险地带。在那里，虎鲸埋伏在途中，等待着须鲸和它们的幼崽。

澳大利亚东海岸就是这种危险地带之一，南露脊鲸（southern right whales）和座头鲸往返于觅食水域时会途经此处。有证据表明，澳大利亚大部分地区出现人类活动已经超过 4 万年[19]，延续至今的一些澳大利亚原住民社会，被视为地球上连续时间最长的文化。这里的人们祖祖辈辈居住在同一个地方，尽管没有文字，但他们口口相传的传统显示出超乎寻常的韧性。在一些社区中，关于一些海岸线和景观的名字和故事还在流传，而这些地方在上一次冰期后就已深埋海中。今天，故事中对这些地方的描述，与人们对一万年前的地貌所作的科学重建相吻合[20]，这表明这些故事已经准确地传承了大约四百代人。

在这片海岸的原住民尤因人（Yuin）中[21]，众多信仰、习俗和仪式将人类与鲸鱼联系在一起。部落武士的黑白条纹图案的打扮，看起来就像虎鲸黑白相间的斑纹。[22]尤因人有一种传统疗法，就是爬进一头死鲸鱼嘴里，头部留在外面，脖子以下整个身体都躺在腐烂的鲸鱼尸体里[23]。人们会到一些山坡上学习，在那些富有教益的石刻上至今能看到鲸鱼，其中一头鲸鱼体内就有一个男人的形象。

在欧洲殖民者称为图佛德湾（Twofold Bay）的地方，靠近殖民小镇伊甸（Eden）处，卡通古尔人（Katugul，"咸水人"）与虎鲸建立并维持了一种非同寻常的互利共生关系，这种关系可能已经持续了数千年。[24]4月至11月，虎鲸会伏击洄游的须鲸（这里的人称之为"Jaanda"[25]），将它们困在海湾内，在浅海区狼吞虎咽大吃一顿。在浅海区，卡通古尔人也可以更轻松地用鱼叉射中须鲸，取食鲸鱼肉。一种理论认为，当地人将此理解为鲸鱼给他们带来了礼物。虎鲸因此被称为"beowa"（兄弟）[26]，据说人们还将这些"鲸鱼杀手"视为"他们已故祖先的转世之灵”[27]。根据口头传说以及早期欧洲人的记载，卡通古尔人会将捕来的鲸鱼吻部——包括重达四吨的大舌头——奖赏给虎鲸。[28]

150年前，图佛德湾建立了一个捕鲸定居点。定居者在小型岸基捕鲸船上作业，随时准备满足社会对鲸油的迫切需求。许多欧洲捕鲸者认为，当地的虎鲸是他们的竞争对手，是个麻烦。但是来自苏格兰的捕鲸者戴维森家族（the Davidsons）[29]不这么想，他们雇用尤因人在船上工作，并支付公平的工资。反过来，尤因人教会了戴维森家族如何与虎鲸一起捕猎。捕鲸者通过“脊背斑纹”认识了15到20头鲸鱼（就像现代鲸豚专家一样），还给它们取了名字，比如“陌生人”（Stranger）、“剥皮仔”（Skinner）和“吉米”（Jimmy）等[30]。其中很多可能是雌性鲸鱼。

虽然雄性虎鲸体形更大，但它们的社会并不由雄性主导。相反，虎鲸属于母系社会，鲸群由一头或多头占据主导地位的雌性及其母系成员——女儿、儿子和孙辈——领导。雌性虎鲸就像人类和大象一样，会经历更年期——人们认为这使它们得以专注于领导，利用一生的经验来引导自己的家族。例如，目前生活在北美太平洋南部的虎鲸，就是由编号L25的雌性虎鲸领导的。人们估计，L25至少已有93岁高龄。[31]在伊甸渔场附近捕猎的虎鲸群可能也是如此。

当地的原住民捕鲸家庭和戴维森一家可以根据外观和个性

这张照片拍摄于19世纪末20世纪初，捕鲸者正探身看向画面的右前方。在鱼叉手前面、画面之外，是他们正在猎杀的雌性座头鲸，它的幼崽跟随在船边。前景是一头巨型虎鲸的背鳍

认出许多虎鲸。20世纪初，捕鲸者与鲸群中的一名成员多有互动。这是一头巨大的雄性鲸鱼，名叫“老汤姆”（Old Tom）。它有着庞大的背鳍和“顽皮的天性”，人们很容易就能将它与其他鲸鱼区别开来。也许正是它的祖母教会了它如何与捕鲸者互动。

相传，当老汤姆所在的虎鲸群[32]遇到经过此地的座头鲸和露脊鲸时，它们就会把猎物赶进图佛德湾——戴维森一家就住在那里。老汤姆和其他鲸鱼会暂停猎杀，游到戴维森家附近的河口。它们跃出海面再砸下来，用尾巴拍打海面[33]，提醒人们有鱼来了；只要鱼来了，它们就会这么做，哪怕在夜晚也是一样。然后，戴维森一家和船员就会匆忙冲到船上，划向虎鲸所在处。接着，虎鲸便引导他们找到猎物，并协助他们围捕和攻击，直到捕鲸者用鱼叉刺死猎物。有时，虎鲸甚至会帮忙拉

拽与鱼叉相连的绳索，将被困的猎物拉向捕鲸船。根据一名捕鲸者的侄子珀西·蒙布拉（Percy Mumbulla）的说法，“如果附近有鲸鱼，虎鲸就会告诉他们”[34]，而且这种交流是双向的：“奥雷叔叔会用虎鲸的语言与它们说话。”

绘画、日记、照片和蚀刻画都描绘了这种跨物种的海上战斗场景。在庞大的猎物和身边穿梭、跳跃的虎鲸衬托下，捕鲸者区区 15 英尺（约 4.5 米）长的小船显得格外渺小。当人们在捕猎时落水或者船只沉没时，虎鲸会游到他们身边，保护他们免受鲨鱼的袭击。

捕猎完成后，戴维森的捕鲸队会将死去的鲸鱼绑在浮标上，虎鲸会分得一杯羹，吃掉猎物巨大而肉质肥厚的吻部和舌头。据说，戴维森一家是从原住民船员那里学来这种做法的。然后，捕鲸者将猎物剩下的部分拿走，以获取用于制作肥皂、燃料和皮革制品的宝贵鲸脂。对虎鲸来说，这是一笔不错的交易，因为它们捕猎须鲸时需要不断用尾巴猛击猎物，将其压到海下或者咬住脆弱部位毙命，这往往需要花费很多时间并临危涉险。这种交换可能体现了已形成数千年的一种互利共生关系，当地人称之为“舌头法则”（Law of Tongue）[35]。

根据当时的渔猎照片和日志记载，人们估计从 19 世纪 40 年代到至少 1910 年，虎鲸参与戴维森家族三代人的伊甸捕鲸业时间超过了 70 年。戴维森家族的一名成员杰克·戴维森（Jack Davidson）和他的两个孩子溺水而亡，据说他们的家人搜寻尸

这张照片拍摄于 1930 年。照片中，乔治·戴维森坐在老汤姆的尸体上。捕鲸者王朝的最后一名成员，坐在昔日一起狩猎的最后一头鲸鱼伙伴身上

体时，找了整整一周都徒劳无功。其间，老汤姆一直待在海湾的一个小角落；正是在那里，杰克的友人找到了他的尸体。[36]

人类与鲸鱼之间的合作捕猎以及很多其他互动，经常被记录甚至拍摄下来。爱丽丝·奥滕（Alice Otten）就曾亲眼看到过这一画面。2004 年，103 岁高龄的她在接受采访时说："我认为，在任何海洋生物和人类之间，都没有出现过如此深厚的信任和友谊。"[37] 然而到了 20 世纪初，鲸鱼消失了。据推测，老汤姆的鲸群在附近一处海湾遭到了初来乍到的挪威捕鲸者的屠杀，他们不知道自己是在向盟友开火。与此同时，许多澳大利亚原住民被驱离——被迫离开他们祖祖辈辈生活的土地，被送

进学校，他们的传统生活方式也遭到了禁止。

最终，海湾里只剩下一头鲸鱼——老汤姆。1923 年，它再度现身。[38] 造化弄人，它遇到了乔治·戴维森。当时，乔治和朋友洛根（Logan）外出捕鱼，看到老汤姆，两人都十分意外。更令他们意想不到的是，老汤姆驱赶了一头小鲸鱼朝着乔治的小船靠近。乔治的鱼叉就带在身旁，他用鱼叉刺穿了那头鲸鱼。那时候，鲸鱼已所剩无几，暴风雨即将来袭。洛根担心这或许是本季唯一的捕杀机会，于是试图在老汤姆“分一杯羹”前将死去的鲸鱼拖走。乔治则强烈反对。

随后，一场激烈的争夺在鲸鱼和人类之间展开。其间，老汤姆失去了两颗牙齿。已无族群同伴幸存的老汤姆，在这场争夺中几乎没有胜算。洛根的小女儿当时也在场，她记得父亲惊恐地说道：“天哪，我做了些什么啊？”[39] 一项古老的契约被打破了。

这种互利共生的关系是如何开始的，又是如何发展和传达的？鲸鱼和海豚长有手指，但它们隐藏在坚硬的胸鳍深处。它们的面部不能变化，没有人类和狒狒那样的肌肉，也就不能将面部表情转化为视觉信号，传达各种情绪和意图。我们不仅生活在不同的生物界，而且被不同的媒介隔开——鲸类动物畅游于海洋，人类行走在陆地。尽管存在这些阻碍，但鲸鱼和人类还是学会了沟通、合作，并热切地将彼此的世界联结在一起。

时过境迁，在澳大利亚之外，很少有人了解或相信“伊甸杀手”的故事了。虎鲸能够向人类发出信号、与人类交流合作的想法，似乎也成了无稽之谈。事实上，直到20世纪70年代，虎鲸都被广泛视为危险的野兽。美国海军的手册就警告潜水员，虎鲸一看到人类，会立即吞食。[40] 据说直到20世纪60年代，海岸警卫队的直升机还会对着野生虎鲸群练习机枪扫射。整个七八十年代，太平洋西北部等地的野生虎鲸种群锐减，幼崽被从鲸群中抢走，关进游乐园。这令原住民社群感到恐惧，因为他们的生活和信仰都与鲸鱼紧密交织在一起。在这个过程中，许许多多的鲸鱼被捕杀，这种情况在一些国家持续至今。

我的研究发现了人类和鲸类共生的其他故事，其中一些是最近才发生的。在巴西拉古纳附近，宽吻海豚将鲻鱼驱赶到岸边，渔民就在浅水区“守株待鱼”。渔民看不清水下的鱼群，所以他们依赖海豚发出的信号来行动。海豚用尾巴拍打水面，这就是信号，渔民们见状就会抛网。通过合作，海豚能捕捉到迷失方向的鱼群，渔民也能捞到比平时更多、更大的鱼类。

一项有趣的研究发现，与人类一同捕猎的海豚个体，其哨叫声（whistles）与不参与合作的同胞不同。[41] 无论是与人类还是与其他海豚在一起，选择合作的海豚的哨叫声都保持了一贯的独特之处。因此，人们认为这种声音并不是单纯针对人类的。这项研究的一位作者指出，这可能是海豚“将自己标识为某一特定社会群体成员”的方式。这不禁让我想起，并不是所有人都喜欢主动追寻鲸类动物，但我们往往很容易辨认出那些鲸豚发烧友：他们身上有海豚文身，戴着座头鲸耳环，穿着虎鲸T恤，头戴白鲸棒球帽。凡此种种，无不向其他人类传递着他们是鲸类爱好者的信号。

有一天，知道我喜欢鲸豚故事的在线算法，给我推送了澳大利亚昆士兰州一群野生驼海豚的最新消息，这引起了我的注意。当地人在咖啡馆等位时，常常会投喂这些海豚，与它们频繁互动。然而，因COVID-19大流行而封城期间，这些海豚好几个星期都没有得到投喂，以及和人类接触。它们开始带着海绵、长满藤壶的瓶子和珊瑚碎片等“礼物”来到岸边。[42] 关于世界和人类，关于因果关系，关于其他人的想法，以及是什么驱使人们给自己带来小鱼，这些在海豚的大脑中产生了怎样的火花呢？又是什么驱使了海豚们这种“送礼”的行为？是谁的主意？它们是从哪里学来的？它们这么做只是因为饿了，还是它们也感到了孤独？

我越是深入研究科学文献和新闻，就越是惊叹于鲸类动物对跨物种互动的热情。抹香鲸会被以鱼类为食的虎鲸叫声吸引（虎鲸对抹香鲸并不构成威胁），它们会游向虎鲸，一起玩耍畅游。[43] 新西兰的伪虎鲸（False killer whales）则与最常见的宽吻海豚建立了“友谊”。事实表明，这并非偶然事件或短暂的邂逅，也不是投机取巧式的合作。科学家们发现，特定海豚个体和伪虎鲸个体的伙伴关系持续超过五年，一起游弋了数百英里。

这些动物在大小、外形和饮食习惯上截然不同，却在漫长的海洋航行中并肩前行，它们的生活也交织在一起。在爱尔兰，有一头孤独的海豚经常靠近船只，还与船长的一只狗交上了朋友。2008 年，在新西兰的玛希亚海滩（Mahia Beach），一对迷路的小抹香鲸（pygmy sperm whale）母子被困在一处沙洲后面，看上去已陷入绝境。甚至在人类的帮助下重新浮起来后，它们还是一次又一次地搁浅。就在这时，一头名叫“莫科”（Moko）的当地宽吻海豚“插手”了。它游到人们和鲸鱼母子之间，后者立刻跟随莫科穿过沙洲的开口，安全地返回了大海。[44]

最近人们发现，座头鲸会在其他物种遇险时前来救援，这些物种大多遭到了虎鲸的猎杀。人们记录到一百多起座头鲸的“介入”事件，它们不仅保护自己的同类，也保护其他物种免遭攻击——保护其他鲸鱼、海豚、海豹甚至是巨型翻车鱼，使它们免受捕食者的袭击。[45] 座头鲸会挤进捕食者和猎物中间，将海豹和海狮托举出水面，远离捕食者。在蒙特雷湾，我目睹了一对座头鲸与两个虎鲸群的缠斗，虎鲸试图吃掉它们杀死的一头灰鲸幼崽。座头鲸花了好几天的时间来保护幼崽尸体。[46] 目前尚不清楚座头鲸从这些极其消耗体力的互动中获得了什么，这种行为对它们来说是相当危险的。难道它们是海洋里的交战方吗？

某种程度上来说，与其他物种合作的想法并非异想天开，因为这种合作每天都在发生。世界由互利共生的关系维系在一起，在物种进化过程中，合作被视为与竞争同等重要的力量。但是，通过团队合作谋求共同利益、击打海面和分享食物只是其中的一个方面。至于我们人类更珍视的东西——建立更深层次的联结、真正理解他者的思维，情况又如何呢？

在研究“伊甸杀手”的故事时，我偶然发现了一段“古布”·泰德·托马斯（“Guboo” Ted Thomas）晚年接受采访的录音。[47] 古布出生于20世纪初，是故事中一个原住民捕鲸者的儿子。他在采访中讲述了如何目睹他的父亲和祖父被虎鲸“召唤”，有时甚至是从睡梦中被呼唤起来出海捕猎的。不过，最让我着迷的是另一个关于其他鲸类的故事，古布的族人如何“用歌声唤来海豚”，以寻求它们的帮助。古布小时候和祖父一起去海边，老人发现了一大群鱼，于是迅速向海边走去，手持木棍，一边敲击，一边随着节奏边唱边跳。过了好一会儿，海豚出现了，它们仿佛响应祖父的信号，将鱼群向岸边驱赶。鱼儿跳出水面，被人类逮个正着。与前面虎鲸的传说相比，这个故事中的角色发生了反转——人类成了发出信号的一方。采访录音中的一个细节给我留下了深刻的印象。古布说，狩猎结束后他的祖父迈步走向大海，站在及腰深的海水中。一头大海豚游向他，将头放在他的胳膊上。老人慈爱地拍了拍海豚，对它说话，“然后海豚发出了‘叽—叽—叽—叽—叽—叽——叽—叽—叽—叽——叽——’的声音。它在和祖父说话，而祖父也在同它对话”。然后，海豚游到远处，翻滚两圈，消失不见。

啊，我真想亲眼看到这一幕，将它记录下来。但就像本章提到的其他怪闻奇事一样，这不过是一个故事。作为“科学证据”，它是很薄弱的。古布的祖父真的能和海豚交流吗？世间真的有人能与鲸目动物进行真正的“交谈”吗？我需要从我自己以及其他人的故事中抽离，转向更加具体的数据、事实，关注我们可以看见、摸到和测量的东西。我们能从鲸类的身体、大脑和行为推断出它们的交流方式吗？用马特·达蒙在《火星救援》中的话说，“是时候用科学方法来解决这玩意儿了”。

第四章

鲸鱼之乐

The Joy of Whales

利维坦……它岂向你连连恳求，说柔和的话么？

——《约伯记》41:1

当“头号嫌疑犯”在蒙特雷湾冲出海面时，我记得我当时印象最深的是：它可真肉啊。我能看到它皮肤上凹凸不平的纹理和瑕疵，还有附着其上的藤壶。从远处看，鲸鱼看起来油光水滑，平滑得像抽象画，但是当它们近在咫尺时，它们就变成了呼哧喘气、散发着腥臭味的巨物。当它悬在我头顶时，我能真切地感受到，这个大得离谱、超乎寻常的物体是一个有生命、有思维、有感觉的存在。一头充满血肉和骨骼、神经遍布的庞然巨兽，高高跃到我们头顶的空中。

我对此深有体会，因为我不仅曾被一头下落的鲸鱼砸中，而且有幸见过一头死去的鲸鱼。我看到了它的身体内部，用手抚摸过它的关节，感觉过它温热的心脏。我能有此荣幸，要仰赖乔伊·雷登伯格教授。就是她在观看视频片段后，认为"头号嫌疑犯"为了避免撞到我们而改变了跃水的方式，也正是她那句"你没法问一头鲸鱼"激励我踏上了这段旅程。

乔伊是我遇到的最优秀的人之一，刚好从事着世界上最恶心的工作之一。1984 年，乔伊在高速公路上超速行驶，被一名州警察拦下时，还是个面带稚气的研究生。[1] 当警察要求她出示证件时，乔伊并没有注意到对方的紧张。但她知道，一旦对方看了她的车后座，事情就尴尬了。

这个不可避免的时刻还是来临了，乔伊战战兢兢地保持沉默。警察从车边离开，一只手放在武器上，让她解释他在车里看到的东西。"就是我的工具而已。骨锯、颅骨凿、锤子、匕首、镰刀、园艺剪、剥皮刀、钩子、垃圾袋、金属防割手套和厚橡胶手套，还有工作服。"乔伊笑着说。对这位警察来说，这些东西肯定让他毛骨悚然——他们最近才发现一具被切碎装袋的尸体。一名持有肢解工具、具备分尸技能的嫌疑犯还逍遥法外，而他以为，那家伙就是他面前这位。

她向警官解释道，她正前往执行第一项任务的作业点。一头小抹香鲸被冲到了距此三小时车程的海岸上，她被派去从尸

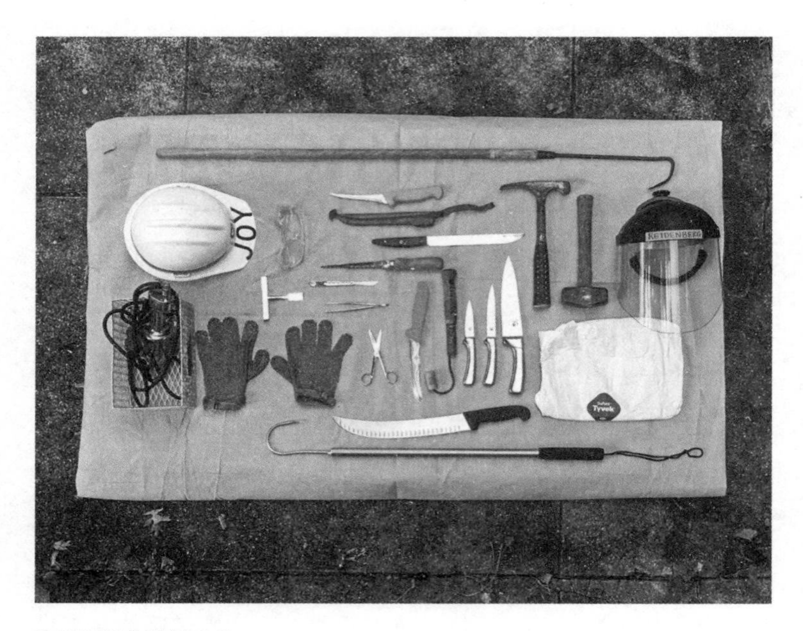

乔伊的部分解剖工具

体上采集标本，给这头动物做尸体解剖以确定死因，测量其身体并提取组织样本。然后将可以保存的都保存下来，以进行研究。幸运的是，乔伊的说法得到了证实。警察对此印象深刻，无疑也大松了一口气，他开着警车鸣笛在前面开道，护送这位“海洋侦探”前往她要探查的“案发现场”。

乔伊飙车赶路是有充分理由的——死亡的鲸类动物腐烂得非常快。与海豹不同，鲸类褪去了它们的祖先在陆地上生活所需的大部分毛发。一些物种——比如座头鲸——在下颌和吻部仍留有触须，这对它们感知周围的世界大有用处。虽然可能听起来有些别扭，但确实我们人类也失去了大部分体毛。在鲸类和人类中，发育中的胎儿通常都会经历一个多毛的阶段，这暗示着我们都有一个“毛茸茸”的过去。鲸类没有舒适的毛皮，而是靠一层叫作“鲸脂”的肥厚脂肪层来保温隔热。鲸脂位于它们的皮肤下面，覆盖全身，就像一个用黄油做成的睡袋。一旦动物死亡，细胞就会在死亡过程中释放热量。对于鲸类动物来说，这种热量被困在鲸脂中，所以它们很快就会被自己的脂肪煮熟。根据空气温度和尸体的暴露程度，它们的大脑、器官和其他软组织可能在几个小时内就会变成糊状物，争分夺秒的解剖学家要寻找的所有信息都会随之丢失。

乔伊对海洋哺乳动物的体内系统如何运转，以及它们能为动物的外在能力和行为提供何种解释深深着迷。这份痴迷使她对鲸类的“硬件”——包括它们用于交流的解剖机构——拥有几乎无人能及的深刻理解。在提到破解鲸类交流的想法时，我们或许首先要考虑的就是“硬件”：关于鲸鱼是如何思考、聆听和说话的，它们的身体提供了哪些线索？没有人比乔伊更能帮助我找到答案。她已经记不清解剖过多少头鲸鱼和海豚了（她认为有数百头），也正是她第一次带我参观了鲸鱼体内的世界。那是 2011 年 3 月，在英格兰东南海岸一处寒冷的海滩上，也就是“头号嫌疑犯”撞到我们身上的四年前。

* * *

当时，我正在制作一部名为《解剖巨型动物》（*Inside Nature's Giants*）的纪录片，片子阐释了巨型动物的身体是如何运转的，并通过拍摄解剖过程来展示它们的进化历史。作为研究的一部分，我们与科学家、动物园管理员、国家公园管理员和动物救援人员建立了一个联系网，他们会在发生大型动物死亡的不幸事件时及时通知我们。这是一项奇怪的工作。我们随时待命，以便能迅速派出团队拍摄科学家们对长颈鹿、大象、巨型乌贼和北极熊进行的尸检过程。鲸鱼搁浅的那天早上，我接到了英国鲸类搁浅调查计划（Cetacean Strandings Investigation Programme，被称为“海洋 CSI”）的电话。他们让我尽快赶往肯特郡。

虽然我从伦敦家中出发一路飞驰，但鲸鱼还是在我赶路途中死去了。这是一头年轻但体形巨大的雄性鲸鱼。北海和英吉利海峡水域对抹香鲸来说可不是什么好地方——航运和工业活动繁忙，而且水不够深，容不下它们赖以为生的大量乌贼。佩格韦尔湾（Pegwell Bay）是一大片倾斜进入英吉利海峡的沙质海岸。大约两千年前，恺撒（Julius Caesar）选择让他的三层桨船在这里靠岸，入侵不列颠。[2] 这里来时容易去时难，船只很容易搁浅，要脱困却很困难。人们之前就看到这头抹香鲸在这处浅水中剧烈挣扎。

鲸鱼的构造不是为了符合重力：它们在陆地上无法支撑自己的体重，尽管救援队倾尽全力，但搁浅的鲸鱼很少能存活下来。它们可能会把自己压垮在地面上，损伤内脏器官并脱水。因缺乏活动而产生的有毒代谢产物会在它们的组织中积聚。随着潮水从佩格韦尔湾退去，鲸鱼的尸体暴露在岸边。那些偶然发现它的海滩游客聚集在它周围——人们遇到搁浅的鲸鱼时总是会这么做。有些人吓得目瞪口呆，有些人哭了起来，有些人爬到鲸鱼身上，有些人触摸它巨大的圆锥状牙齿，狗在咬食它的脂肪。潮水将它冲成侧躺的姿势。血从擦伤处流出来，这些伤口是它在垂死挣扎时，厚实而敏感的黑色皮肤和娇嫩的牙龈与沙子擦碰留下的。我摸了摸它的头部，在寒冷的空气中，它的头部是温热的。

那一天之内，大约 40 人聚集而来：穿着油布外套的科学家和他们的志愿者助手，10 名穿着亮橙色防水作业服的摄制组成员，身穿反光马甲的工人，以及身着深蓝色制服的警察。我们只有一个希望：借助摆放在这个生物面前的“中世纪军械库”——各种各样的钩子、剥皮刀、专用刀片和绑带——来搬动这头重达 40 吨的动物，并进行解剖。我们租了重型机械，开到海滩上。傍晚五点半天就暗了下来，于是我们启动发电机，为伸缩式起重机上的弧光灯供电，白光洒在鲸鱼身上。在鲸鱼尸体的一端，是一台可以 360 度旋转的挖掘机，另一

美国俄勒冈州佛罗伦萨的鲸鱼爆破，摄于 1970 年

端则是一台铲斗挖掘机。担心设备不够，我们还找了当地的树木修整专家，他们带着自信和不安，握着带有截齿钻头的链锯赶来。

进入鲸鱼体内本就不易，抹香鲸（*Physeter macrocephalus*）作为齿鲸中最大的物种，更是一位深海潜水专家，其身体构造所能承受的压力足以使人类的器官破碎、颅骨碎裂、肋骨被压得像比萨饼烤盘一样扁。幸运的是，警方同意给我们两个潮汐周期——大约 24 小时——来解剖和拍摄这头鲸鱼。作为交换，我们将协助警方的安排，将它的尸体切割成小块并拖离海滩，以便市政府进行安全填埋。

处理死亡鲸鱼是一项极具挑战的任务。如果我们只是在海滩上挖个洞，用湿沙子将它埋起来，那么尸体可能会重新浮出水面；如果将它拖入海中，则可能会危及航运，并且最终仍将漂回岸边。它甚至可能在运输过程中爆炸[3]：有一次，在中国台湾的一个小镇上，人们用平板车运输一头鲸鱼。途中，尸体爆开了，黏糊糊的内脏淋遍了沿途的车辆和店面。有些政府当局为避免这种情况，试图“先发制鱼”，采取了炸鱼措施，但这也可能适得其反——有时甚至会制造出颇为壮观的大场面。比如，1970 年在美国俄勒冈州佛罗伦萨市（Florence），一头抹香鲸被引爆后，巨大的鲸脂块飞溅到 300 码（约 273 米）开外，压扁了附近的汽车，还险些砸中一旁看热闹的人群。[4]

乔伊是那天凌晨两点飞过来的。虽然睡眠不足，但她充满激情，并确保每个人都清楚自己的职责。她指挥团队在鲸鱼腹部的一块区域切开一系列小切口。困在鲸鱼体内的气体被放出来，发出“嘶嘶”声，这是释放压力、防止爆炸的关键步骤。他们慢慢地割开光滑的灰黑色外皮，切开脂肪层，然后切开包裹着肌肉的纤维结缔组织。在乔伊切割时，鲸鱼尸体发出噼里啪啦的声音，仿佛成百上千根绷紧的橡皮筋在她的刀下断开。她的团队沿着鲸鱼腹部逐渐切出一个巨大的侧向 U 形切口。在 U 形的底部，他们开了一个洞，将一根粗大的绳子从中穿过，然后把绳子塞进挖掘机的铲斗齿里。

大家远远站开。随着机械臂的拉扯，巨大的撕裂声传来，一个大小相当于两张特大号床的巨型肉块被剥离，露出了整个多肉的腹部。现在我们已经进入了肌肉层，这是鲸鱼的六块腹肌。肉是黑红色的，这种颜色来自肌肉中高浓度的肌红蛋白，它能像血细胞中的血红蛋白一样吸收氧气。鲸鱼将它的肌肉作为潜水氧气瓶，在90分钟的潜水过程中缓慢释放肌肉中的氧气。乔伊首先要处理肠子，它们将帮助我们了解这头动物生前的健康状况、它吃了什么，以及是否有寄生虫。

她小心翼翼地划开肌肉壁，但刀子划得深了些，刺破了下方的肠道。霎时，就好像一支猎枪从鲸鱼身上迸发，一股蒸汽伴着血块喷涌而出，迸溅在乔伊脸上。她戴着护目镜，但脸上其他地方全是污物。“麻烦拿张纸巾，谁有纸巾？”她问道。我看向我们的录音师贾斯敏（Jasmine），挡在她吊杆麦克风前的“毛茸狗”挡风玻璃上，现在覆满了灰色的糊状物。她的靴子陷进一英尺深的血液、沙子和肠道液体混合物中。助理制片人安娜拿出纸巾上前，轻轻地为乔伊擦去她脸上的鲸鱼内脏污物。

在历史的大部分时间里，死亡的鲸鱼一直是我们了解鲸类动物信息的主要来源，而捕鲸者就是我们当中的专家。为它们命名的是捕鲸者，而非博物学家：露脊鲸之所以叫“合适的鲸”（right whale），是因为它们是合适的捕猎对象，一旦被杀死，尸体很容易就浮在水面上；布氏鲸则是以挪威人约翰·布赖德（Johan Bryde）的名字命名的，他建了一座巨大的捕鲸站。描述鲸鱼身体部位的也是捕鲸者，而非解剖学家。例如，抹香鲸鼻部下方被称为“废物”（junk，抹香鲸头部含有鲸脑油的纤维组织）的结构，是其用于交流的复杂解剖结构的组成部分，之所以这样命名，完全是因为它对捕鲸者来说价值不如其他部位。（想象一下，这就好比将大象的鼻子叫作“废物”，或者将鹰的羽毛命名为“不可食用”。）

一些捕鲸者早就怀疑鲸鱼和其他海洋哺乳动物会发出声音。他们注意到，当他们叉中一头鲸鱼时，其他鲸鱼，甚至那些在远处的鲸鱼，都会立刻受到惊吓，跃出水面并改变行为。捕鲸者推测，这是被叉中的鲸鱼在呼号。1890 年，“伊丽莎号”（*Eliza*）的船长威廉·凯利（William H. Kelley）向《郊游》（*Outing*）杂志讲述，他曾将耳朵贴在绳索上，这条绳索将捕获的露脊鲸拴在船上，他听到了“低沉、沉重、痛苦的呻吟，就像人疼得直叫一样”。[5]

20 世纪 50 年代，生物学家马尔科姆·克拉克（Malcolm Clarke）搭乘英国捕鲸船，随船前往南极。[6] 当作业人员将热气腾腾的鲸鱼拖上甲板并开始机械化加工时，克拉克就在他们中间迂回穿梭，一边躲开钩子和飞舞的链条。他对抹香鲸的内脏着了迷，因为它们不仅能为我们提供关于这些巨兽的信息，而且是通往深海的门户——那时深海还没有人类能涉足。他发现了体长达到 50 英尺（约 15 米）的寄生虫，以及大块儿的龙涎香。龙涎香是鲸鱼消化液形成的一种橙色、带有芳香的蜡状堆积物。因其具有独特的化学特性，这些状似陨石、黏糊糊的物质在香水行业的价值堪比黄金（香奈儿 5 号等经典香水中至今仍在使用）。他还发现了喙。仅仅在一头抹香鲸的胃里，他就数出了一万八千个喙。这些喙是乌贼的，喙是它们全身唯一无法被消化的部分（吸盘上长“牙”的巨型乌贼和腕足上长满钩爪的大王酸浆鱿这些怪物除外）。仅凭这些残骸，他就发现了新的乌贼物种；通过他的科学报告，我们对于抹香鲸与巨大的软体动物猎物，它们在黑暗、寒冷、水压极高的深海中发生的战斗规模开始有了认识。

在肯特郡的海滩上，我在抹香鲸身上发现了环状伤痕，那是它大口将巨型乌贼咽下肚前被后者触手上的吸盘环锯齿划破的。想想这头鲸鱼可能经历了什么，真是令人惊叹——它见过只在科幻小说中出现的山脉、峡谷、生命形态和化学系统；它潜水时可能经过喷涌出 400℃硫黄烟柱的深海喷口，游过比陆地上最大山脉更雄伟的奇峰，与寿命超过 400 年的鲨鱼擦肩而过；它仿佛生活在另一个星球。如果它没有死的话，它可能还有 70 年甚至更长的时间继续深海探索——这只是一个估计，我们并不确定抹香鲸或其他任何鲸鱼物种的寿命有多长。

是什么杀死了这头动物？越来越多的鲸鱼被冲上我们的海

岸，原因有很多。它们可能是因为自然原因生病或受伤，有些是在争斗中被其他鲸鱼和海洋生物杀死的。但有些鲸鱼体内含有大量重金属，以至于被当作有毒废物处理。还有一些鲸鱼的胃里有巨大的塑料垃圾球。有些则明显是被船只撞击或被渔网缠绕致死的。海军声呐和水下工业对鲸类动物来说可能也是致命的：对这些听觉超级敏感的动物来说，身边的声呐脉冲简直就像一枚声音炸弹。许多种鲸鱼、海豚和鼠海豚物种发生的集体搁浅事件，都与海军演习有关[7]，其中一些事件甚至导致数百头动物搁浅。一些尸体显示，它们的听觉系统受损。还有些鲸鱼似乎遭受了减压病（bends）的困扰。最近的一项研究发现，某些特定频率的声呐会使突吻鲸（beaked whales）感到极度恐惧并迷失方向，导致它们的心脏功能失调，因剧痛而丧失行动能力，最终搁浅死亡。毫不夸张，它们就是被吓死的。[8]

我们尸检的这头鲸鱼的结果显示，它在从北极深海向南游时迷失了方向，在苏格兰附近走错了路，错过了大西洋深海的安全水域，最后误入较浅的北海。这里没有它的食物，还充满了人类的干扰。迷失方向，加上体力不支，它最终搁浅而亡。

在乔伊的领导下，团队花了好几个小时挖掘鲸鱼空空如也的肠子，一点点地将它们从体内取出，再用起重机的吊斗运走。然后，“磨刀霍霍”的队员们摸到了肺。它们弹性十足，紧贴在巨大的肋骨下。当抹香鲸下潜时，肺部会受到压力而挤压变形，内部的空气被压缩。在这种情况下，换作人类的话，肋骨早就

乔伊即将切开鼻孔，露出“猴唇”，作者在旁观看（手持黑手套者）

断了；但抹香鲸的肋骨进化出了铰链关节，可以灵巧地折叠起来。乔伊向我们展示了润滑这些“骨骼手风琴”关节的液体。此时，鲸鱼体内温度很高，一股白色的蒸汽升腾而出，窜进寒冷的空气。“摸一摸，往左边一点，对，就是那里。”乔伊一边说，一边将我的手引导到肺周围，我摸到一个更坚硬的、又黑又亮的东西。那是鲸鱼的心脏。

乔伊身高 5 英尺（约 1.5 米），无所畏惧。年轻时，她梦想成为一名职业赛马骑师，直到她父亲说这不是女性该从事的工作。如今，她骑在鲸鱼的内脏上，双腿紧紧夹住它体腔里如捣碎的紫色布丁一样的物质，用刀子像冰斧一样在颤颤悠悠的组织上找支撑点。她费力地将一片肺叶推到一边，然后爬进鲸鱼体内，完全坐在我们挖开的腔体中，一排肋骨在她上方延伸，她的双脚和小腿消失在内脏和血液的沼泽中。她用一个巨大的钩子取出鲸鱼的心脏，它足有一张桌子那么大。

乔伊一边切割，一边解释鲸鱼是如何理解它的世界的。鲸类的感官与人类的不同。它们的嗅觉和味觉大部分比较迟钝，视觉也普遍较差。但它们可以感知到我们无法感知的事物，有些鲸类甚至对磁场很敏感。[9] 就像你我一样，它们也有着自己的使命：寻找伴侣，在海洋中定位航行，并找到食物。与人类不同的是，它们必须在黑暗中完成这些任务。但由于水是一种比空气密度更大的介质，声音在水中传播的速度比在空气中快四倍以上，这为敏锐的听觉提供了施展机会。对抹香鲸和许多其他鲸类来说，声音是关键。它们通过倾听的方式在深海中穿行。

我们跟随乔伊，她领着我们参观了这头动物的内部。我就像被房地产经纪人带着看房一样，全神贯注地观察每一处细节。巨大的心脏、强有力的尾鳍、能折叠的肋骨、可伸缩的阴茎、有弹性的肺、深黑色的肌肉，还有看不到头的、消化鱿鱼获取能量的肠道。这些器官都硕大无比，因为这头鲸鱼本身就是巨无霸。但看过这一切之后，给我留下深刻印象的还是它身体最大的部位——头部。鲸鱼的头部主要由它的鼻子组成。

乔伊热衷于研究鲸鱼的吻部和头部，认为它们是解剖学上的复杂谜题，是管道和血管组成的迷宫，与我们人类的体内结构迥然不同，它们进化出来是为了适应极端环境的。她说，抹香鲸的吻是为了声音、感知和交流而进化出来的。人类不可能想象出像鲸鱼或海豚那样感知声音是什么感觉，因为我们主要依赖视觉来描述世界。而抹香鲸（像它的所有齿鲸和海豚表亲一样）靠的是声音，它们不仅通过发声来交流，而且通过向前方发出声波（咔嗒声）并聆听回声的方式来感知周围环境。当我们描述鲸鱼如何利用声音来理解世界时，我们说的是它们“用声音来‘看’世界”，这是它们的“基本感知和交流渠道”[10]。虽然我们无法像其他陆地哺乳动物那样，转动外耳来真正锁定某个声音并确定其来源，但我们人类在确定声音来源、感知音量和音调方面表现并不算太差。尽管如此，我们的听觉能力与鲸鱼和海豚相差甚远，哪怕它们连看得见的耳朵都没有。

乔伊指出，水下生活已经磨平了鲸类动物的肉质外耳部分（耳郭），声音是通过它们长长的腭骨内特殊的脂肪结构进入内耳的。她锯开鲸鱼的下颌，解释了它是如何像卫星天线一样接收振动的。声波通过骨骼内的黏稠物质传播至鲸鱼的内耳，然后进一步传至大脑，大脑解读这些分散的振动，并将其转化为前方物体的三维图像：它们的硬度、形状和密度。这些内耳很可能比人类的内耳更复杂。乔伊的同事扫描、解剖了海豚的内耳，发现它们用于感受听觉刺激的毛细胞数量比我们多得多[11]，与这些细胞相连的听觉神经数量也是人类的两倍。这使得科学家们得出结论：鲸目动物的耳朵在构造上，比我们人类的耳朵更适于复杂的听觉和声音理解方式。不但它们的耳朵比我们的好使，关注宽吻海豚的研究人员还发现，它们的声呐系统也胜过我们迄今为止制造的任何机器。[12]

鲸类动物拥有出色的听力并不让我感到意外，毕竟它们生活在一种阻挡光线但能传播声音的介质中。真正令我惊讶的是，与大多数善于倾听者不同，它们说起话来也喋喋不休。我有时候也尝试在水下说话，但发现效果并不好。于是，我问乔伊，鲸鱼是怎么说话的呢？

我看到乔伊的眼睛闪亮了起来。

她说，与鲸类非凡的听力相结合的，是它们与生俱来的、精确而强大的声音发生器。事实上，抹香鲸发出的声音是所有生物中最响亮的。它们是用一对唇状组织（猴唇）来发声的，猴唇位于其头部最前方的单个外鼻孔——气孔——末端下方。我们面前这头搁浅的鲸鱼气孔已经关闭，如同它在水下时那样，这和潜艇密闭指挥塔以防空气逸出或海水涌入是一样的。对我们来说，这种奇怪的方式简直难以想象——如果有人捂住你的嘴巴，口中的空气无法逸出，那么你基本上是发不出声音的。你可以试试闭上嘴巴、捏住鼻孔来发出声音，恐怕也是行不通的。可鲸鱼就是这么说话的：声音是通过空气在它们体内流动产生的，具体来说是通过它们头部的特殊通道。

乔伊带我来到抹香鲸前部，寻找声音的来源。我看到鲸鱼右前方的顶部有个裂口，它的单个外鼻孔紧闭着。鼻孔周围有锯痕，那是团队里的树木修整专家试图锯开但最终放弃的位置；

此处的皮肤和脂肪都异常坚韧，以至于他们的金刚石尖锯很快就钝了。乔伊用的是刀子。她动手了，一边慢慢地切割鼻孔后部，一边将刀磨了又磨。这是一项艰苦而繁重的工作，花了她一个多小时。最终，她成功地剥离了鼻孔顶部的外层肉质，看到了底下的情况。在那里，在一个与人类头部大小相当的腔体中，是两片肥厚的黑色的唇。它们看着就像是两瓣被压的椰子壳紧紧贴在一起。乔伊介绍说，这就是发音唇（phonic lips），非正式的叫法是“猴唇”。它们看起来确实很像卡通猴子的嘴唇，只不过藏在一个巨大的鼻孔中。这两片唇，是万物之中最响亮、最具穿透力的鼻音的源头。

当空气通过猴唇时，它们就会振动，相互拍击。这就是抹香鲸的声音。你可以将它比作 DJ 的打碟台——不连接扬声器，它就毫无用处。吻部到头部大约占据了抹香鲸整个身体的三分之一，这部分就像它的扬声器，一套卡车大小、由高度进化的鼻子组成的“音响系统”。将这部分完全解剖需要好几天，而我们的时间已经不多了。为了让我们有个初步概念，乔伊从鲸鱼头部的一侧切出一个窗口。在黑色的皮肤下面，是白色纤维状肌腱层叠而成的网状结构；其中就有“扩音器”的一部分，叫作脑油器（spermaceti organ）。脑油器位于鲸鱼头部、“猴唇”后方，可延伸到其身体长度 40% 还往后[13]的位置。当乔伊切开这些带状物时，一股白色的黏液流出来。她用刀子将黏液刮起并递过来，液体立刻凝固了，变成一根蜡质钟乳石。

乔伊切开脑油器，将刀深入鲸脑油。液体流出来，在寒冷的空气中凝固成蜡块。你可以看到鲸鱼深色皮肤上有一圈圈浅浅的疤痕，这些伤痕是它的猎物巨型乌贼的“吸盘环锯齿”造成的

这就是抹香鲸的鲸脑油（spermaceti），即鲸蜡。现在人们认为，它在（猴唇产生的）声波的传播还有聚焦方面发挥着至关重要的作用。不过，最早一批捕鲸的西方人误以为这是鲸鱼的精液，抹香鲸的英文名 sperm whale 就是从这里来的，“spermaceti”一词的意思即“鲸鱼的种子”。鲸蜡是一种非常受欢迎的产品，燃烧时没有烟，并能在特定的温度下从固态变为液态，因此在工业领域广泛用于照明和润滑。

1839 年，捕鲸者、博物学家托马斯·比尔（Thomas Beale）写道，抹香鲸是“海洋动物中最安静寡言者之一”[14]。事实上，水手们早就听过抹香鲸发出的咔嗒声，但他们将这种在船体中引起共振的敲击声，归因于一种假想中的“木匠鱼”。正如我们对动物能力的许多断言一样，对某件事情言之凿凿，往往意味着我们随后很可能发现自己错得离谱。当我凝视着乔伊手中的鲸蜡时，一种异样的讽刺感涌上心头：这种物质帮助抹香鲸发出自然界最响亮声音，却也导致无数个声音永远噤默。我的注意力转移到乔伊的声音上，思考她的纽约口音是如何形成的，观察她说话时的呼吸。每当谈起特别奇妙的鲸鱼构造时，她都会发出特有的呼气和喘息声。

当时我的心思都在拍摄上：我们必须记录下这头巨兽是如何运转的，从皮肤到内脏，从前到后一样不落，我们累得筋疲力尽。在拍摄大象、鳄鱼、长颈鹿和老虎的解剖过程时，我逐渐明白了，我们可以根据动物的身体辨别出它们生活中最重要的事物。面前这具身体中，有相当大一部分——也许超过四分之一——是用于产生和接收声音的。真是闻所未闻，见所未见。

乔伊顺着巨大的脑油器走过沙滩，演示声音在鲸鱼体内的传播路径：从猴唇开始共振，穿过抹香鲸内部，最终传至头骨。乔伊挥动双臂，展示当振动传到头骨时，如何穿过头部含有鲸脑油的纤维状结缔组织（junk）——这实际上无异于一系列精密的“透镜”——油脂、脂肪、肌肉和其他组织，反弹并在抹香鲸硕大的头部下方回荡，整体形如一个卫星信号接收器。这些“透镜”会调整和聚拢回声，使其在抹香鲸头部内部来回传递，再以惊人的音量和精确的咔嗒声传送到黑暗的海水中。

当乔伊为我演示这个过程时，她说抹香鲸的声音可以高达230分贝，这比喷气发动机的音量还要大。[15] 而在空气中，声音达到150分贝时，人类的鼓膜就会破裂。其他鲸类动物同样声如洪钟。科学家们发现，在水下，你身边的海豚发出的声音，比相同距离下步枪射击的声音还要响。抹香鲸头部的猴唇、鲸脑油、含有鲸脑油的纤维状结缔组织和其他神秘的结构，使它能够巧妙地控制自己发出的声音。

最近对抹香鲸的研究发现，除了用于探测海洋的[16]高度定向回声定位的咔嗒声，它们还会发出各种各样的声响：慢速咔嗒声、快速咔嗒声、嗡嗡声、喇叭声、吱吱声和“尾振”咔嗒声（codas）。“coda”是一连串的咔嗒声，抹香鲸朝着多个方向一阵阵地发出这种声音。人们认为，咔嗒声和停顿的模式以某种类似摩斯电码的方式传递着信息。人们在研究一个抹香鲸群落时，发现了超过 70 种不同的尾振咔嗒声类型[17]，认为这些声音就是维系它们协作生活的黏合剂[18]，在保持紧密联系、捕猎、导航、交配和互相保护方面，发挥着至关重要的作用。而这一切，都发生在一个暗无光亮、危险而广阔的世界中。

这与鲸鱼和海豚被视为声波控制大师的总体形象相符合。事实上，鲸类是哺乳动物中“利用声道范围最广的”[19]。

乔伊向我们展示了抹香鲸如何发出咔嗒声后，这头死去动物的内脏已经挖得差不多了，所剩分量减轻，可以用机器将它移走了。警察要求让他们将鲸鱼带走掩埋，以免潮水涨回来时将它冲走。当机器拖曳鲸鱼经过光滑的泥滩时，乔伊大声呼喊让他们停下来。她向鲸鱼的阴茎跑去，它已经从体内正常的流线型位置被推出来。她蹲下身来，将这 5 英尺（约 1.5 米）长的阴茎抱在怀中。它看起来活像一只巨大的黑色水蛭。乔伊向我们介绍了它与人类阴茎的不同之处——它是纤维状的，有弹性，不能勃起。它根部的肌肉意味着它可以活动，像人的舌头一样可以卷曲和转动，并可以朝任意方向插入。在失重状态下进行性行为时，这一点可就太重要了，毕竟它没法用手来抓稳伴侣。乔伊说它是“动物王国中最大的超级无敌阴茎”，眼中闪烁着赞赏的光芒。然后她退后一步，让挖掘机把鲸鱼拉走了。

在过去的三天里，乔伊只睡了几个小时。她亮橙色的作业服上沾满了暗红的血迹、肠子留下的条痕和黑色的皮肤碎块。

乔伊怀抱鲸鱼的阴茎。她的护目镜因周围的热气而起了雾

她不得不三次将爆溅的肠液和其他内脏溅出物从脸上和舌头上擦抹干净。她注视着那头动物被拖离海滩，长长地叹了口气，呼出的气息飘升而去，就像海中的鲸鱼吐气。

第二天，我回到伦敦的家中，慢慢地整理装备。每样东西都散发出抹香鲸的气味，闻着就像一碗用油熬过之后，又在花园小窝棚里放了一整个冬天的鱼汤。一块抹香鲸肉从我外套的皱褶中掉到地板上。我的猫克莱奥（Cleo）兴致勃勃地舔起来，小口地咬着吃。我想起了用链锯和大钩子勘查这头动物体内复杂且大部分尚不为人知的感官结构时，我们是多么地粗暴；探索它进化出来用于探知世界的器官时，我们又是多么地笨拙。当它在最后一段旅程中穿过陌生的水域时，它或许也听到了其他鲸鱼的声音，它的鲸类表亲——虎鲸狩猎时发出的尖叫声和颤音，远处成群白鲸的叽叽叫声，还有喙鲸那孤独而奇特的音调。

完成海滩上的解剖后，过了几个星期，我前往大西洋中部的一片火山岛屿——亚速尔群岛（Azores），拍摄活的抹香鲸。我们远远地就发现了它们：它们下潜后此时正浮出水面，沿独特的、单一角度（45 度）喷射出水柱，喷气口来自其头部右上方的一个鼻孔。在不惊扰鲸鱼的情况下，向导巧妙地将我们调整到靠近它的位置。我们滑入水中，无边无际的大海让我感到一阵奇特的眩晕。四面八方空无一物，我感觉自己像一个微不足道的斑点，漂浮在三英里（约 4.8 公里）深的幽蓝海水上方。突然，我听到了咔嗒声。到处都看不见鲸鱼，也听不到它的叫声，但我感觉到它了——“咔克……咔克”——清脆而响亮的声音在我的肺部、喉咙和鼻窦中共振。然后，我看到一团影子在幽暗中游远了。

我常常思考那种感觉到底是什么：我是被（超声）扫描了

吗？具有视觉能力的动物能“看见”其他动物，是因为它们的眼睛捕捉到了后者身上反射回来的光子。同样地，鲸鱼的耳朵能接收到从我的身体反射回去的声音，从而以此种方式“看见”我。但声音也会通过物体传播，我的回声不仅能显示出我身体的表面，还会显示出我的密度。这头鲸鱼能看穿我的身体吗，就像我在母亲子宫中接受超声检查时那样？毕竟在那之后，再也没有人能把我看得这么清清楚楚。多年以后，我又开始思考另一个问题：它是不是对我说话了？

抹香鲸以族群方式生活，这是由 15 至 20 个成员组成的紧密的家族群体，主要是雌性和它们的幼崽。雄性在鲸群之间漫游，经常独来独往。这些庞然大物“经营”着一个“托儿所”[20]；雌性抹香鲸潜入深海捕食巨型乌贼时，会将幼崽交给其他鲸鱼共同看护，甚至由其他鲸鱼照顾。当受到威胁时，它们会联合起来抵御掠食者，围成一个圆圈，头部朝内、尾部朝外作为武器。年幼、易受攻击和受伤的鲸鱼被保护在这个“雏菊圈”里[21]。据抹香鲸生物学家卢克·伦德尔（Luke Rendell）介绍，有证据表明抹香鲸甚至会照顾其他成年鲸鱼，为狩猎能力较弱的鲸鱼提供食物。[22] 他最近参与的一项研究发现，这些鲸鱼似乎学会了如何避开捕鲸船，并互相传递这一信息。

像抹香鲸这样群居性极强的鲸鱼，也是鲸类中最有可能发生集体搁浅的。这就是为什么我们会见到许多——有时甚至多达数百头——看起来健康的鲸鱼，一起被困在海滩上而无法自救。至于引起这种现象的原因，从海军的声呐到海洋地形，众说纷纭，但鲸鱼之间亲密的羁绊被视为一个重要原因。对于领航鲸（pilot whale）和海豚这样体形较小的鲸豚类，救援人员有时能够让它们重新浮起来，但随后就会心碎地目睹获救的动物径直游回仍被困的同伴身边，游向它们的终途。在这种情况下，鲸鱼通常会发出响亮的叫声，人们认为它们是被同伴痛苦的呼唤叫回来的。它们一起乘风破浪，同生共死。

抹香鲸的社会由成员之间的交流维系，又因为交流方式的差异而有所不同。当它们靠近海面并开始下潜时，它们会活跃地社交，频繁交流，用二重奏般的形式轮流发出、交换尾振的咔嗒声。每个海洋盆地中可能都生活着数千头抹香鲸，事实证明它们的"说话"方式并不相同。研究人员听了鲸鱼的声音后发现，鲸鱼有不同的种群，每个种群都有其独特的尾振咔嗒声模式，就像它们自己的"方言"。科学家们将这些鲸鱼称为"发声家族"（"vocal clans"）。[23] 令我惊讶的是，属于不同发声家族的鲸鱼不仅"说话"方式不一样，生活方式也截然不同：运用的捕猎技巧不同，捕食的猎物不同，照护幼崽的方式也不同，每个家族都传承着本族特有的行为传统。尽管它们的生活范围有重叠，但抹香鲸发声家族之间的交往似乎并不频繁，它们作为不同的部落生活在同一片海域，因行为习性而分离，并且有可能无法与其他家族的鲸鱼交流。

人们认为，人类开始基于不同的文化而相互创造社会界限时，即是我们进化为一种以合作为基础的大规模社会动物的关键时刻。使用与他人相同的交流方式，有助于你知道谁值得信任，谁又需要帮助。研究抹香鲸和其他高度社会性的鲸类（如虎鲸）的人们观察到，它们会在海中合作，成群结队，以一种特殊的方式行事，还会忽视或避开声音不同的鲸鱼。这些鲸类群体的力量在于它们习得的行为和汇集的知识，以及它们相互传递这些知识的能力。对于这种现象，科学家们找不到比这些鲸鱼有“文化”[24]更好的说法了。

当我想到鲸鱼在它们的文化中相互传递信息时，我不禁好奇它们会说些什么，以及这些鲸鱼文化可能存在了多久。我想到了捕鲸业，以及即使一些鲸鱼幸存下来，且种群数量回升，可它们的文化是不是已经消失了呢？这让我想起了英国殖民者登陆澳大利亚时，他们看到那些没有文字的原住民，认为他们的文化无足轻重——尽管原住民口口相传的历史已经流传了数千年，早在英国历史开始之前就已存在。由于殖民者遇到的这些文化与他们自己的不同，在他们眼中便如同不存在，并因为他们的行为而遭到严重破坏。鲸鱼的文化和人类的文化都是脆弱的，它们可能会遗失。

我想知道，我们还能从这些“文化”动物的身体中推断出什么信息。它们的解剖结构能否揭示与它们进行沟通的可能性，还是说这只是一厢情愿的幻想？

在那头座头鲸跃出水面砸到我两年后，也就是海滩解剖六年后，机会不期而至。乔伊再次联系我，告诉我有一个千载难逢的机会，可以仔细观察与鲸鱼敏感的耳朵和精致的嗓音相连的“处理器”。她给了我这个机会，去鲸鱼大脑内部一探究竟。

第五章

“一种傻乎乎的大鱼”

“Some Sort of Stupid, Big Fish”

有意识的原子……

懂得好奇的物质。

凭海兀立……

一个好奇者在好奇……

——理查德·费曼（Richard P. Feynman）[1]

大脑是一种复杂而脆弱的器官，鲸鱼的大脑尤其如此。很少有鲸鱼在搁浅时仍能保持良好的状态，大脑赶在腐烂之前被提取出来的更是少之又少。大脑是鲸鱼死后最先腐坏分解的器官，这是因为垂死的鲸鱼体内的热量无法释放，导致娇嫩的脑组织在头骨深处被加热，就像被高压锅煮熟一样。有能力提取和保存鲸鱼大脑的人更是凤毛麟角。长期以来，人们都认为鲸目动物的大脑简单且不发达，因为每当科学家们有机会探索一头死亡海豚的头部时，里面通常已经变成了一坨糨糊。至于高质量的鲸鱼大脑，更是一“脑”难求。

要获得一头鲸鱼的大脑来做研究，时机必须刚刚好：鲸鱼必须是新鲜的，个头比大多数工业冷柜还要大，将冷柜拉到海边，然后把鲸鱼脑袋塞进去可不容易。这种事难得一见，我早已对亲眼见证不抱希望了。不承想，2018 年乔伊给我打电话，说她那里有两个鲸鱼头即将运到。她将有机会解剖一头抹香鲸死胎和一头幼年小须鲸（一种须鲸，形似体形更瘦更小的座头鲸）的头部。这两样都是前一段时间取得的，存放在史密森尼学会冷库。如今已经由一辆冷藏车将它们运到数百英里外的纽约，乔伊和同事、神经解剖学家帕特里克·霍夫（Patrick Hof）教授正在曼哈顿西奈山伊坎医学院的实验室翘首以待。她说，如果我愿意，可以过去看看鲸目动物的大脑。

乔伊邀请我和摄制组成员在她位于郊区的房子过夜，她和丈夫布鲁斯（Bruce）共同生活在这里。布鲁斯戴着眼镜，胡子修得漂亮，也是一位颇有成就的医学博士和科学家。两位博士热情地迎接我们，好似《星球大战》里博学的伊沃克人。他们的房子俯瞰着一条小溪，夫妇二人常在溪中划皮艇。在地下室，这里摆满了与鲸鱼相关的物品——一颗泡在防腐液里的座头鲸眼珠，陈列着鲸须和骨头的桌子。乔伊竟然是一个海洋哺乳动物收集狂，真是让我大吃一惊。回到楼上，她向我们介绍了她的宠物老鼠斯皮内利（Spinelli）。她知道我有犹太血统，于是和布鲁斯为我们准备了一顿合适的大餐：无酵饼丸子鸡汤，各式各样的面包圈，以及一盘接一盘的美食。饭后，她和布鲁斯给我们表演吉他二重奏，唱了20世纪60年代的情歌。那天晚上，躺在床上，我想起地下室里的鲸鱼眼睛，就在我下方。

第二天清早4点，我们在医院员工停车场见到了乔伊，我们小团队的成员都紧紧握着咖啡杯，就像人们在树林里听到低吼时死死抓着防熊喷雾那样。乔伊开工比我们还早，但不见一丝疲倦。她和帕特里克·霍夫都在医学院任教，同时在附属医院工作，研究人体解剖与其他物种的关系。我们乘坐电梯来到他们工作的楼层，路过了病房、为患者亲属准备的等候室、会诊室和教学室，最终来到一个储藏室。室内四周摆满了海洋哺乳动物的骨骼、长着尖利巨齿的虎鲸头骨，还有一排笑眯眯的海狮头骨。乔伊警告我们不要进隔壁房间，那里摆满了死人。在乔伊和帕特里克的“地盘”，用于人体解剖和解剖学教学的房间也同时用于海豚，而在医院深处，研究人类大脑的强大机器也用来探索鲸类的解剖结构。在乔伊的帮助下，帕特里克已经建立了世界上最丰富的海洋哺乳动物大脑收藏之一，拥有来自60种鲸鱼和海豚的大约700个标本。窗外，橙黄色的晨光照在我们周围的高楼大厦上，晨练的人在中央公园慢跑。尸体散发的气味甜美，甚至令人愉悦，直到你想起它是什么东西。

乔伊和帕特里克使用医院先进的扫描设备——核磁共振成像（MRI）和计算机断层扫描仪（CT），对死亡鲸鱼的头部进行三维重建，无须斩开它们，也不必冒着破坏大脑的风险。一些科学家甚至成功地扫描了活的海豚的大脑。[2]从图像上看，它们的大脑在工作时会“亮起来”（说不定是在想：这到底是怎么回事）。

扫描海豚大脑的有很多，对鲸鱼的脑部做扫描却屈指可数。这很好理解，因为最大的医用扫描仪连容纳一个身形庞大的人都很困难，更不用说塞下个头有一间病房那么大的动物了。将一头成年座头鲸放入核磁共振成像仪，就如同将一个西瓜塞进面包圈的洞里。乔伊找来的两头小鲸鱼刚好足够小巧，放得进去。

西奈山医院的扫描设备白天仅供患者使用，因此必须在影像科对外开放之前将死亡的鲸鱼送进去。考虑到一头小须鲸被斩下的头颅从身边推过去，可能会让看到的患者感到不安，所以鲸鱼都裹在塑料布里放在轮床上。我们穿过一道道灯光明亮的走廊，乘货梯下楼，经过候诊室和挂着点滴瓶、睡眼惺忪的病人，我们奇怪的“货物”并没有引人怀疑——最多也只是一个行色匆匆的医生转过头来寻找海腥味的来源。到了核磁室，门上挂着很多警示标志，窗户上有细细的金属丝网。隔壁房间里就是核磁共振成像设备，它看起来像一个巨大的白色甜甜圈，上面有一个平台，可以将病人（以及鲸鱼宝宝的

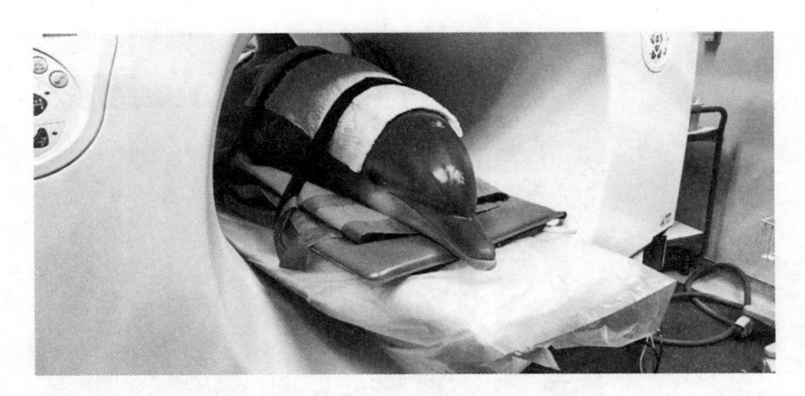

一头接受康复治疗的海豚正在进行头部扫描。[此项检查依据《美国海洋哺乳动物保护法》(MMPA)签署的《搁浅协议》进行。]

脑袋)放置在平台上，然后缓缓穿进机器。乔伊告诉操作员乔尼(Jonny)，他是第一个使用核磁共振成像设备扫描抹香鲸的人。

团队成员们喘着粗气，把要扫描的第一头小抹香鲸头颅抬到平台上。气氛很安静，它黑色的皮肤冰凉，湿漉漉的。机器开始嗡嗡作响，帕特里克沿着它的身体移动激光十字，对准传感器。小鲸鱼一寸一寸地穿过扫描仪，它的头部本身就是一台体积巨大、功能强劲的“扫描仪”，能够辨别不同组织的密度。两个小时里，工作人员不断转动和扫描鲸鱼头部。它们的温度上来了，体液滴落在扫描台和地板上。然后，就到了人类重新夺回医院的时候了。体液被擦拭干净，数据保存下来，鲸鱼被推走了。

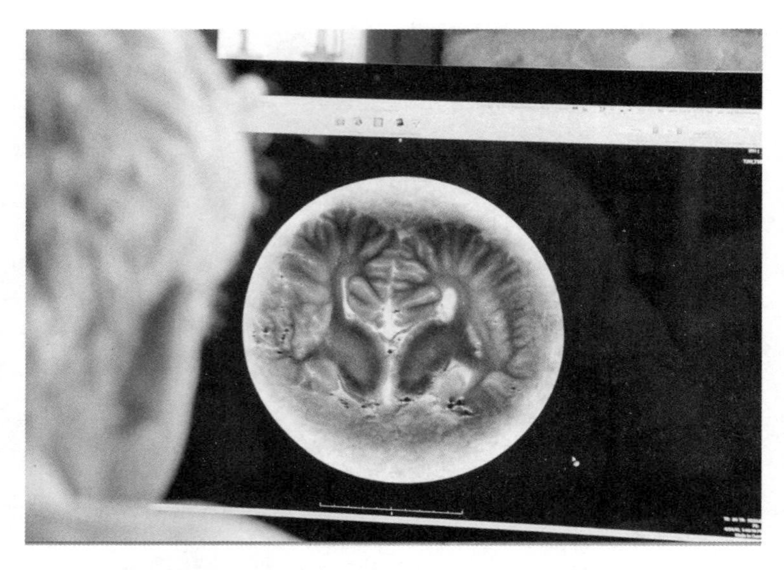

帕特里克浏览大脑扫描图

楼上，乔伊和帕特里克可没有时间耽搁。大脑正在迅速解冻，必须在接下来的几个小时里从颅骨中将它取出来。在一间有两个羽毛球场大的房间里——一端摆放着二十多具人类尸体，我看着帕特里克，这位竞技重剑运动员同时也是一个熟练的“开刀匠”，他用手术刀切割小须鲸头骨后部的肌肉和组织。太阳升得越来越高，纽约的天际线在他身后亮起来，而他正用锯子切开颅骨，类似头发烧焦的气味散发出来。他在头骨上切割出边缘光滑的一块，就像窃贼在博物馆窗户的玻璃上钻洞那样，然后把颜色像粥一样的器官通过这个洞倒入装满防腐液的罐子。

又一个鲸鱼的大脑加入了同伴的行列，连同我们无从得知的想法一起，腌泡在保险库中。

大脑将被保存下来，供日后解剖。有时，为了发现和追踪某条神经的路径，它们会被切成毫米薄的薄片并染色；有时则会进行更加简单粗糙的切割；还有些时候，它们会被完整地保存下来，从而与其他标本（包括人类）的形状和沟回进行比较。帕特里克和乔伊试图通过测量和绘图来找出鲸鱼的哪些结构与我们的大脑相似，哪些部分完全不同。他们是一对默契的搭档。要仔细看完这些极其复杂的扫描片子需要好几天。不过，帕特里克在屏幕上为我们展示了一些图像。利用计算机程序，他可以快速地从鲸鱼的大脑中“呼啸而过”。观看他的操作令人着迷：监视器屏幕上的圆圈就像船上的舷窗，当他快速翻看图像时，鲸鱼脑部的纹理和结构逐渐显现。他开始调整操作，调高血管、更致密的组织、连接和褶皱的显像度。尽管我看入了迷，但当帕特里克停下来指出脑区和组织型之间的差异时，我还是看不出什么所以然。脑区的拉丁学名一个接一个地从我的脑袋里穿过，就像 CT 扫描射线一样，一纵了无痕。

* * *

这时候，我已经知道比较大脑是一项相当困难的任务了。

在解释人类的聪明才智时，我们经常会强调我们的思维器官尺寸异常庞大。这么大的体积让产妇分娩时极其痛苦，并消耗了我们血液中 90% 的葡萄糖。但是，大小本身并不是比较动物智力的明确指标，因为一些体形更大从而大脑体积更大的动物，似乎缺乏体形较小动物的认知能力。俗语说，尺寸不能代表一切。大脑相对于身体的大小比例、大脑的褶皱和复杂程度、大脑皮层的厚度、内部结构，以及神经元的构成类型等，都是帮助我们做比较的因素——尽管我们人类的大脑自然是衡量其他大脑的标准。

然而，当你看到鲸鱼的大脑时，不可能不为它的尺寸而感到惊讶。尽管帕特里克知道鲸鱼的大脑很大，但第一次亲眼见到，他还是被它的重量震撼了。人类的大脑重约 1,350 克，是我们的近亲、大脑发达的黑猩猩的三倍大。而抹香鲸或虎鲸的大脑甚至可重达 10 千克！这是地球上最大的大脑，可能也是有史以来任何地方出现过的最大的大脑。这么比或许不公平：就大脑与身体的比例而言，我们的大脑比鲸鱼的更大。我们的大脑重量与体重之比，与一些啮齿动物相近；老鼠和人都在思维器官上做了巨大“投资”。不过，我们和老鼠双双落后于小鸟和蚂蚁。就大脑相对于身体比例而言，它们的大脑比任何大型动物的都大得多。

哺乳动物的大脑外层叫作“大脑皮层”（cerebral cortex）。从横截面来看，它有点像全包式自行车头盔，扣在大脑的其他部位之上。这是我们大脑中最晚进化的部分，脑科学家们正是使用他们自己的大脑皮层，才了解到这个区域负责理性、有意识的思维，处理诸如感官知觉、思考、决定动作、理解自己与周围空间的关系，以及语言等任务。此时此刻，你正在使用大脑皮层来阅读和思考这个句子。许多生物学家将“智力”（intelligence）定义为，生物在解决问题和提出新的解决方案时思维和行为上的灵活性。就人类而言，大脑皮层与大脑其他部分（基底神经节、基底前脑和背侧丘脑）共同作用，似乎就是这种“智力”的所在之处。大脑皮层越大、皱褶越多，可用来建立连接的表面积就越大——瞧，更多的思维就产生了！我们人类的新皮层（neocortex）表面积非常大，但也仅仅是海豚的一半多一点，远远落后于抹香鲸。[3] 哪怕将皮层面积除以大脑的总重量来消除鲸类的体形优势，海豚和虎鲸依然让我们望尘莫及。

不过，皮层中还有与智力相关的其他指标；在这些方面，海豚和鲸鱼就落后于人类了。神经元的数量、神经元相互连接的紧密程度和有效程度，以及它们传递神经冲动的速度，这些对大脑功能也极为重要。这就好像你手里这台轻巧又便宜的手机，其芯片组的组成和布局，让它的运算能力超过了 20 世纪 70 年代重达 5.5 吨、足有房间大小的超级计算机。无论是海洋中最大的哺乳动物鲸类，还是大陆上最大的哺乳动物大象，它们的神经元之间距离都比较大，传导速度也比较慢。

从神经元的大致数量来看，人类也占据优势。据估计，人的大脑皮层含有约150亿个神经元。考虑到鲸类动物大脑的体积更大，你可能会认为它们的神经元数量更多，但实际上它们的大脑皮层更薄，神经元更粗，占的空间也就更大。尽管如此，伪虎鲸等鲸目动物的神经元数量与人类相差无几，约有105亿个[4]，水平与大象不相上下。黑猩猩有62亿个神经元，大猩猩有43亿个。

还有一些因素增加了这种比较的复杂性：鲸鱼的大脑皮层中还有大量其他类型的细胞，称为神经胶质细胞（glia）。直到不久前，人们都以为胶质细胞不过是一种不具有思维功能的填充物，但现在我们已经发现，它们实际上对认知也非常重要。[5]不知你此刻感觉如何，反正这一大堆皮层测量和比较已经让我软弱无力的脑袋瓜备受伤害了。

帕特里克快速滚动扫描图，这是他们用这种方法分析的第100头海洋哺乳动物。他缩放、测量图像，观察对称和分形模式，仿佛在一支单色万花筒中穿梭。我脑海中不禁跳出一连串问题：这些大脑能告诉我们鲸鱼或海豚是否具备产生意识的能力吗？它们能否让这些动物想象出其他生物的存在？帕特里克并不愿意拉扯这些问题。他认为我们的了解还不够，不足以展开讨论。不过，其他很多人颇有些想法。

有一项研究的结论称，人类的信息处理能力是鲸目动物的五倍，鲸在这方面逊色于黑猩猩、猴子和某些鸟类。[6]但同一项研究也显示，马的大脑虽然比黑猩猩的小，皮层神经元的数量却是黑猩猩的五倍。这是否意味着马比黑猩猩更聪明呢？在这类比较中，有一个很容易引起混淆的重要因素，那就是比较的每项因素都非常令人困惑。估算神经元的数量是非常粗糙的研究，因此原始的数量比较是很粗略的。而且神经元多种多样，在不同物种的大脑中，它们排列的构造和比例也各不相同。我们知道，所有这些变量都具有某种意义，也知道它们将决定大脑的能力，但我们还不知道它们在不同的时刻、在大脑的不同部位具体会发生什么变化，如何变化。有很多假设在起作用，根据一个大脑推断另一个大脑的情况很可能是缘木求鱼。

比较认知能力时，情况也大抵如此。试图从大脑及其结构中推断出哪种动物在认知能力上更“优秀”，按照“智力”给动物大脑排名，这样的做法危险而诱人。斯坦·库查奇（Stan Kuczaj）教授一生都致力于研究不同动物的认知和行为，他直言不讳：“我们对人类智力进行有效测量时的表现奇差无比，在比较不同物种时更是惨不忍睹。”[7] 智力是一个难以把握的概念，也许它是无法测量的。

如前所述，许多生物学家将智力理解为动物解决问题的能力。但是，物种不同，生活环境不同，面临的问题也不同，所以你无法真正对不同动物的大脑表现进行得分换算。大脑的属性亦非简单地“善于”或“不善于”思考，而是根据情境和大

False Knees 的这则漫画完美地讽刺了以人类为中心的智力概念

脑需要进行的思考而变化。智力是一个不断变化的研究对象。让这种困境愈发复杂的是，同一物种中的不同个体，具有的认知能力也不同。约塞米蒂国家公园的一位护林员曾被问及，为什么设计一种熊无法打开的垃圾箱竟然如此困难，正如他所言：“最聪明的熊和最愚蠢的游客智力相差无几。”[8]

我们对鲸目动物的大脑要处理的问题所知甚少。它们的进化是为了应对截然不同的生存挑战——有些动物独居，有些组成有数百个成员的群体，从深海的巨型猎食者到体态娇小的江豚，鲸豚的生活各不相同。面对所有这些应当留意的限制和不确定性，我开始领悟到，帕特里克犹疑不决、不愿对这片未知领域做出过多推断是何等明智。

看着帕特里克和乔伊扫描鲸鱼的大脑，我产生了一个奇怪的想法。也许是因为困得糊涂了，我发觉我正在想象扫描它们的头部，剥去它们的皮肤、肌肉和骨骼，将它们看作飘浮在空中的感官器官——眼球、耳道、嗅觉和味觉感受器，并通过神经连接那个看起来平平无奇的器官。正是在这个实现超连接（hyperconnected）的脂肪团里，存在着它们的思维、个性和记忆。倘若我凝视这些飘浮的大脑，深入其中，我能否更深入地理解它们的本质？人类大脑常被称为“宇宙中最为复杂的存在”——科学家、宗教领袖和记者皆有此论。它的确是一种十分复杂的存在，不过鲸鱼的大脑看起来也甚是精妙。于是，我向帕特里克提出了一个简单的问题：鲸鱼有思维吗？他沉默许久。“它们是否具有按相同方式构建的思维？很有可能。没有理由认为，在我们身上为意识和记忆服务的神经网络，不可能以同样的方式在鲸鱼身上存在。”[9]

受此鼓舞，我再进一步：那么，鲸鱼会像我们一样思考吗？有意识吗？是否有迹象显示它们的大脑使其能像我们一样交谈？“你知道吗，这当中可能有许多是一厢情愿的臆断。”他回答道。

尽管如此，帕特里克本人也为这种想法提供了相当大的推动力——无论是有意还是无心。2006 年，他和同事埃斯特尔·范德古赫特（Estel Van der Gucht）在《解剖学记录》（*The Anatomical Record*）杂志上发表了一篇论文，该文让全世界神经科学家们的大脑都“沸腾”了。[10] 在研究保存下来的人类大脑切片时，帕特里克发现了一个外观不同寻常的神经元。它不是树形、圆锥形，也不是星形，而是又长又细，并且非常大。他意识到自己看到的是冯·艾克诺默神经元（von Economo neuron，VEN，也称“纺锤形神经元”）。这种脑细胞在一个多世纪前首次被描述，但长期以来一直被学界忽视。这些特殊的神经元被认为是人类独有的。随后，帕特里克的同事们从圣地亚哥的类人猿（我们的近亲黑猩猩、大猩猩、猩猩和倭黑猩猩）中也发现了这种神经元，而在与我们亲缘关系更远的狐猴等动物中则没有发现。[11] 帕特里克和其他研究者开始寻找这些细胞，在一百多个物种的大脑中搜寻。然而，似乎只有极少数物种拥有它们：人类、类人猿、大象和鲸类。我们与大象和鲸类是远亲[12]，我们的共同祖先在超过 6,000 万年前恐龙灭绝的时候进化而来。

猩猩、大象和鲸类有许多共同点：寿命长，社会性强，智力很高，极善交流，并且拥有很大的脑容量。在我们的祖先分化为不同物种之后，纺锤形神经元看来是通过趋同进化在这三个群体中分别进化出来的。趋同进化指的是，自然选择的压力导致没有亲缘关系的生物出现相同的特征。

纺锤形神经元似乎只存在于人类大脑的特定区域：岛叶和扣带皮层。当我们感到疼痛、意识到自己犯了错误，以及与他人产生情感联结时，这些区域会被激活。当我们感受到爱，当母亲听到婴儿的哭声，当一个人试图推测另一个人的意图时，纺锤形神经元就会被“点亮”。就人类而言，与注意力、直觉和社交意识等高级认知功能有关的大脑区域，比其他大多数哺乳动物更大。鲸类也是如此，并且它们也有纺锤形神经元。正如帕特里克所说：“使人类拥有独特综合体验的细胞，也存在于大型鲸类中。”

虽然目前还不知道这些细胞的确切功能是什么，但人们已经提出了一些有意思的见解。在鲸类和人类中，新皮质似乎都有特殊的“整合中枢”，用于处理和整合来自感觉区和运动区的信息。它们反复琢磨接收到的信号，并在网络中通信。这种整合来自不同大脑区域信息的能力至关重要：它提高了我们感知的复杂性，使我们得以实现高级认知过程，比如艺术创作、决策和语言学习。

帕特里克和合作研究者约翰·奥尔曼（John Allman）推测，纺锤形神经元是为了满足某种需求而进化出来的。为了在整合中枢之间快速传递信号，大脑需要高速通道，而纺锤形神经元，用帕特里克的话说就是神经系统的“特快列车”[13]。从这些神经元所在区域的功能，以及拥有这类神经元的物种的社会性质来看，这些高速连接可能用于思考与他者有关的东西，也就是说用于共情和社会智力（social intelligence）。一些人对这种说法表示怀疑，认为鲸类巨大且复杂的大脑中存在纺锤形神经元，仅仅是鲸类在三维海洋环境中协调庞大的身躯所必需的。还有人主张，鲸类动物令人叹为观止的大脑是为了处理与回声定位相关的复杂信息：它们的大脑进化出这些结构是其感知方式决定的，而不是因为它们在思考。

2014 年，帕特里克和同事们在更多的物种中也发现了纺锤形神经元，比他们以前预想的更多，牛、羊、鹿、马和猪的大脑中都发现了纺锤形神经元或类似细胞。[14] 有些人将这个信息解读为，纺锤形神经元并不意味着其所有者具备某种了不起的认知功能。

对我来说，这个故事映照了生物学中的太多故事：我们会发现，一些人类自以为独有的东西，在其他动物身上也发现了相同的，于是我们就开始质疑它们是否特别了。但是，如果你与牛和猪相处过一段时间，那么你很自然地会认为，它们可能真的拥有用于思考他者和社交智力的神经“硬件”。这些都是最新的信息，帕特里克这样的科学家就像是新领域的探险家。他们可能会发现，纺锤形神经元在一种动物身上发挥的功能，与在另一种动物身上迥然不同，就像一根电线既能发送点亮灯泡的信号，也可以将一封热情似火的电子邮件发送给你的爱人。

对帕特里克来说，纺锤形神经元只是某些物种大脑中复杂“布线图”的一小部分，而且这幅图还在不断被填充、扩展。发现、比较、假设和推论相互联系，交织在一起，有望最终构建出一幅更清晰的图景。只不过，目前我们还处于一个令人沮丧的阶段：所有这些发现都不知道它们意味着什么。用一位神经科学家的话说：“我们甚至连蠕虫的大脑都不了解。”[15] 也许，这就是在探索宇宙中最复杂的、黏糊糊的“混沌”时，一定要面对的危险吧。

乔伊打了一个颇有启发的比方：假设你是一个在地球的海洋中探索的外星人，遇到了一头宽吻海豚和一头体形接近的鲨鱼，你可能会困惑不解。这两种动物生活在同一片海域，可能捕食相同的“鱼类”，需要在相同的环境下生存，但宽吻海豚的大脑要大得多。这个大脑在组成和结构上与地球上智力最高者非常相似，但在其他方面又截然不同。为什么宽吻海豚和鲨鱼之间会有如此巨大的差异呢？

2007 年，洛瑞·马里诺（Lori Marino）与乔伊、帕特里克等多位生物学家共同发表了论文《鲸目类动物拥有用于进行复杂认知的复杂大脑》。[16] 他们评估当前所有的研究成果，回顾化石记录，最终得出了结论。神经元和大脑皮层无法完好地保存数百万年，但头骨可以，而头骨显示了大脑的大小。鲸类的大脑在它们进入海洋约 1000 万年后遽然变大。这让一些科学家大感意外，他们之前认为，鲸类动物大脑的进化与其适应水生和寒冷环境有关。从逻辑上讲，与水生生活有关的大脑适应发生的时间应该更早。论文作者们推测，大脑尺寸的飞跃，发生在鲸类动物的行为变得更复杂、更加社会化的过程中。

对于多数鲸鱼和海豚来说，生活在社会群体之外是无法应对诸多生存挑战的。要成功地生活在一个社会群体里并参与竞争和合作，就需要具备一种“你不是一个人”的思维方式。帕特里克详细解释道：“它们通过丰富的歌唱曲目来交流，不但能识别自己的歌曲，还能创作新歌。它们还结成联盟来制定狩猎策略，将这些策略教给年轻个体，并进化出与大猩猩和人类相似的社交网络。”作为社会性动物，它们需要更多的大脑“硬件”来运行文化“软件”。

我还是不死心：通过研究鲸鱼的大脑，能够得出什么明确的结论呢？帕特里克说，毫无疑问，鲸类动物非常聪明，拥有令人赞叹的神经系统，而我们此前以为这个系统的组成部分只在人类身上存在。就像我见到的众多科学家一样，帕特里克会提到鲸类有一种与人类相关的、令人兴奋的特征，但随即就会告诫：我们不应该将其拟人化，也就是不要赋予它们过多的人类特质。不过，他坚持认为，我们不能将鲸类当成完全比不上自己的下等生物：“有很多人认为它们是傻乎乎的大鱼，对吧？不是这样的，它们绝不是大傻鱼。”试图弄清楚鲸鱼是否会像我们一样思考，这个过程比我预想的更复杂，也更迷人，每一个得到回答的问题都是通向另一个深奥谜团的大门。

天已经很晚了。鲸鱼已经完成扫描，它们的大脑也被保存下来，每个人都筋疲力尽。帕特里克还有医学生要教导，乔伊还有鲸鱼的面部皮肉要剥。我离开医院，走上曼哈顿街头。通过人们的步态，我揣测着他们的情绪，无意中听着他们的对话，判断着如何在他们之间穿行，避开了地铁上陌生男人的目光，与朋友在晚餐时开怀大笑，拥抱告别时感受他们的温暖。我想到了我体内不停激活的神经元，想到了整合这些感觉和思绪的大脑中枢。距离我所站的地方仅几英里处就是纽约市的海域，那里能看到座头鲸、长须鲸和塞鲸。它们的大脑中是否也闪烁着复杂的想法，这些想法是否通过奇特的水下声音表达出来，又被灵敏而隐蔽的耳朵听到？

摩天大楼望得我晕头转向；成千上万辆汽车空转的发动机排放柴油黑烟，呛得我喘不过气；五颜六色的时装，看得我目眩神迷。我忍不住想到，鲸鱼可从来没有创造过这样的事物。但我这么想是不是一种偏见呢？还是说以我们自己的成就为佐证，由此认为我们比其他物种更先进，就是人类的天性？当我们思考哪些动物聪明，并将它们与我们自身联系起来时，我们本能地强调着我们对世界的影响——我们的工具和我们的创造。动物不可能像我们一样做到这些事！海狸能筑坝，但不会著书立说。猩猩能用树叶做伞，但不会造车轮。昆虫能建造城市，但不会造图书馆。白蚁啊，看看我们的伟业，然后死心吧！

不过，鲸鱼建不出大教堂还有其他原因。单从物理条件上讲，在海洋中建立文明的难度会更大，因为在海里没有任何事物能静立不动。你无法在水中点火，并创造出新的化合物和结构；除了吃进肚里，你无法储存食物；你也不能用鳍来操作工具。倘若海中有智人，他们能创造出世界奇迹和我们文明的标志——衣物、工具、建筑、农业、文字记载吗？这值得怀疑。但鲸类动物没有物质文化或许还有一个更直接的原因，那就是它们不具备构思出大教堂或想到用锤子来建造教堂的思维能力。

我本来希望通过观察鲸鱼的大脑来了解它们是否聪明到会说话，然而这个问题的答案比离医院几个街区的哈德孙河水还要混浊。我在西奈山看到的一个大脑——一个人类大脑，具备语言和交流的能力，欣赏音乐的能力，感受爱的能力，以及筹谋报复的能力；而我看到的另一个大脑——一头幼年抹香鲸的大脑，看起来与它非常相似。鲸鱼的大脑及其核磁扫描结果可没有声嘶力竭地叫嚷“我是个白痴”，但也没有急着表明“我是莫扎特”。

多亏了乔伊和她的同事们，现在我对鲸鱼说话所需的“硬件”——它们身体的多个部位有了更深的理解。它们强大而复杂的耳朵和叫声，暗示着听觉和发声在其生活中是多么重要。当我观察它们的大脑内部时，我看到了这些思维器官的大小、形状和结构。这些特征无不表明，它们具有令人刮目相看的认知能力。鲸鱼显然不是呆笨的大块头。但它们究竟有多聪明

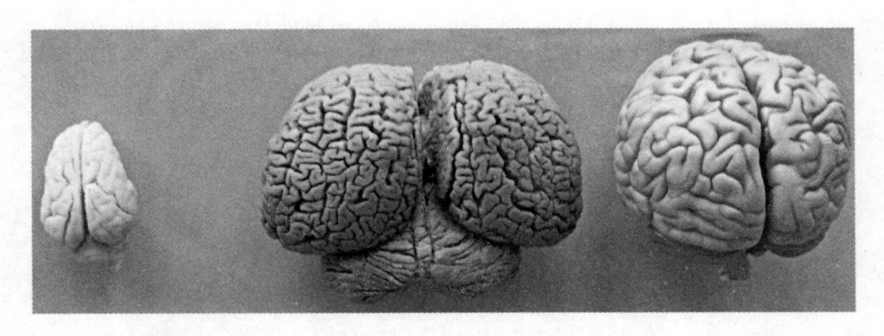

位于图片中央的是宽吻海豚的大脑，左侧是野猪的大脑，右侧是人类的大脑。[17] 注意看，海豚大脑两个半球的间隙更宽。人们认为，这种特殊的结构与一种叫作“单半球睡眠”（unihemispheric sleep）的模式有关。也就是说，海豚睡眠时只有一侧大脑半球休息，另一侧工作，从而让它们保持向上游动换气，同时睁着一只眼睛保持警惕。真希望我能像它们一样

呢？我见到的科学家们是否根据解剖学线索做出了夸大的解读，陷入了一厢情愿的设想呢？我想起那天看到的人类尸体，布单遮盖下透出模糊的轮廓，就摆在房间尽头。你能仅凭观察他们的喉咙就推断出他们唱过民谣，或者只看他们的大脑就推测出诗歌曾让他们热泪盈眶吗？

两年后，我遇到一个人，他给我讲了一个故事，让我回想起观看脑部扫描的那一天。他叫邓肯（Duncan），是一名水下摄影师，与痴迷鲨鱼的妻子吉莉安（Jillian）共同生活在巴哈马群岛的比米尼岛（Bimini）。邓肯蓄着蓬乱的金色大胡子，别有一种潇洒的气质。他在水下与远洋白鳍鲨（oceanic whitetip sharks）等体形庞大、有时甚至令人恐惧的各种动物共度了大把时光。他告诉我，他曾多次被海豚和抹香鲸“扫描”[18]。当它们用声呐对准他时，他能感觉得到——他说，就像在吵闹的音乐会上站在低音扬声器前面似的。“你能感觉到胸腔的振动。当动物扫描你时，就是这种感觉。”

有一次，邓肯用柯达电影胶片拍摄一群斑海豚（spotted dolphins，又称点斑原海豚）。每卷胶片在水下能拍摄11分钟。老旧的机械发条摄影机声音很大，咔嗒咔嗒响，而海豚们看来很喜欢它。邓肯认为，这可能是因为摄影机的声音“听起来像海豚的叫声”。他曾跟着由一头年迈雌性海豚领导的斑海豚群体一起游水。从皮肤上深色的斑点可以清晰地看出，这个“女首领”的年龄真是不小了。他们朝着海滩游去，海豚们似乎在漂着海藻的水面上悠闲地休息。他开始录影，但没过多久，就听到摄影机的胶片盒咔嗒一声响，用光了！太阳正落山，当天的拍摄已经结束，他放下摄影机，欣赏起眼前的美景。就在这时，那头巨大、年老、全身布满战斗伤痕的雌海豚径直向他游过来。“就像一辆公共汽车，缓缓开来。”邓肯说。它轻轻地将吻部放在他的潜水面罩上。“就在这个位置，”邓肯指着双眼之间说道，“然后它开始嗡嗡地朝我叫，就像在用声呐探测。”它在静缓的海水中保持这个姿势好几分钟，邓肯也保持着他的姿势，平静地呼吸着。他说，感觉就像有人摇晃了一听汽水，汽水在他的头上轻柔地冒泡——“说实话，感觉妙极了。”

大西洋点斑原海豚，摄于巴哈马比米尼岛

邓肯给我讲这个故事时，我想起了乔伊和帕特里克扫描鲸鱼宝宝大脑，试图感知它们由什么构成、代表什么，又能实现什么。我想知道那头海豚——一种体内自带“扫描仪”，能够审视生物体内部的动物——在邓肯身上能感知到什么。它有什么感觉？它对眼前这个人类有何想法——如果它确实有想法的话？我在这幅画面上徘徊良久，想象着在那几分钟里，在宁静的海中，霞光余晕在海豚身上跃动，它将吻部贴近邓肯的脸。这是一种联结。甚至可能是某种形式的交流。

那一刻，夫复何求。

第六章

探寻动物语言

The Search for Animal Language

人具有说话的强大力量，但所言大多虚妄而荒谬；动物说话的能力微乎其微，但它所说皆有用且真实。

——达·芬奇《巴黎手稿》（*fol. 96V*）

我在西奈山医院的经历非同寻常，是新奇的、血腥的，也是美丽的。我亲眼见到了鲸鱼的大脑内部，闻到了它的气味，并触摸了它。根据解剖学知识，我们可以很容易地从某一身体部位的结构推测出它的功能。你收缩肌肉，就知道它会牵动肌腱并拉动骨骼；你也可以追踪血管的路径，观察耳朵里微小耳毛的振动，以及将这些振动转化为电脉冲的细胞。但在大脑中，你看到的大部分都是谜一般的连接，是一团乱麻。

医院之行结束后，我拿出了罗杰·佩恩的第二张鲸歌专辑

一头雌性露脊鲸和它的幼崽。人们认为，有些露脊鲸母亲在洄游时会对着幼鲸“耳语”，以防捕食者听到它们交流的内容

《深海之声》(*Deep Voices - The Second Whale Record*)。这是他首张专辑的续集，于20世纪70年代末由国会唱片公司（Capitol Records）发行。专辑不仅收录了座头鲸的叫声，而且有蓝鲸和露脊鲸的歌唱。在一些录音中，几种不同的动物爆发出短促的叫声，相互交替，中间有很长的间隔。正如罗杰在唱片封套的简介中所写：“在它们原本宁静的遨游生活中，出现了短暂的争吵。”[1] 我听了一首名为《群体之声》的录音。它听起来像是水

牛在黄昏时分的争论，背景中混合着放慢的人声，所有声音相互激荡，持续了 43 秒。我听了一遍又一遍。怎么就能确定这不是一种语言呢？如果它是语言，我们又如何在没有翻译的情况下，尝试理解它的含义呢？

我想象着，有一头鲸鱼从海里被派来研究人类的交流。它也许会给我们录音，并注意到我们发出的声音频率在 85 ~ 255 赫兹之间，通常持续数秒至数分钟，单次很少持续超过一个小时。它还会注意到，这些“话语”通常是几个人说的，他们轮流开口，还有部分重叠，中间偶尔夹杂着其他非言语的声音，比如笑声、叹息声、呻吟声、拍手声和脚步声。可是，词语具有特定含义，排列顺序也很重要，且会带来更深的意义，体现着提问和回答。这位“鲸鱼生物学家”如何能知道这些声音是话语呢？它又如何察觉到这些话语代表着抽象的概念、不在场的人，甚至代表着尚未发生或不可能发生的事情呢？它怎么识别出我们在使用同一种语言进行交流？

我早就知道，将“语言”与“动物”两个词放在一起会带来大大小小的麻烦。正是为了避免这一问题，罗杰创造了“鲸-语”（whale-speak）一词；但我从未想到这件事会令人们如此不安。有一次，我不小心将 4 条 150 英尺（约 45.7 米）长的手工装饰布条塞进了洗衣机，并选择了高转速模式。结果就是，我费尽力气企图解开那一团湿漉漉、纠缠不清的布条时，差点把自己气哭。如果你是拆乱麻活动的爱好者，那么我建议你来研究一下这个将种种纷争和分歧都缠绕在一起的跨学科讨论“大线团”：什么是语言，为什么我们有语言，语言从哪里来，以及为什么它只存在于人类之中。令人欣慰的是，各个领域的各路人才似乎都知道所有这些问题的答案；毫无帮助的是，他们提出的答案大相径庭[2]。这是一个惨不忍睹的“地狱场景”：充满了吹毛求疵和宏大理论，也充满了自命不凡的人，个个都忙着列举他们说一不二的解释：语言是什么，语言在我们的大脑中是否存在、在哪个部位存在，以及为什么他们的对手是错误的。

“我们生来是一张白纸[3]，语言是后天习得的，就像通过条件反射习得其他行为一样！”

“我们生来就拥有特殊的人类普遍语法（Universal Grammar）！[4]这是语言本能！[5]”

“普遍的语法根本不存在！[6]但人类可以从文化中建构语言！[7]”

“大脑里没有语言的‘席位’[8]，只有分散的‘功能性语言系统’！”

“是递归性让我们的语言与众不同！”[9]

“真正的语言只能通过口头表达[10]，只有人类才能学会控制自己的声音！”

“语言是一种多面现象[11]，源于个体认知，又高于个体认知！”

甚至说，在这个专业领域的“势力范围”内，以及上一位元老和下一位权威人物的重要著作之间，语言的定义也会发生变化。语言学史上一个特别奇怪的争议是，美国手语（American Sign Language，ASL）是否具备足够的先决条件而有资格被称为是一门语言[12]。真是一场用ASL向聋哑人介绍的精彩争论啊！关于语言，至今仍然没有一个被广泛接受的定义。当然，这可能说明人们对这个重要而棘手的问题充满热情，相关研究领域方兴未艾；也可能意味着很多人对此有着强烈的看法，但缺少办法来判断谁的观点最接近现实。在阅读这些争论的过程中，我观察到的最一致的说法就是，研究者反复声称语言是人类独有的，而这种说法往往是由专门研究自己物种的人类提出的。他们怎么能如此笃定呢？

向一些科学家提出“动物语言”这个概念，就好比“在公牛面前挥舞红布”[13]。这似乎是一个格外情绪化的话题。灵长类动物学家弗朗斯·德瓦尔（Frans de Waal）曾写道：“在我的研究领域，一个历来不变的现象是，每当一个关于人类独特性的主张被推翻，其他类似主张就会迅速取而代之。”[14]随着我们发现的证据表明，动物具备从事此前被视为“人类独有”[15]的活动的能力，比如使用工具、拥有文化、有心智、有情感、有个性，甚至可能有道德，“动物是否拥有自己的语言”这个问题难道就变得愈发沉重了吗？人类的心理中是不是有什么东西抵触这种想法？

还有一个问题是，“语言”一词在研究语言的专业人士眼里，与在其他人眼中具有不同的含义，所以我们根本是在鸡同鸭讲。如果你告诉路人，鲸鱼发出的声音可以向其他鲸鱼传递关于其身份、位置、情绪状态的信息，甚至可以向其他鲸鱼发出警报，或者描述它们所在世界的要素，那么这位路人可能会认为鲸鱼正在使用某种形式的语言。但对于生物学家或语言学家来说，这些鲸鱼并没有使用“语言”，而是通过它们的动物交际系统在发出声音。

那么，对生物学家来说，到底什么是“语言”？

想简明扼要地回答这个问题，障碍可就多了。其中之一是，人类交流时往往同时使用多种方式：不单是话语本身，还有我们说话的方式和肢体语言。想一想你上次告诉别人你爱他的时刻。你是语气平淡单调、面无表情、无精打采、双眼紧闭、两手下垂地说出“我爱你”这几个字的吗？还是你选择了不同的说话方式，语气中透着温暖，声音既不太大也不太轻？说话的同时，你的眼神、手势和身体语言在传递什么信息？你是朝向对方，还是拒人于千里之外？你是碰触了对方，还是保持着距离？我们在说话时往往忽略了其他表达方式，而科学上来说，交流应该是“多模态”（multimodal）的[16]。其他动物也利用了多种同时运行的交流渠道。这就引发了一个问题：如果你想理解某个人传递的信息，你应该选择哪些信号？

人类可以通过多种方式交流，但我们无法像蜜蜂那样随心所欲地从 15 个腺体[17]中释放信息素，用以召唤、刺激、警告或追求同伴。我们也无法像某些极乐鸟那样，在一场魅力十足的翅膀“信号舞”中，展示平日深藏不露的荧彩羽毛[18]。我们更不能像墨鱼那样，在毫秒内改变皮肤的颜色和反射率[19]，用一侧身体向求偶者展示充满诱惑的色彩，同时用另一侧身体向竞争对手发出警告。

人类的许多表达信号算不上出众。我们的感官也是如此。虽然我们对光谱的某些部分相当敏感，但这个范围太普通了，我们的眼睛看不见红外线和紫外线；我们的耳朵无法听到大象声音中低沉的隆隆声，因为它的频率低于 20 赫兹，所以它们的振动和远处地震的震动一样穿过我们的身体。我们也听不到蝙蝠和飞蛾夜间从窗前掠过时发出的叫声，因为它们超过了 2 万赫兹。相比之下，奶牛的听力范围是我们的两倍。[20]事实上，人类生活在一个“隔音泡泡”中，听不到眼镜猴的叽叽喳喳，听不到树懒的呼唤声，甚至对雄性老鼠复杂的颤音也是有耳不闻。我们能听到老鼠吱吱叫的声音，但听不到它们快乐时的叫声；当它们兴奋时——比如被挠痒痒——叫声的音调会上升[21]，我们就听不到了。这意味着我们只能听到老鼠的悲伤之声。我们的皮肤不能发出或感知电荷，我们的胁腹也没有微小凹坑连成的线，无法将动物靠近时造成的扰动

这枝黑眼苏珊（其实是黑心金光菊）在我们眼中是左图的样子，在能看到紫外线的蜜蜂眼中，则是右图的样子

（disturbances）转化为信息。响尾蛇、椋鸟、大象、蜂鸟、锤头鲨、电鳗和蓝鳍金枪鱼的“感官兵器库”里都有这些装备。它们需要交流时，可以利用我们听不到的声音、看不见的色彩、闻不到的气味，以及我们感受不到的力量，并将它们与其他信号结合。对我们来说，这一切都是无从感知的。

然而，似乎其他动物的交流方式都被严重忽视了，因为我们人类就是热爱言语！我们口中的语言——在复杂对话的句子中形成的词汇的声音，或者在枯树上歪歪扭扭地刻下的曲线——确实是不可思议的。比如，它赋予了我们创造抽象概念和虚构故事，并将它们传递给彼此的力量。我们还没有在其他物种的交际系统中发现这样的能力，因此许多生物学家认为，人类的语言是至高无上的。它，且只有它，才是语言。

那么，是什么构成了人类的语言呢？

1958年，语言学家查尔斯·霍凯特（Charles Hockett）出版了一本语言学教材[22]，书中有一个章节名为“人类在自然界的地位”（Man’s Place in Nature）。在这一章节中，他列出了人类语言的7个特性（后来扩充、修改为16个）。他经常使用术语“自然语言”，来区分在未经有意识规划的情况下进化而来的人类语言，比如普通话、西班牙语，以及为机器、哲学、逻辑和克林贡人创造的、有意规划和建构出来的语言。霍凯特开出的这份清单，被称为语言的“识别特征”[23]，比如语义性（semanticity，词语作为我们构成信号的单元是具有意义的）、离散性（discreteness，词语必须拆分成不同的部分来传递，且词语间有间隔）、能产性（productivity，必须创造并使用新的词语来表示事物）、位移性（displacement，交际可以传递有关发生在他处、过去或未来事物的信息）等等。任何动物的交际系统如果被视为名副其实的自然语言，那么它们必须具备所有这些特征。霍凯特提出的语言特性，将我们的自然语言与非人类交际系统区分开来，并使我们能够对二者进行比较。它并不是分析语言构成的唯一方法，但影响极其深远。

霍凯特已经知道，一些动物的交流具备了他提出的某些识别特征——鸟类的交流运用了语义性，蜜蜂的舞蹈展示了位移性——但只有人类的语言具备全部特征，其中包括他认为任何动物的交流都没有的一些特质，比如语言的文化传递性（cultural transmission，从同伴处习得交际系统）和不实之言（prevarication，使用语言隐瞒信息或欺骗）。对于这些特征是否适用于所有人类的语言，人们立即产生了分歧，因而又添加了一些额外的识别特征：人类语言对单词的使用顺序有一定的规定（语法）；如果改变单词的顺序，它们组合后的意义也会发生变化（句法）；如果你愿意，你可以在交流中添加更多从句，增加更多层次的含义（递归）。

至于到底是什么语言，直到今天仍存在分歧，众说纷纭，以致产生了一些“非常激烈的争论”[24]。与此同时，一些走在研究前列的科学家认为，我们仍然没有足够的信息来否定其他物种存在语言的可能性。也许它存在，只是我们没有发现而已。于是，他们不顾认为“只有人类拥有语言”的同事射出的明枪暗箭，一往无前，开始探索。

他们追寻的不仅仅是发现动物是否具备语言能力，还要解决关于人类语言能力来源的争议。它们是本能的，还是可以习得的？它们是身体的，还是行为的？一开始，他们希望在我们浑身长毛的近亲——也就是黑猩猩、大猩猩、猩猩和倭黑猩猩等类人猿身上，找到这些问题的答案。

我们的这些近亲——聪明且具有社会性的大型类人猿，能娴熟地运用工具，精通各种“诡计”，似乎是我们传授语言技能的绝佳动物学生。类人猿和我们很像，拥有与我们解剖结构相似的信号传输“工具”和感官系统，而且我们可以轻易地圈养它们并进行测试。一开始，研究者使用基于手势的系统与黑猩猩和大猩猩交流。结果大获成功，它们会指向物体或点击屏幕。然而，每当研究人员试图教它们像人类一样用声音交流时就屡试屡败。虽然灵长类动物通常擅长模仿人类的手势或发出声音回应其训练者，但它们似乎无法吐字清晰地说出人类的语言——不管投喂多少根香蕉都没用。尽管黑猩猩拥有丰富多样的咕哝声、喘息声和吼声，但人们认为它们在很大程度上还是通过手势来交流的，利用手部动作、身体姿势和面部表情互相传递信息。我们能说会道的天赋——综合运用声带的振动、舌头的运动、呼吸的送气和口腔的折叠来发音说话，在一众远近亲戚中似乎显得独具异禀。这是为什么呢？

长期以来，人们认为黑猩猩之所以无法像人类一样说话，是因为它们的声道无法像我们的一样运动，无法调整发声，从而形成不同的元音音素。但是，这个理论被一位名叫威廉·特库赛·谢尔曼·菲奇三世（Dr. William Tecumseh Sherman Fitch III）的科学家推翻了。他的名字是为了纪念其曾祖父、美国南北战争将领威廉·特库赛·谢尔曼，而谢尔曼将军本人则是以肖尼人的伟大酋长特库赛（Tecumseh）来命名的。

我第一次与威廉博士见面，是在拍摄一部大型猫科动物解剖影片的时候。他让我找个真空吸尘器过来，我拿来了，他将机器调到吹风模式，而不是吸尘模式，然后将风筒插入一头死狮子的气管，展示如何让它在死后又咆哮起来。这名副其实的“鬼叫声”给我留下了难以磨灭的印象。几年后，我在“人类、动物与机器之间的声音互动”会议上和他偶遇。威廉 50 多岁，身材高大，肩宽腰细，剃着光头，留着黑色山羊胡，像极了电视剧《绝命毒师》中制冰毒的化学老师“老白”。

威廉研究人类和其他动物的说话能力已经有 30 多年了。自我们上次见面以来，他一直在拍摄动物的发声，借助能够穿透它们皮肤的机器，比如 X 射线实时成像检测仪和 CT 扫描仪，实时观察它们发声部位的解剖结构。[25] 他的研究对象之一是长尾猕猴埃米利亚诺（Emiliano）。埃米利亚诺坐在 X 射线实时成像检测仪前，做着猴子该做的事情——吃东西、发出叫声、咂摸嘴、打哈欠。埃米利亚诺的种种动作意味着，威廉和他在普林斯顿大学的同事们可以对它的喉咙进行全程动态扫描，扫描结果将用来给它的发声结构做三维建模，从而让威廉得以推断它可能发出的声音的范围。

威廉用他妻子说话的录音来强化这个模型。然后，他对模拟猴子进行自动化测试，观察它的解剖结构是否能够发出与人类似的说话声。然后，模拟猴子“埃米利亚诺”用一种又高又

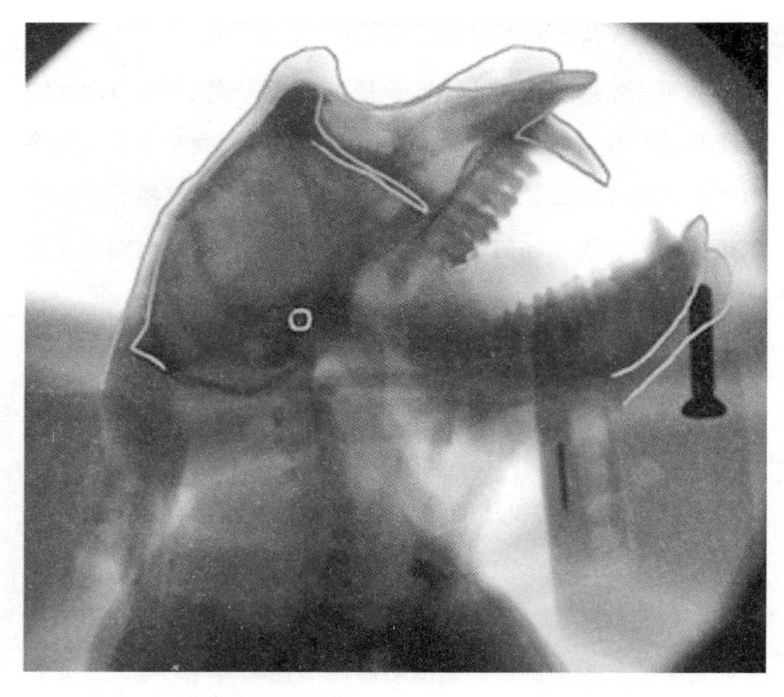

在扫描仪器前玩耍的埃米利亚诺，图中显示了它发声部位的解剖结构

轻的声音说话了[26]。威廉选择“你愿意嫁给我吗？”（Will you marry me?）作为测试用的短语，因为这个简短的句子囊括了英语的所有元音音素：I–O–U–A–E。当模拟猴子低声说出来时，这句话听起来相当诡异。模拟显示，猴子实际上似乎具备说出人类词汇的解剖结构。这是一个非常有趣的结果，因为从来没有猴子被成功训练说出人的语言。

那么，这该如何解释呢？

威廉介绍说，我们人类，以及黑猩猩等多种类人猿近亲，都拥有说话所需的发声“硬件设备”。但是，他认为人类在灵长类动物中是独一无二的，因为我们的大脑与发声设备相连。猴子和黑猩猩等缺少这种神经连接，这让它们难以学会甚至完全无法学会控制自己的声音。因此，尽管我们在进化和解剖上与它们是如此接近，但我们永远无法与它们对话。在威廉看来，这就是我们无法让研究中的黑猩猩说话的原因：它们有说话的设备，也许还有思考的设备，但二者没有正确地连接在一起，或者根本就没连在一起。

就像语言和言语领域的大多数事物一样，这一理论也引发了争议（有时甚至是激烈争论）[27]。一些研究者认为，前脑不需要直接控制发声肌肉；其他学者则坚信，我们忽略了其他灵长类动物控制声音的方式；还有人提出，我们测量它们声音的方法是错误的，我们不仅仅使用喉头和声带（例如，我用气声低声说话，别人也很容易理解，而这并不需要振动声带）。不过，无论我们的近亲是否具备和我们一样的发声能力，截至目前，我们还没有找到让它们说话的方法。

绝大多数哺乳动物和许多具有发声能力的鸟类本能地知道如何发声[28]。这些动物，比如老鼠、鸡、松鼠猴等，都有那么几首生来就会的曲目，并且会在相似的情境下发出相同的声音，哪怕它们生来耳聋。人类，包括天生失聪者，也会发出一些与生俱来、无须后天学习的声音，比如笑声和哭声。不过，有些动物还具备磨炼和改进声音使用技巧的能力，这通常是从幼年观察同类或与同类互动开始的。当动物能够主动学习改变它们的声音时，这种行为被称为发声学习（vocal learning）。例如，蝙蝠宝宝会经过一个“咿呀学语”的阶段，这个阶段里它们会发出含糊不清的简单的声音，蝙蝠妈妈则像人类父母对孩子说话一样回应它的宝宝：“啊吧吧咕咕吧啊啊咕咕。”小蝙蝠模仿父母的声音，父母则鼓励它们训练自己的发声器。斑胸草雀幼鸟会向身边的“雄鸟导师”学习鸣唱，学来的歌它们会唱一辈子，几乎一个音都不改。每天，它们都要唱上几千遍。它们甚至可以通过观看其他雄鸟鸣唱的视频来学习歌曲。

有些动物甚至能学会模仿其他物种的声音，尽管它们的发声器相差甚远。它们甚至能说出人类的语言，尽管我们与它们的亲缘关系非常遥远。一只名叫“开膛手”的澳大利亚鸭子学会了说：“你这个该死的傻瓜！”[29]一头名叫高施克（Koshik）的亚洲象学会了把鼻子塞进嘴里（就像人类将手指放到嘴里，吹出说话时无法发出的哨音），并吹出“是”“不”“坐”和“躺”等韩语词汇[30]。幼年就成了孤儿的海豹“胡佛”（Hoover）会模仿救助它的乔治·斯沃洛（George Swallow）浓重的新英格兰口音[31]，在它位于波士顿水族馆的“家”里让数千游客目瞪口呆。观众当中就有罗杰·佩恩。他记得路过的波士顿人会四处张望，想看看是谁对他们喊了一声“嘿！嘿！你在干吗？干吗呢？”。根据罗杰的说法，“那声音听起来是如此逼真，差别是如此细微”[32]，以至于人们完全没有注意到狡猾的胡佛，它一说完这句话立刻就潜入水中了。

这和鲸鱼有什么关系呢？这么说吧，发声学习的大师除了人类和鸟类，就数鲸类了。当你意识到三者之间没有密切的亲缘关系时，事情就有意思了。人类、鸟类、鲸类有着完全不同的生活方式，甚至发声构造也不同。人类有喉咙，鸟有鸣管（syrinx），这是一种由两部分组成的结构，鸟类可以借助它同时唱两首歌[33]，就像和自己二重唱一样。至于鲸类动物，则拥有前文详细介绍过的超凡“发声器”。

鲸类中有一位著名的声音模仿者，它是“诺克”（Noc），一头人工圈养的白鲸[34]。尽管人类的语音比白鲸用于交流的声音频率低了好几个八度，但诺克能利用它的鼻腔和音唇发出像人类对话一样的声音。据说，它模仿的声音几乎以假乱真，甚至让一个为诺克清洁水箱的潜水员浮出水面，以为听到别人喊他从水里出来。当然，能够模仿人类说话并不意味着诺克明白自己在说什么。那么，它为什么这样做呢？诺克之前是美国海军训练的，它的训练师米歇尔·杰弗里斯（Michelle Jeffries）认为诺克“想要建立联系。这是它模仿人类说话背后的原因之一”[35]。

事实已经证明，要教会其他动物像我们一样说话是死路一条。不过，许多被圈养的灵长类动物在接受语言能力测试时，似乎能够理解人类所说的词语并做出反应，尽管它们自己不会说。作为与我们亲缘关系最近的动物，它们仍被视为了解语言起源和跨物种交流的最大希望。然而，由于无法教会它们我们的主要交流方式——言语，科学家们不得不另寻出路。

灵长类动物非常善于交流、观察和模仿，因此研究人员没有教它们说话，而是使用非语言的方式与它们交流。他们教会了这些动物使用从美国手语中衍生出来的手势[36]，创造了基于不同符号系统的模拟符号语言[37]，还训练它们点触计算机交互界面的屏幕来选择词语并组成句子[38]。黑猩猩、猩猩和大猩猩都学会了这些系统，与训练员进行了简单的交流。研究人员想要看看它们能否掌握霍凯特提出的“识别特征”，此前尚未在灵长类动物的交际系统中发现这些特征。

初步成果看起来大有希望。人们发现，学会美国手语手势的黑猩猩竟然将这些手势传授给了后代。它们不但相互使用手势交流，还使用手势与饲养员甚至来参观的听障儿童交流。在美国艾奥瓦州得梅因市（Des Moines），倭黑猩猩坎兹（Kanzi）学会了400个符号字（lexigrams，代表单词的抽象符号），并且使用时似乎还遵循了语法中的词序规则。坎兹和它的倭黑猩猩同伴们，住在占地13,000平方英尺（约1208平方米）的实验室兼豪宅里接受研究。在那里，它们不仅会通过符号字与研究人员交流，还会操作微波炉、按动自动售货机上的按钮选择食物，以及点触计算机屏幕来选择要看的DVD。

美国中央华盛顿大学的雌性黑猩猩华秀（Washoe），似乎

倭黑猩猩坎兹（Kanzi）通过符号字与苏·萨维奇－朗博博士（Dr. Sue Savage-Rumbaugh）“交谈”

会自发地将手势组合起来创造新词。它表现出了灵活性、创新性、对词序的偏好，以及谈论过去和不在场的人和事物的能力。然而，尽管黑猩猩看似展示了人类语言的特殊要素，比如任意性（arbitrariness）和语义性，但人类教授给它们的系统中，没有一个能与霍凯特信徒所定义的自然语言同日而语。另外，这一切都是单向的：类人猿从来没有使用它们所学的技巧提出问题。或许它们最终会这么做，又或许它们根本不在乎？

耐人寻味的是，最近的研究表明，灵长类动物可能拥有其他多种自然语言要素，但因为我们过分关注言语而忽略了它们。以乌干达布东戈（Budongo）森林的黑猩猩为例，研究发现，它们至少有58种表示意图的独特手势，这些手势的使用方式符合一些语言学规律，并且“基于与人类口头语言相同的数学原理”。[39] 另一个研究团队发现，在一岁至两岁的人类婴幼儿所用的52种肢体动作[40]（比如摇头和跺脚）中，有50种能在黑猩猩中找到。

其他动物表现如何呢？由于鹦鹉出色的声音模仿能力和丰富的鸣唱曲目，研究人员长期以来对它们很感兴趣。亚历克斯（Alex）是一只雄性非洲灰鹦鹉，从1976年到2007年它去世，比较心理学家艾琳·佩珀伯格（Irene Pepperberg）博士30多年来一直在教它学习人类语言——它的名字Alex，就是“鸟类语言实验”（Avian Language Experiment）的缩写。艾琳在亚历克斯一岁时将它买回来。它学会了100个人类词汇，并能大声说出这些单词。艾琳告诉我，亚历克斯两岁时[41]就能正确回答多个问题了，这些问题涉及摆在它面前的新物体的颜色、形状或材料。颜色和形状与“狗”或“饼干”不同，是抽象的概念——它们是我们组织世界的方式，而亚历克斯似乎理解了它们。艾琳向我介绍说，这种切换分类的能力“显示出大约与五岁儿童相当的执行功能水平”。有一次，亚历克斯得到了一面镜子，它望着镜中自己的镜像问：“什么颜色？”在得到六次答案“灰色”之后，它不再提问了。[42] 这被视为非人类动物第一次提出问题。

正在合作进行实验的艾琳·佩珀伯格和亚历克斯

正如艾琳2016年所说的那样，“我们不仅迎来了某种通晓鸟兽语的‘怪医杜立德’*时刻，而且感觉到，我们可能正在揭示语言和复杂认知在我们的祖先中是如何进化的”[43]。

20世纪后半叶，就在艾琳与鹦鹉亚历克斯一起工作的同一时期，关于动物是否有语言的争论愈发激烈。针对所有这些以灵长类和鸟类为对象的实验，批评者指出其中一些分析和实验

* “怪医杜立德”是20世纪同名经典儿童文学故事《怪医杜立德》中的角色。杜立德医生会说动物的语言，为世界各地远道而来的动物看病。该书后来多次被改编成同名影视作品。——译者注

是有倾向性的，并对研究结果提出质疑。有些人仔细观看了录像资料后认为，受试对象更多地是对人类给出的线索做出下意识的反应，而不是对测试；也有人认为，人类测试者的演绎太过丰富。

随着动物权益运动的兴起，圈养动物实验逐渐式微。一位与黑猩猩宁姆·齐姆斯基（Nim Chimpsky）*合作过的灵长类动物研究者称，他觉得宁姆比画手语只是为了得到食物，它其实不理解这些手势的含义，只是单纯地模仿而已。随着研究人员或动物的去世，长期的研究合作关系终止。动物权益运动人士正是利用这些实验所带来的有关动物认知的新发现，推动了实验室研究的终结。

灵长类动物实验室研究工作耗时费力，又让人泄气。有些人认为，其结果令人失望——类人猿看起来并不具有他们所定义的语言能力，或者不具备掌握语言的能力。有些人则认为，复杂的交流正在进行，并有证据支持。可是，这种交流能否与人类语言相提并论呢？正如艾琳注意到的，“随着学习的深入，对非人类动物的要求也水涨船高”。好像动物能学会使用符号来表示物体还不够，它们还必须能够对动词也做同样的操作并组合成短语，然后使用这个新学会的符号系统对已经掌握的代表

* 宁姆是一只会使用手语的黑猩猩，它的名字是仿照著名语言学家诺姆·乔姆斯基（Noam Chomsky）取的。在研究者认为实验失败后，宁姆被送走，辗转多地后被送往牧场，27 岁病亡。——译者注

食物的符号进行分类，显示符号之间的关系，等等。做到这些，才算它们具备复杂的认知能力。她沮丧地说起其他研究者“基本上认为语言该被定义为类人猿所没有的东西”[44]。

科学要求可重复性。雄性非洲灰鹦鹉亚历克斯在回答问题时，正确率达到了 80%[45]，但为了得到统计学上的显著结果，它被反复问到相同的问题，哪怕在正确地找到答案之后也是如此。它显然对此感到厌烦，不再合作，嘎嘎大叫：“想回去。”这个词的意思是，它希望回到它安静的栖木上，它可以在那里休息，远离接下来的“讯问”。

我对这项工作了解得越多，就越感到自己被不同的观点拉扯不休。这些发现是如此富有说服力，又如此令人着迷，实验者几十年来投身于辛苦的工作，与动物伙伴的合作也令人动容。但是，我也能理解为什么一些人会提醒要警惕过度解读。我们在网上就能观看并仔细检验数百个这样的实验视频。比如，我们可以看到雌性大猩猩可可（Koko）与训练者用手语讨论它的宠物小猫。当有人用英语告诉它有一只小猫死去时，可可使用美国手语手势比出了“不好、伤心、不好、不高兴、哭——不高兴、伤心”。[46]

我渴望相信我看到的画面符合我的直觉判断：可可像我一样感受、思考和交流，它正在与训练员交流。然而，我是不是只看到了我想看到的东西？我是不是将自己在可可的处境下会产生的想法，投射到了它身上？这些视频果真展示了有意义

可以看到，可可使用了美国手语的 12 个手势。据说它会使用 1100 个手势

的交流吗？狒狒杰克真的理解它是在帮助“跳跃者”操纵铁道信号吗？虎鲸“老汤姆”真的以为“我最好叫醒这些人来捕猎鲸鱼”，还是它知道拍打尾鳍就会有某种方式变出死鲸鱼可以吃？

看的资料越多，我就越想知道：弄清楚动物是否拥有真正的类人语言——无论最终如何定义“语言”——是否妨碍了我们更深刻的探索。如果动物以某种方式像我们一样思考和感受，并且它们的交流能够打开一扇窥探它们内心的窗口，那么与其试图通过测试来证明它们拥有类人语言的能力，不如去理解它们，探索如何更好、更有意义地与它们互动。这样岂不是更值得尝试吗？

我个人认为，通过研究圈养动物，我们在它们身上发现了这么多自然语言的特征着实令人惊叹。这充分显示了研究人员的执着奉献和创造力。教会一只动物园的动物如何使用人类发明的交际系统，并通过人类提问者的测试，可以揭示出这只动物先天的认知能力；人们也可以控制和复制实验条件，并与动物一起工作，直至它们生命的尽头。但这种方法也有明显的缺陷。这些研究无法真正探寻动物在野外真实生活中的交流方式，它们的交际系统在野外是逐渐进化出来的。对人类饲养的动物个体所进行的研究，无法揭示出该物种个体和群体之间可能存在的各种交流方式。如果动物的交际系统是在它们的文化中教授和习得的，那么我们将动物从这些文化中抽离，又怎么找得到这些交流方式呢？在寻找动物具有人类自然语言能力的证据时，我们将它们置于了高度人为且不自然的环境中。这让许多生物学家意识到，也许存在一种更适当也更有效的方法，来探索非人类的动物是否具有语言能力或类似语言的能力。这种方法不再是教导圈养动物使用人类的编码，而是尝试解码野生动物的交流方式。

对美国北亚利桑那大学生物学教授“阿康”——康斯坦丁·斯洛博奇科夫（Constantine “Con” Slobodchikoff）——而言，需要证据来证明动物具有复杂的沟通方式令他沮丧不已。他在著作《追寻怪医杜立德：学习动物的语言》（*Chasing Doctor Dolittle: Learning the Language of Animals*）中指出，那些每天与宠物互动的科学家们“实际上已经被证据包围了，这些证据显示出每只猫猫狗狗都是独特的个体，它们大多都非常了解自己和自己的需求，并花了大部分时间将它们的需求和欲望传达给主人”[47]。然而，这些证据不算数，因为它们没有以可重复的科学方式记录下来。

假设你对另一个物种发出的信号有一种直觉的理解，你怎么证明自己是对的？科学家们开发了一个测试方法，其中就包括发出警报叫声。

在动物界，警报叫声是极为寻常的声音，你很可能已经听过很多次了。当你穿过森林，聆听鸟儿鸣叫时，你就会发现它们经常重复发出快速的鸣叫声，尤其是在繁殖季节。或许你以为听到的是它们的鸣唱，是鸟儿特有的声音，但实际上你听到的可能是那只鸟在向同伴通报你的到来。青腹绿猴（vervet monkeys，又称长尾黑颚猴）面对不同的令它们恐惧的动物——豹、蛇和鹰——会发出不同的警报叫声，听到叫声的其他猴子会根据声音采取相应的行动。[48] 当一只青腹绿猴听到另一只猴子发出有豹子靠近的警示叫声时，它会迅速跑到树枝边缘，这是豹子难以追逐的位置；如果听到的是“有蛇警报”，它会挺直身子，站起来仔细搜索蛇的位置；如果听到的是“有鹰警报”，它会迅速逃到树干附近相对隐蔽的位置。科学家们获得这些发现，要归功于一种名为“叫声回放实验”（playback experiment）的方法。他们录下了不同的警报叫声，然后通过扬声器向猴子播放，观察它们的反应。

人类的大部分交流——比如对话——都太过复杂，无法通过回放来解析，并且大多数人也不会喜欢实验人员不断播放人类的警报信号，以打断和测试他们的对话。在许多动物交流中，情况可能也是如此。不过，警报叫声是可以测试的。在一些生物学家看来，警报叫声就像是一块罗塞塔石碑*，能够揭示动物的叫声中是否存在听者可以破解的语义内容。也就是说，它不仅仅是一种情绪化的呼喊，而是有含义的。人们目前已经通过大量回放实验收集了丰富的证据，证实了警报叫声中确实包含信息。[49] 我为众多实验动物的遭遇感到有些难过，人们先是用各种可怕的道具（比如假豹子和假鹰）吓唬它们，然后又对它们播放大量强烈的信号。想象一下，如果你走在路上，突然听到有人大喊“发洪水啦！”“着火了！”，或者眼前蹦出一头巨大的毛绒熊，你会做何反应。说不定你也会惊慌失措，或者爬上路灯躲避洪水，或者寻找水源灭火，或者缩在灌木丛后面躲避大熊。尽管如此，对于警报叫声的研究确实带来了非常有趣的发现。

原鸡（Jungle fowl）似乎拥有至少 20 种警报叫声，形成了一个“词汇库”[50]。关在笼子里的鸡在面对来自地面或空中的危险时，会发出不同的警报声[51]，狐猴也是如此[52]。青腹绿猴

---

* 罗塞塔石碑以其独特的三种语言对照写法，成为解码古埃及语言的关键。——编者注

对欺骗非常敏感：如果同一个个体多次发出警报声，它们就会忽视这个呼叫（类似于“狼来了”），但如果换成不同个体的声音，它们听到后还是会逃跑。高角羚（又名黑斑羚）会用喷鼻声来提醒同伴注意捕食者的出现。其他羚羊听到声音，就会迅速逃离。雄性高角羚也会发出咕哝声，这似乎是一种用来与其他雄性竞争的声音。听到这种声音的雄性高角羚会冲向声音源头，与对手较量。有趣的是，当雄性高角羚同时听到咕哝声和喷鼻声时，它们会更快地朝着声音的方向奔跑。预警捕食者的声音和竞争者挑战的声音结合，形成了一种别样的、或许更加紧迫的信号。

取得上述发现的科学家们认为，通过分解非人类交际系统的意义生成构建模块，他们挑战了长期以来的观点，即动物的“语言”无法做到人类语言所能实现的事情。关于这一点，对草原犬鼠进行的研究提供了一些出人意料的证据。草原犬鼠是一种群居的、居住在地下的啮齿动物。它们生活在四通八达的洞穴中，会相互亲吻问候，非常讨人喜欢。就“词汇量”而言，草原犬鼠让人不敢恭维。当察觉到威胁时，它们会坐在后腿上，发出短促而响亮的叽叽叫声。在普通人听来，这些声音千篇一律。英国的一档野生动物喜剧节目甚至给一段旱獭（草原犬鼠的近亲）发出警报叫声的视频配音，让人觉得这只动物好像在喊叫“阿兰，阿兰，阿兰，阿兰，阿兰”。[53] 这个笑话的意思是，简单的声音重复太多次就会变得毫无意义，让这只小动物

一只白尾草原犬鼠发出宣示领地的“大笑吠叫”。之所以这么说，是因为它听起来像人类大笑的声音。摄于美国科罗拉多州瓦尔登（Walden）

看上去又呆笨又天真。然而，这只是人类耳朵的局限，并非草原犬鼠“语言”的缺陷。

通过叫声回放实验和计算机分析，研究人员发现，针对鹰、人类、狗和土狼等不同对象，草原犬鼠发出的叫声也不一样。面对不同的人类个体，它们发出的叫声也各不相同。当同一个人换了衣服，草原犬鼠发出的叫声在涉及尺寸和形状时频率不变，但涉及颜色时频率发生了变化。如果实验人员开了枪，或扔过来美味的种子，那么他们下一次出现时，草原犬鼠针对他们的叫声就不一样了。这些叫声不像是本能发出的、固有的，草原犬鼠似乎在不断地改变叫声，甚至将实验人员的颜色、大小、形状和靠近速度等因素都纳入其中。研究者让各种各样的家犬穿过草原犬鼠的领地，这些大小和形态各异的犬只所引发的叫声与犬鼠针对人类身材发出的叫声十分接近。草原犬鼠还会改变呼叫速度：如果狗在快速奔跑，它们叫得就会更快。阿康将这些发现综合起来，认为草原犬鼠的叫声中似乎有名词[54]（人，狗）、形容词（大的，蓝色的）和动词/副词修饰语（跑得快，走得慢）。

草原犬鼠似乎还会描述看到的新物体。阿康告诉我，他制作了土狼的剪影，草原犬鼠看到后准确地发出了提示土狼的叫声。[55]当他分别向它们展示臭鼬的剪影、大三角形、正方形和椭圆形时，他都记录到了全新的叫声。他写道，草原犬鼠似乎"能够从大脑里的描述性标签库中提取词汇，并将它们组合起来描述一种完全陌生的事物，即使这事物它们从来都没见过"。

我一直想知道，对于一些动物来说，回放叫声实验会有多么诡异。想象一下，有人偷偷开始朝你播放其他人类的录音——这些声音所处的环境完全不同，比如10秒时长的达喀尔市场的喧闹声，5分钟时长的约克郡人性行为的声音，还有一个小孩愤怒的尖叫声——然后期望从你的反应中判断这些声音的含义。就像警报叫声研究一样，人们在回放实验中也发现了一些奇妙之处。这些草原犬鼠是"三思而后言"，还是纯粹出于本能而发出叫声的？作为生物学家，我深知对待任何解读和比较都必须慎之又慎。可是，如果阿康的观点是正确的，那么我认为其中大有深意。

2019 年，瑞士苏黎世大学比较语言学系的萨布丽娜·恩格赛博士（Dr. Sabrina Engesser）与来自英国埃克塞特大学的同行们共同发表了一项研究成果，揭示了鸟类叫声中的含义是如何构成的。[56] 他们利用最初为测试人类婴儿如何区分不同语音的回放实验，并将其应用于澳大利亚内陆野生的栗冠弯嘴鹛。萨布丽娜首先证明，这些鸟至少能够区分出“A”和“B”两种不同的音节。当这两个音节单独播放时，它们对栗冠弯嘴鹛来说毫无意义；但当它们重新排列成不同的组合——如 AB 和 BAB——时，栗冠弯嘴鹛对每种音节组合的反应都是不同的。也就是说，当这些原本毫无意义的音节构成不同的组合时，它们对栗冠弯嘴鹛就有了意义。将无意义的音节单元组合成有意义的“词语”是人类的行为，并且直到现在，我们都以为人类是唯一具备这种能力的动物。萨布丽娜的合著者之一西蒙·汤森德（Simon Townsend）写道：“这是首次通过实验确定了非人类交际系统中的意义生成构件。”萨布丽娜对另一种鸟——斑鸫鹛的研究则发现，它们甚至能够发出一些由声音单元组成的叫声，这些声音单元相当于“来找我”，而在其他组合中，这些声音单元可以变成“跟我来”。[57] 萨布丽娜还告诉我，这些叫声甚至可以和其他提示威胁的叫声 [58] 组合，组成“跟我一起去面对威胁”这样的短语。一个月后，另一位研究人员在日本山雀身上也发现了类似的现象。[59]

这些关于鸟类叫声的认识是如此浅薄，哪怕与“幼儿如何从最初学到的毫无意义的元音中，形成他们最早的言语”相比，也过于简单了。但在我看来，它们令人激动不已。这些实验的发现，打破了我们对“动物交流中可能存在什么”想法的禁忌。

我们已经考察了鸟类、猴子和草原犬鼠等，有些动物的声音更加复杂。正是这种复杂，目前正阻碍着我们进一步的探索。在这些复杂的声音中，我们又会错过多少发现呢？正如英国林肯大学生物声学家霍莉·鲁特－古特里奇（Holly Root-Gutteridge）所言：“动物的叫声中包含着大量信息，这一点越发明显了，并且现在已有大量证据支持。”[60]

时至今日，经过数十年的研究，仍然没有人能确定动物是否有自然语言意义上的“语言”。无论是坚信动物具备语言能力者，还是反对这种观点的人，保持怀疑态度可能都是明智之举。很大可能是动物不具备自然语言，就像地球之外可能没有生命一样。然而，从人类为了“语言”而争论不休的举动来看，我的直觉是，即使真的在火星上发现了生命，我们可能仍然会陷入相似的纠结，无法确定它是否完全符合“生命”的定义和标准，以致错失它作为一种非凡的存在而带给我们的兴奋与激动。

回顾过去50年来的动物交流研究，艾琳·佩珀伯格博士不禁哀叹，关于语言和方法论的争论分散了人们对该领域重大发现的关注。[61] 鸟类和类人猿在测试中展现的能力让人大开眼界，它们掌握了人类发明的符号及其使用规则。它们的表现之出色让佩珀伯格认为，它们自己的自然交际系统可能同样复杂的说法不无道理。她现在更愿意使用“双向交际系统”这个词，而不是圈套重重的“语言”一词。

我理解她。今天，最常用的通用术语是动物交际系统（animal communication systems，ACS）。“说话”这个词也有点棘手。“言语”在生物学上的一个定义是“人类语言的首选输出模态”。如果我们坚持以此为标准，那么其他动物皆不能言，因为它们不是人类。但如果我们将言语的定义放宽一些，比如“使用语言单元发出声音来表达思想和感情”，情况又会如何？如果一头鲸鱼能够用语言单元向我表达它的想法，我肯定会觉得它在和我说话！不过，“如何使用语言单元与鲸目动物建立双向动物交际系统”这么一本正经的标题未免太尴尬了，我还是继续用简单的说法——“与鲸交谈”吧。

我在各种会议上“不小心”听到别人的谈话时，也注意到一种警告。当有科学家说“当然，其他动物都没有语言”时，有些人会加上撩拨人心的附加句：“鲸目动物可能除外。”对一些人来说，动物是否有可能拥有语言仍然是一个尚无定论的问题。

那么，一头鲸鱼需要怎么做才能说话呢？

我在脑子里有一张清单，上面列出了鲸类进行跨物种对话时有用的要素。我已经了解到，鲸类拥有构造精细的耳朵、极其巧妙的声音、功能强大而神秘的大脑、花样多变的歌唱曲目、基于复杂发声的社交生活（对希望与鲸鱼交谈的人来说，这一点令人鼓舞），以及学习改变发声来模仿其他物种声音的能力。到目前为止，能列出的就是这些了。

我们在它们身上已经发现的东西，是否暗示着还有更多的东西值得深挖？当我向乔伊提出这个问题时，她正轻轻地将一头小须鲸的大脑从它的颅骨中取出。“啊，那你一定要见见黛安娜，”乔伊说道，“她多年来一直在实验室和野外研究海豚的交流方式，而且她离得不远，也在曼哈顿！”就是这么简单，有了乔伊的引见，我拜访了黛安娜·莱斯（Diana Reiss）。

第七章

深层思维：鲸豚文化俱乐部

Deep Minds: Cetacean Culture Club

永远不要相信一个总是咧着嘴笑的物种。它肯定心怀鬼胎。

——特里·普拉切特《金字塔》[1]

一头跃出海面的鲸鱼改变了我的人生轨迹，我们短暂的邂逅成了一扇大门，通向更深刻、更难参透的跨物种互动故事。它们的发声器官让我叹为观止，它们的声音让我的身体随之振动；它们促使我一头扎进动物语言研究纷繁复杂的历史，让我的心中充满疑问。通过研究现存的鲸鱼和海豚，我们能知道些什么呢？最了解它们的科学家们，会认为我们能学会与鲸鱼交谈吗？

黛安娜·莱斯博士是鲸类动物行为领域的顶尖专家，对鲸类的思维和交流方式有深入的了解。她提议我们午休时在纽约市立大学碰头，她是该校的认知与比较心理学教授。

我扫视着巨大的混凝土玻璃大厅，在熙来攘往的学生和背包中努力寻觅与照片中相符的身影。没想到，黛安娜先看到了我。我还没反应过来，她就开始了自我介绍，然后带着我穿过成群结队的学生，掠过他们在入口旋转门上的影子，走上了城市街头。

我们沿着街道走到一家犹太熟食店吃午餐。系着白围裙、身材魁梧的男服务员在狭小的空间里闪转腾挪，靠近我们身边，俯身将菜递给挤在远处角落的顾客。我将手机放在桌上，给我们的谈话录音，但在食客的高声谈笑和刀叉碟盘的叮当作响中，我估计它什么都录不到。一片嘈杂声中，黛安娜不但向我介绍了她开创性的海豚研究，还聊起了她正在写的电影剧本、伦纳德·尼莫伊（就是《星际迷航》里的斯波克）给她打过的电话、与音乐家和演员的合作（比如伊莎贝拉·罗塞里尼，她居然是黛安娜的学生），以及对太空生命的探索。虽然她的动作非常小心、轻柔，但她随时都在比画，一刻不停，就像一台发电机。她和我之前遇到的大部分科学家都不一样，不过我已经开始意识到，研究鲸类的科学家们本来就是一群“怪咖”。黛安娜最初选择的是戏剧事业，但在听闻罗杰·佩恩的鲸歌研究和肯·诺里斯的海豚回声定位研究等的最新突破后，她改行易志放弃了舞台，转而走进了实验室。

黛安娜对鲸类做了一些行为学研究，这些研究尚属首次。

她花了几十年的时间观察、研究圈养海豚和野生海豚，训练它们使用键盘进行交流[2]，向它们展示各种物体，并要它们完成测试任务。从海豚出生直到暮年，她都在观察、倾听它们的一切。她注意到新生海豚会磨炼发声，它们出生后不久就试图发出声音，那是它们第一次笨拙的哨叫声。通过观察，她发现了海豚幼崽是如何学会使用回声定位器官的。出生后的头几周，海豚幼崽还无法通过声音来“看”东西，因此依赖于其他感官。当她向它们展示新物体时，小海豚探索的方式更接近于小狗——靠近并仔细观察这些物体，然后撕咬啃嚼。

海豚会做一些我们长期以来以为只有人类才会做的事情。它们会未雨绸缪并使用工具：将吻部伸进沙子前，它们会找一块海绵来防护，以免被划伤。[3] 在加拿大安大略省海洋公园，一头虎鲸用鱼肉块作饵，引诱海鸥进入它的水池。[4] 它们也喜欢玩耍：野生海豚会互相传递海藻和其他物体，总是将一片海藻丢在游泳者刚好够不到的地方，好像在戏弄后者。[5] 它们还会跟随蓝鲸嬉戏[6]，在浪花中冲腾跳跃[7]，从毫无戒备的鹈鹕身上拔羽毛。野生虎鲸会围着游泳的人玩耍[8]，和划皮艇的人嬉闹[9]。在圈养环境中，鲸类动物会玩人类的物品，从飞盘到 iPad 应有尽有。有两头人工饲养的糙齿海豚（rough-toothed dolphins）还发明了一种游戏，它们会轮流用一个呼啦圈拖曳对方，在水池中游来转去。[10]

最复杂的例子或许是鲸豚的“独门绝技”：吹泡泡游戏。

黛安娜研究的海豚和其他海豚会吹出完美的气泡环，就像陶工在轮盘上塑形一般。它们专心雕琢“作品”，微妙地控制呼气，呼出一个不规则的环形。有些海豚还会用尾巴推着气泡环在身侧移动，形成一串螺旋气泡环，然后它们从中间穿过去。[11]

海豚具备的一项认知能力更是令人困惑：指示（pointing）。大多数动物看上去都不理解指示，除了狗——还有宽吻海豚[12]。想不到吧。当海豚训练师用手指或手臂指向与他朝向不同的方位，甚至使用一系列指示序列来指明不同物体（一组指示序列只有一种正确解释，比如“把这个球放进篮子”）时，海豚都能理解这些指示。没有其他物种能做到这一点，海豚“独步全球”。用生物学家贾斯汀·格雷格（Justin Gregg）的话说：“海豚为什么具备这种能力还是一个谜，毕竟这种动物没有胳膊、手臂、手指，或者其他任何能做出类似人类指示动作的附肢。”[13]海豚能够通过保持全身不动、对准某一特定方向的方式来指示自身位置。圈养海豚会向它们的训练师指出某样物品[14]，而据人们观察，野生海豚甚至会相互指示死去同伴的位置[15]。

黛安娜研究伯利兹和比米尼岛（Belize and Bimini）的野生海豚，也和纽约水族馆及巴尔的摩国家水族馆的圈养海豚一起“工作”。研究圈养海豚时，黛安娜隔着巨大的玻璃幕站在它们的水箱前，视线与它们保持同一水平；架起摄影机和录音设备，用以分析海豚的行为、发出的声音以及顺序。在我听来，这很像是科幻电影《降临》（*Arrival*）中的一幕。影片中，一位语言

一头海豚在查看它刚呼出的气泡双环

学家被派去破解两个乘宇宙飞船抵达地球的外星人交流的内容，不过双方只能透过一面透明的墙比画指示信号。

黛安娜告诉我，虽然海豚拥有不同于我们的智慧和身体构造，但她惊讶地发现，它们在某些方面与我们非常相似。我很好奇她指的是什么。黛安娜说，从海豚表达的情绪反应，以及它们在镜子测试和特制水下键盘测试中的反应来看，它们的回应在某种程度上类似于人类；学习交流的小海豚似乎与掌握早期语言元素的儿童也有些相似。她谨慎地补充道："我不会将它称为键盘语言，可是，还有其他东西让你觉得它就是……真是把人搞糊涂了。"

如前所述，海豚会学习发声，并且是出色的模仿者。每头海豚都有独一无二的"标志性哨叫声"（signature whistle），这是一种后天习得的声音标签，人们认为它的作用和名字类似[16]，是海豚相遇时互相指代和称呼的方式。它们经常模仿彼此的哨叫声[17]，还能记住朋友标志性的哨叫声，二十多年都不会忘（无论是在实验室还是野外）[18]。人们听过海豚模仿座头鲸的歌声[19]；圭亚那海豚和宽吻海豚还会出于某种我们不知道的原因，在争斗时模仿对方的声音。[20] 这种模仿似乎是齿鲸类的普遍特征：人们曾观察到虎鲸模仿其他鲸鱼[21]甚至非鲸类物种。有些虎鲸甚至学会了像海狮一样发出吠叫声。[22] 因此，当黛安娜发现她的海豚模仿电脑生成的声音时，她并不意外，即使这些声音与它们以往听到的任何声音都不一样。

在黛安娜的圈养海豚实验中，有一项用到了她设计的水下交互键盘。这种键盘的黑底按键上有白色的视觉符号。每当海豚按下一个符号，水下扬声器就会播放一种新奇的电子哨声，声音与海豚发出的哨叫声不同，然后就会发生一些特定的事情。比如，如果海豚按下“圆环”符号，它们就会听到特定的哨声，然后得到一个圆环；如果它们按下表示“球”的符号，又会听到另一种哨声，然后得到一个球，以此类推。不出所料，作为自然界的模仿大师，海豚很快便开始模仿这些声音。让人意想不到的是，黛安娜说，有一天海豚正在水池中参与另一个实验，现场并没有键盘，然而海豚正在玩球时，发出了代表球的哨叫声；它们又玩了圆环，并发出代表圆环的声音。她描述说，这种情形与“孩子们玩玩具时的行为”是何等相似。而海豚如此发出声音，并没有人因此奖励它们鱼吃。海豚已经将黛安娜这些符号化的电脑声音，融入了它们自己的交流之中。

从那以后，事情可就更有意思了。海豚开始同时按下“圆圈”和“球”的按键，想要两个玩具一起玩。大约也是在这个时候，它们开始发出一种科学家们识别不出的新哨叫声。只有在电脑屏幕上观察声音的波形图（即声音的图形化表示）时，科学家们才意识到，这种新哨叫声的波形图看起来像是“圆圈”和“球”的波形图组合，“圈-球”。海豚之前从没有听过这两种声音组合在一起（电脑播放是留有间隔的）。对黛安娜来说，这非同小可。她看到海豚接受了她的信号，知道了它们的含义，学会了表达它们，然后它们完全自发、主动地将这些信号组合成了一个新的信号。我问黛安娜，那一刻感受如何。“我太高兴了！”她说，“但我非常谨慎。”

纵然科学家们都应该严谨，但我开始觉得，许多研究鲸类的科学家未免过于小心翼翼、慎之又慎了。这在一定程度上是拜“新世纪”（New Age）传奇人物约翰·里利博士（Dr. John Lilly）留下的复杂遗产所赐。里利是一位备受争议又充满魅力的人物，他最初的职业是神经学家。他的专业兴趣从传统科学、生理学和精神分析开始，延伸至与 LSD（麦角酸二乙基酰胺，一种致幻剂）和氯胺酮相关的认知实验、感官剥夺室（sensory deprivation chambers）的发明和使用，以及对海豚及其“语言”的研究。[23] 里利与“垮掉的一代”诗人艾伦·金斯伯格（Allen Ginsberg）、迷幻药的积极倡导者蒂莫西·利里（Timothy Leary）都是朋友。20 世纪中叶，他在海豚生理学和解剖学方面取得了一些发现，这使得曾长期被研究人员忽视的鲸目动物在 60 年代引起了更广泛的科学兴趣。然而，在里利进行 LSD 实验的同时，他的工作逐渐从相对传统的科学研究，转向了有关海豚高等意识和心灵感应，以及人类最终会被思维机器取代的理论——这一点在今天似乎不是那么遥不可及了。

有一段时间，为了研究海豚的语言和跨物种交流，里利在佛罗里达州盖了一间半水下的住宅兼实验室，供人与海豚共同生活。然而，对项目不利的是，里利在实验室给一头海豚注射

研究员玛格丽特·豪（Margaret Howe）和海豚彼得在半水下的实验室。当实验结束时，他们分开了，彼得被从实验室运走，据说它自杀了

了 LSD，他的一名助手在海豚“彼得”（Peter）因性冲动而无法集中精力参加实验时帮助其进行了手淫。资金逐渐枯竭，项目在开展了九个月之后叫停，尽管研究人员认为彼得在模仿人类的言语和声音方面取得了进展。

在一些人看来，里利已经“从一个穿着白大褂的科学家逐渐沦为一个彻头彻尾的嬉皮士”。正如黛安娜·莱斯博士所说：“一段时间过后，他的一部分工作变得非常有争议，有一点伪科学，并且推测的成分极高。”这导致他后来的海豚研究——以及他早年发表的科学成果——在许多人眼中信誉尽失，也引发了人们对海豚研究的质疑。

接下来的几十年里，海豚研究者都必须应对这些质疑。许多人因为担心被指为胡闹，直到今天都竭力与“理解海豚语”的尝试划清界限。贾斯汀·格雷格指出，如今“网络空间里关于海豚的胡思乱想，可能比海洋中遨游的海豚还要多”[24]，有一部分原因就在于里利。但是，里利是一位先驱，没有他，黛安娜·莱斯这样的科学家根本不会受到激励而加入这场争论，即使他们对里利后来的工作敬而远之。

正是由于这段历史，当黛安娜的海豚看起来创造了一种代表“圈-球”的新哨叫声时，她花了好几个小时仔仔细细地研究录音，以确认当中没有巧合。这不是巧合，海豚在 28 次训练互动中将这两个信号结合在一起。在这 28 次互动中，它们都是两个玩具一起玩的。“这就是我们所说的行为上的共现性（concordance）。”黛安娜解释道，其意思是声音与行为同时出现，相互匹配。我们在组合事物时，也会将对应的词语合在一起，比如“足-球”（foot-ball）、“掷-铅球”（shot-put）。

艾琳·佩珀伯格在她著名的非洲灰鹦鹉亚历克斯身上也曾观察到类似现象。亚历克斯喜欢吃玉米，也知道“玉米”（corn）这个词，所以它会说“玉米”来讨食。有一天，艾琳的黄玉米用完了，于是给了亚历克斯一粒比较硬的印第安玉米。亚历克斯咬下去时，说出了“石头-玉米”（rock-corn），也就是将“玉米”与它知道的“石头”一词合起来，表示这种咬不动的新玉米。[25] 雌性黑猩猩华秀（Washoe）受过手语训练，有一次它和研究它的科学家罗杰·福茨（Roger Fouts）一起泛舟湖上。他们看到一只天鹅，这是华秀以前从没见过的鸟类。然后，它用手语比画了“水-鸟”（water-bird）。[26] 如果这些报告是准确的，那么这就是一种交际上的创新——动物不仅会重复它们所学的内容，而且会使用词语并将其重新塑造，以实现新的表达功能。

当然，科学家们训练动物时总是存在一种危险，即无意中会通过一种叫作“强化”（reinforcement）的过程，来训练动物无意识地做出这些行为。从事动物交流实验的研究者们对此必须非常警惕。谁能说亚历克斯和华秀创造出这些组合词不是偶然的呢？说不定这仅仅是因为它们看到人类兴奋的反应，然后学会了再次发出同样的声音，但并不能真正理解它们的含义。不过，黛安娜向我解释说，以她的海豚为例，科学家们不可能是实验里的一个变量，因为他们无法做出反应。他们当时并没有注意到海豚创造了组合声音，直到几秒钟后分析录音时才意识到。我们能从中推断出什么呢？这些海豚愿意将黛安娜教给它们的信号组合起来，是否意味着它们自己的交际信号可能本来就具有组合性质？

“关于这个问题，我们仍然处于探索的初级阶段。”黛安娜说。不过，绝对、确定以及属实的是，过去数十年来，通过对受过训练的海豚进行实验，我们已经在它们身上初步看到了一些认知能力。而我们过去总以为，除了人类，其他动物都不具备认知能力。例如，实验人员将一头海豚妈妈和它两岁的幼崽分别放入两个不同的水箱，并放置用于交流的水下电话。[27] 结果发现，它们可以轮流发出声音，高兴地叽叽喳喳“聊”个不停。

在夏威夷从事研究的路易斯·赫尔曼博士（Dr. Louis Herman）是海豚科学领域最多产的科学家之一。他在当地训练了两头海豚阿克阿卡迈（Akeakamai，简称 Ake，意为“哲学家”或“爱智慧者”）和菲尼克斯（Phoenix）使用复杂的交际系统[28]，其中一头海豚的交际系统基于训练师使用的各种手势，另一头的交际系统则由各种声音组成。渐渐地，阿克可以娴熟地使用这套系统，训练师可以要求它服从由一整套手势组成的命令，而不单单是一个手势。这些手势，对应着水池内和水池周围的不同物体、位置、方向、关系和参与者，每套命令包含最多五个符号，包括“拿来”这样的动作、“篮子”这样的物体，以及像“左边”或“右边”这样的修饰语。同时，只有在完整传递后，这些指令才有意义。也就是说，海豚必须等待听完或看完一整套符号，才能理解“句子”中多个对象之间的关系，然后通过正确执行命令来理解它们。例如，“右边水，左边篮子，拿来”的意思是，将左边的篮子拿到右边的水流处。

它们还学会了一个“问题”符号，海豚需要用“是”或“否”的符号来回答它。它们可以按下桨板来回答训练者问到的物体是否在现场，甚至能使用在它们接到指令前现场没有放置的物体来完成任务。正如贾斯汀·格雷格所述，“海豚能够对使用熟悉的词语组成的全新句子做出正确反应，即使这些词语的组合顺序它们以前从来没遇到过”。当人们故意给出错误的符号顺序时，它们要么没有反应，要么“通过忽略某些元素同时保留词序语义关系的办法，提取出具有意义的短语”。[29]

据我所知，能够运用语法并从符号中推断意义，是我们人类自然语言的要素。在其他测试中，海豚的表现也显示，它们理解了更深层次的概念。它们可以根据形状[30]、数量[31]和相对大小[32]对物体进行分类，甚至将“人类”这个概念纳入分类[33]。如果说海豚不具备一个可以对事物进行心理表征的大脑，就很难解释它们如此出色的表现。如果它们能够在人工修建的水池里，在奇怪而重复的任务中，使用人类制造的符号做到这一点，那么它们在野外，面对它们进化过程中出现的物体、关系和环境，难道会做不到？毕竟，它们可能依赖这些而生存。

从某种程度上说，正是鲸目动物在执行交流任务时的这些灵光乍现，让一些生物学家在排除非人类语言时犹豫不决。不止如此，据黛安娜介绍，关于它们的认知能力人们还有了其他发现。我在几个街区外的西奈山医院见过那种光滑细腻的乳白色组织块——它们到底能构建出怎样丰富的内在世界呢？如果你能与鲸交谈，你会遇到什么样的头脑呢？黛安娜和她的同事也一直在探索这些问题。

在美国佛罗里达州奥兰多的未来世界主题公园，一位潜水员和一头宽吻海豚在水下键盘前互动。人类和鲸豚都可以操作这种早期的交互界面。从图中可以看出，潜水员打断红外光束，生成了一个英文单词，海豚在一旁专注地看着

她们的研究从一面镜子开始。

在我坐下来写这句话之前，我去浴室倒了一杯水，抬头看了看水槽上方的镜子。我发现额头上有一块黑色的污迹，可能是在花园东翻西找的时候弄脏的。我伸手擦掉了它。这一幕就是生物学中被称为“标记”（Mark）或“镜像自我识别”（Mirror Self Recognition，简称 MSR）的测试，而我成功通过了考验。

这代表我能构想出自己的身份，意识到在镜子中看到的是自己的镜像，同时也明白“我”是什么——这些都是自我意识的表现。直到最近，拥有自我的概念还被视为人类独有的特征之一。

如果你让不同的动物面对镜子，它们很可能会有各种不同的反应。首先，这是一项视觉测试。有些动物的感官与我们截然不同，它们无法在一块反光玻璃中看到自己。蠕虫就不会做出任何反应，因为它根本没有眼睛。即使是拥有眼睛的生物，它们的视力可能也不如我们敏锐，无法像我们一样感知深度和颜色。有些动物能看到镜子中自己的镜像，但它们的反应是将其误认为另一个同类。暹罗斗鱼（Siamese fighting fish）会攻击镜子，将它视作威胁。[34] 英国的长尾山雀啄击我们的窗户，似乎也是出于这种情况：它们不是在吸引我们注意，而是在啄击镜像中的对手。或者说，至少我们是这么猜测的。也许它们只是对镜子感到困惑，而并非缺乏自我意识。

不过，有的动物似乎明白它们在镜子里看到的就是自己。它们会倾斜身体，来回移动，眼睛盯着自己的镜像，这与它们对待同类的方式完全不同。这些行为统称为“自我指向”（self-directed）。自然界中镜子极为罕见，也鲜有进化力量会促使动物对它们自己的镜像做出适当的反应。理解镜子中的镜像是什么，被视为大脑的一项重要能力。因此，在一些人看来，能够看到自己、具备“自我意识”是衡量意识的一个基准。为了测试这些动物是否真的能在镜子中看到“自己”，科学家们设计了一项巧妙的进阶测试。他们趁动物不注意时，在它们身上做了标记，比如在它们的头部用红色的粉笔画上一道，或者涂一点染料——就像我额头上的泥渍。如果这只动物看向镜子中的镜像，注意到镜像身上不寻常的标记并检查它，那就证明这只动物知道在看谁：它自己。

许多科学家认为，只有类人猿能够通过镜像自我识别测试。但在 1987 年，黛安娜向几头宽吻海豚展示了一面镜子。[35] 海豚的脖子奇短无比，两只眼睛分别位于头部两侧，因此它们无法看到自己的大部分身体。两头年轻的雄性海豚对镜子表现出兴趣，似乎在利用镜子观察它们自己。随后，它们在镜子前进行了“连续的插入尝试”[36]。也就是说，它们发生了性行为，并对着镜子观看了它们自己的行为。

2001 年，黛安娜和同事又将这项实验往前推了一步。他们用笔在另一对海豚身上画了记号——位置包括眼睛上方、胸鳍后面、肚脐附近等，并观察后续情况。他们发现，海豚被画上记号后，会游到镜子前在水中扭动翻转，似乎在仔细观察镜中自己画记号的身体部位。黛安娜的团队在一头雄性海豚的舌头上画了标记后，它立刻游向镜子，并反复地张嘴、闭嘴。更了不得的是，它们还展示了其他“自我导向行为”——吹泡泡、倒立、吐舌头，所有这些动作都是全神贯注地在镜子前做的。这些行为可比我这个人类注意污渍更接近人类的感知和反应！

海豚显示出镜像自我识别能力的年龄之小令人惊叹。宽吻

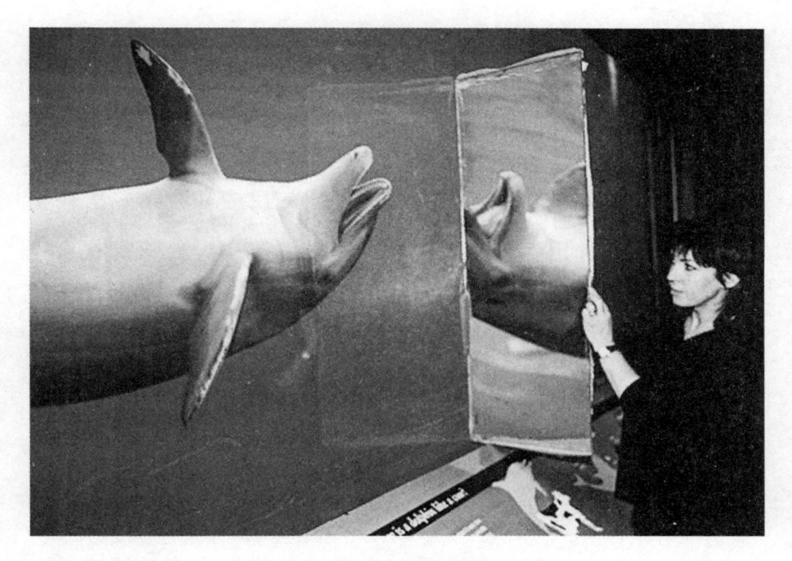

图中不是实验装置，但这确实是黛安娜和海豚的一张精彩合影

海豚在某些方面与人类相似，雌性寿命达 60 岁左右，14 岁前达到性成熟。在 2018 年的另一项研究中，黛安娜发现小海豚贝利（Bayley）7 个月大时就能完成镜像自我识别！[37] 这可比人类婴儿要“早慧”得多，通常人类婴儿 12 个月左右时才能从镜子中认出自己[38]，黑猩猩则要两三岁才能做到。

黛安娜的发现，引发了人们对鲸类和镜像自我识别测试的极大兴趣。于是，我们之前认为不太可能通过测试的很多其他物种也开始接受了测试。到目前为止，我们的近亲黑猩猩、猩猩和倭黑猩猩都通过了测试，但亲缘关系稍远的物种比如巴巴利猕猴和其他猴子没能通过。大象通过了测试，猫、狗失败了。海狮、熊猫、长臂猿、非洲灰鹦鹉、乌鸦、寒鸦和大山雀也都铩羽而归。当黛安娜让海豚的亲缘物种、身形庞大的虎鲸和伪虎鲸照镜子时，它们对自己的镜像做出的反应和我第一次在镜子中看到自己时几乎无异，这支持了黛安娜认为海豚具有自我意识的假设。[39] 它们摇头晃脑，专注地看着自己的镜像移动，细致地查看舌头和平常看不见的其他身体部位。

海豚的镜像自我识别测试结果，支持了它们具备自我意识这一主张，尽管就地球上丰富多样的生命来说，“什么是自我意识”已经变得越来越难以定义。基于镜像自我识别测试的研究让人着迷，它引领我们进入了一个充满争议的生物学领域——哲学家们也在其中漫游——研究意识本身。要弄清楚并解释我们为什么会有“置身于自己的思维内部，从里面往外看”的感觉实在太难了，以至于它被称为“意识的难题”（Hard Problem of Consciousness）。可以说，“意识”（consciousness）实际上是很难定义的，在文化上也争议不断。因此，像“语言”一样，为了避免这个词引起复杂的情况，我们更倾向于使用直白了当但不浪漫的术语，比如“认知功能”。对于黛安娜这样的研究人员来说，镜像研究是一种便利的工具，使我们得以更清晰地了解动物的认知功能。[40]

现在，已经有数百篇行为实验论文揭秘了鲸目动物的思维深处。有证据表明，海豚能想象到它拥有一个身体[41]，宽吻海豚[42]和虎鲸可以自主选择下一步想要进行的活动（自由意志的一个方面）[43]，甚至还能在提示下发明出一个新任务来执行[44]——如果你认为它们不过是受反射驱动的生物机器，这些表现可就很难解释了。然而，就鲸目动物的智力而言，这些现象的普遍意义又是什么呢？不要忘了，几乎所有这些发现都来自少数人类对少数海豚的测试。测试的主要对象是宽吻海豚，并且主要在圈养环境中进行。少数个体在一个陌生的环境中通过了少数测试，就能代表 90 多种鲸目物种的数百万个体也具备这种能力吗？

也许，黛安娜·莱斯和路易斯·赫尔曼遇到的海豚个体都是天才级别的，也许宽吻海豚是认知和交流能力最接近我们的物种，也许这些测试对它们来说简直完美，让它们的天赋得到了充分施展？这些可能性不大。更有可能的情况是，在热带江河中嗅寻食物、从温带海洋中跃出水面、在冰盖下悄然穿行的各类鲸目动物，它们的智力水平与它们的身体一样丰富多样。我们通过黛安娜和赫尔曼等人的工作所见到的只是冰山一角，也就是鲸目物种当中的一部分个体，其一部分大脑区域所能展现的能力。我也必须提醒自己，在多样性极其丰富的鲸目动物中，对某一物种的任何发现我们都应该警惕，不要因为“一些鲸类能做到”，就断言“鲸目动物都能做到”。一头圈养的宽吻海豚所能展示的，并不代表蓝鲸、柯氏喙鲸或江豚有或没有认知能力。一切都尚在起步阶段，但也是一个激动人心的开始。

与黛安娜谈话时，我不仅被她工作的挑战性震惊，也被她对其工作重要性的认识打动。她几经辛苦才对鲸目动物的思维有了这般洞察，这更加深了她的信念：鲸鱼和海豚的身体里有意识的存在，而其他人也应该了解这一点。[45] 黛安娜说："对我来说，这是一种转化科学。"这指的是一种科学发现手段，这种手段将我们对动物的了解，延伸至我们该如何对待它们的伦理上。[46]

午餐接近尾声。一开始坐在邻桌的食客已经离开，新客人落座，服务员在我们身旁转悠，盯着我们空空如也的盘子。黛安娜的手机响了，她得走了。她说，她还想和我分享最后一个故事，这个故事对她生活的影响至深、至巨。这不是关于海豚的故事，甚至不是有关她实验室的事，而是她与一头迷路的野生鲸鱼交流的故事。

1985 年，黛安娜在旧金山州立大学从事海豚研究和教学工作时，听说一头座头鲸进入了旧金山湾。这里有一条繁忙的航道，对鲸鱼来说环境太凶险了。这头来自大洋的鲸鱼溯游至内陆 80 英里（约 129 公里）处的萨克拉门托河上游，进入了淡水栖息地。科学家们担心它找不到食物，浮力和皮肤也会受损。这头被媒体命名为"汉弗莱"（Humphrey）的雄性座头鲸很快就轰动全球，直升机在空中追踪，新闻报道也吸引了美国全境的关注。[47] 然而，汉弗莱看起来好像找不到返回大海的路了，它的日子所剩无几。

黛安娜的工作之一是为附近的海洋哺乳动物中心（Marine Mammal Center）提供咨询建议，她参与了对汉弗莱的救援行动。救援队用遍了手段想让汉弗莱返回海洋，包括像日本渔民驱赶海豚那样在水中敲打金属管，以及播放虎鲸的声音吓唬它往海里逃，但都收效甚微。一位政府官员甚至扔出了一枚制造巨响、惊吓海狮远离渔网的水下炸弹，但可怜的汉弗莱仍然搁浅了，只能等待救援。黛安娜还记得，她凝视着汉弗莱的眼睛，往它身上泼水，试图让它保持镇静。它一回到水中，救援队便决定改变策略。他们不再试图驱赶它朝着正确的方向游，而是尝试引诱它，办法是播放其他座头鲸在阿拉斯加觅食时对彼此发出的叫声。黛安娜和团队其他人带着一个水下扬声器，坐上一艘佐迪亚克半充气橡皮艇出发了。此时，汉弗莱已经不见踪影，甚至从空中也找不到它。但她一开始播放录音，汉弗莱就不知道从哪里冒出来了，跟着她的船游了 8 个小时。它似乎被座头鲸觅食的声音吸引了。

就在前一天晚上，黛安娜去了实验室，观察水池中的海豚。她注意到，海豚聚集在一起时往往很安静；只有分开时，它们才会交流。此刻，她决定对汉弗莱采用相同的策略。“当它在旁边时，我就关掉声音。当它开始游远时，我就打开录音——就像我们呼唤狗那样，它立刻就靠过来了。这简直难以置信。这是我们有史以来第一次成功的叫声回放实验。”

第二天，黛安娜的团队继续播放录音，诱使汉弗莱离海湾越来越远，最终穿过了金门大桥。他们刚一过桥，就完全找不到它的踪迹了。黛安娜告诉我，她指挥十几艘小船关掉引擎，密切留意四周，静静地等待着。突然，汉弗莱出现在黛安娜的身边。它将腹部紧贴在她的船身一侧，抬头看着她和鲸鱼救援队的其他成员。“那是我见过的最不可思议的一幕。”黛安娜说道。人们倚在船舷上，满眼含泪，望着汉弗莱转身朝着同伴的方向渐游渐远。

一晃眼，快40年过去了。黛安娜完全沉浸在拯救汉弗莱的记忆中。“在那一刻，我觉得发生了一些真正的交流。这就是我们生命中的闪光时刻，”她顿了顿，说道，“而这也说明了鲸鱼的一些情况。”

如果回放实验成功了——看起来确实成功了——并且如果黛安娜在水下播放的鲸鱼叫声确实传达了汉弗莱可以理解并作出回应的某种意义，那么可以说，这是历史上第一次有人与鲸鱼对话。尽管是通过一台机器，尽管使用了其他鲸鱼的录音，尽管我们并不知道它们在说什么。同样，也许汉弗莱只是听到了鲸鱼捕食时发出的声音，在饥饿和孤独中，它决定靠近那些鲸鱼和那些声音。然而在我看来，黛安娜显然认为她正在与具备复杂交流能力的动物进行交流，这种能力有可能类似于语言。不然，与汉弗莱的联结何以令她如此动容？

时间到了，黛安娜匆匆赶回她的学生那里，独留我一个人坐在记事本和三明治碎屑旁。我在想，她想向我讲述的她研究生涯中的那个独特时刻——不是在实验室里，而是在海上与一头迷路的鲸鱼在一起，以及它注视着她的那一刻。对她来说，似乎这段经历所蕴含的力量——无法掌控，完全由野生动物做主——与实验室中积累的证据一样宝贵。

过去几十年里，我们是否能够与动物交流这个问题一直遭到人们的嘲笑。数百年来，我们都囿于人类的文化：我们不关心其他动物，比如鲸鱼和海豚，也不认为更深入地了解它们的内心世界有什么价值。但如今，我们很关心、很在乎、很着迷。我们现在知道了，这些动物不仅能与同类交流，还能与其他物种交流。我们知道了，它们拥有为了交流而形成的身体构造，以及令人赞叹的大脑。在实验室中，这样的身体构造和大脑似乎能够学习一些交际方式，而这些方式暗示着这些动物可能具有让人刮目相看的认知能力，对我们的言语和概念世界中的某些要素也有一定程度的掌握。我们还知道了，鲸鱼和海豚能够交流，甚至可能是有意识的。如果说其他动物具备对话的能力，那么鲸鱼和海豚对话的可能性更大。

不过，我们怎么才能确切地找出答案呢？黛安娜之前向我阐述了这一问题的艰巨程度："我们对它们的发声方式和功能一无所知。"她伸手在我的笔记本上勾勒出一段海豚哨叫声的声调曲线。"这是一个句子，还是一个词？"她问道。这——哪边是头，哪边是尾？

在长达几十万小时的录音中，究竟哪些是海豚发出的信号，哪些是噪声呢？想象一下，你每天从早到晚都戴着麦克风的情景。你会发出各种声音，其中有些是你交际时发出的声音，但也有一些是咕哝声、肠鸣音、吸鼻声和叹气的声音。一位海豚科学家研究麦克风录下的声音，他怎么才能将你发出的有意义的声音，与哼唱声、没说完的句子、啧啧声和打嗝声区分开？尝试破译密码是一回事，但首先你得把密码从噪声中筛选出来。此外，即使你知道该怎么做，浏览和标记需要检查的录音片段花的时间比你这辈子都长。你得花上好几辈子。这还仅仅是记录一头野生海豚或鲸鱼发出的一小部分声音，并将它与其行为相匹配，更不用说一群海豚或鲸鱼的录音了。[48]

当我想到进入另一个生活在水下的、“观”声探位的思维是多么艰巨的挑战时，我就理解了为什么我们至今还不能说鲸鱼的语言，而只是试图教它们用我们已经理解的方式来交流，也就是通过图形符号，以及人类的声音。和许多了解这些动物、研究它们并花费毕生努力来接近它们的人聊过之后，我开始怀疑，理解它们的主要障碍是不是我们自己：我们有限的感官、身体、寿命和思维。

它们生活在海洋中，而我们的感官在海里很不灵光——我们甚至无法呼吸。我们只能冒险乘船出海，然后瞥见它们生活的微小片段。如果我们在大部分时间里都无法感知到它们或记录它们的活动，那么我们又怎能希望去理解它们呢？即便我们通过某种方式，从它们的野外生活中收集到足够的相关信息，

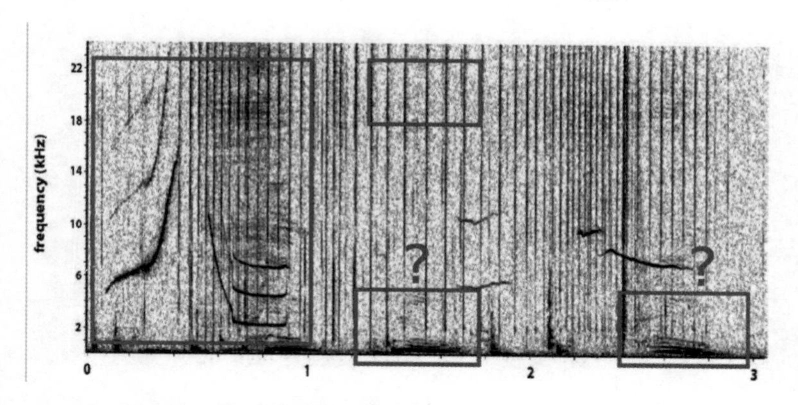

黛安娜的一名学生录制的海豚叫声频谱图[1]

可是在没有罗塞塔石碑的情况下，我们又怎么有机会破解它们的交流呢？

起初，我对我们是否有机会真正理解鲸类持怀疑态度。正如乔伊在这次旅程开始时对我说的："你没法问一头鲸鱼。"这话说得没错，现实也始终如此。但是，就在黛安娜和同事们突破我们在海豚身上所能发现的类人能力的边界时，其他科学家也一直在另寻他法，在鲸类动物的世界里以鲸类的方式去窥探它们的思维。21 世纪初，科学家开始在海洋中放置窃听装置。他们创造了超越人类极限的机械思维和身体，让生物学家摆脱了以往的束缚。

如果说至此所述皆为过去，那么接下来就是未来。

第八章

隔海有耳

The Sea Has Ears

用眼观察，用耳倾听，嘴巴闭紧，才是学习之道。

——夏威夷古老谚语[1]

1967 年，诗人理查德·布劳提根（Richard Brautigan）构想了一种未来：那时，机器将把我们从辛劳中解放出来，让我们回到“我们的哺乳动物兄弟姐妹”中间，同时由“慈爱的机器”照管一切。[2] 随着时间的推移，我们对“动物”的观念发生了变化——从简单的生物机器，到有感知力甚至有智慧的存在——机器一直在改变我们感知动物的能力。近几十年来，这种转变急剧加速。随着技术的进步，即使是城市化程度最深、离自然最远的人们，也有机会以前所未有的方式去观察其他动物的生活。布劳提根富有远见的愿景虽然并没有完全照他想象

一头座头鲸哨探跃出水面，查看水线以上的环境

的那般实现，但机器无疑已经到来。它们在默默观察，也在静静倾听。

夏威夷岛，又称大岛（Big Island），是夏威夷群岛——由137座岛屿、环礁、小岛和海底山组成，在太平洋中部从西北向东南延伸1,500英里（约2,414公里）——中最大的岛屿。这是一片年轻的土地，地球深处喷涌而出的岩浆穿过地壳进入深海，堆积成山，冒出水面，组成宽达93英里（约150公里）的火山群，包括死火山、休眠和活跃的火山，就此形成一片巨大的山脉。夏威夷岛目前依然活跃，还在成长。夜晚，我看到岩浆从悬崖倾落而下，直堕海中，炽热的红色岩石和白色蒸汽照亮了崖壁。我驱车穿过郊区，那里的豪宅和道路被大簇锋利、滚烫的锯齿状岩石粗暴地截断，几个月前还矗立在此的房屋，如今只能根据残存的邮箱依稀辨认出来。在最近喷发的岩浆上，“新铺的道路”不停冒着热气，巨大的裂缝释放出刺鼻的酸性气体，缓慢侵蚀着周边幸存房屋的金属大门和铁皮屋顶。此番光景，如入异世界。

岛上最高的山是圣峰冒纳开亚山（Mauna Kea）。根据夏威夷的创世信仰，夏威夷群岛由大地女神帕帕哈瑙莫夸基亚（Papahānaumoku，简称帕帕）和天空父亲瓦凯阿（Wākea）共同创造，而它们的起点就是大岛。[3] 冒纳开亚山是他们的长子，它的顶峰皮可（Piko，意为“肚脐”）是这些群岛的中心、起点和终点。如果从位于深海海底的山底基开始，一直量到它海拔

13,803 英尺（约 4,207 米）的山顶，它可以说是地球上从山底到山顶最高的山峰，比珠穆朗玛峰更巍峨。当你在温暖的海中畅游时，海水就轻轻地拍打在山峰周围。然后，你开车攀上山顶，随着海拔高度的上升，你会感到亢奋和眩晕。一上去，你就会踏在结冰的地上，吱嘎作响。你可以观赏热带落霞，然后，地球上最强大的望远镜的金色球体占据了你的视野。这些望远镜的科学观测站散落在岛屿的各处山顶之上，球体的盖子在朦胧的暮色中咔嗒打开。

这里空气稀薄，几乎没有光污染。自 1958 年起，这些观测站就一直在追踪大气中二氧化碳的积累情况；透过这些望远镜的镜头，我们也曾凝视过遥远行星的大气层。山坡的对面是沙漠和熔岩平原，茂密的丛林和皑皑雪地，黑色的沙滩和沼泽。奇异多样的地质形态与混杂各种元素的人居环境，交织成一幅画卷。科技巨头的海滨豪宅、科学研究的前哨基地、夏威夷原住民反对开发的抗议营地、咖啡种植园、度假村、冥想静修中心、养牛场、修剪平整但死一般寂静的高尔夫球场，还有美军设施。

夏威夷看起来宛若天堂，实则是地球上生态系统遭受侵扰最严重的地区之一。1500 多年前第一批波利尼西亚定居者的到来，以及近几个世纪的欧洲移民潮，给这片土地带来了一场生态风暴，破坏了在当地进化的特有的动植物。动物遭猎杀，森林被砍伐，取代它们的是人们有心或者无意之中引入此地的新物种——入侵岛链的动植物“偷渡客”。夏威夷消失的物种如此之多，以至于其被称为“世界灭绝之都”（Extinction Capital of the World）。

2019 年我去夏威夷时，在前几次物种灭绝中活下来的小小幸存者“乔治”（George）刚刚死亡。[4] 它是一只树蜗牛，也是全世界最后一只夏威夷金顶树蜗（*Achatinella apexfulva*）。据记载，19 世纪时人们在夏威夷的森林中一天就可以收集到 1 万个蜗牛壳，记录的蜗牛物种达 750 种以上。然而，现在还存活的只有不到三分之一。在夏威夷的传说中，蜗牛受世人崇奉，人们认为蜗牛歌声美妙，但没有任何一种会唱歌的蜗牛幸存至今。其他灭绝的动物还有科纳巨尺蛾（Kona giant looper moth，学名 *Scotorythra megalophylla*）、长脚鸮（Stilt-owl，*Grallistrix* 属）、莱岛蜜雀（Laysan honeycreeper，学名 *Himatione fraithii*），以及一种小型蝙蝠——我们是通过熔岩洞发现的细小骨骼才知道它的存在。

在我撰写本书期间，又有 11 种鸟类物种宣布灭绝。[5] 考艾岛的森林再也不会回荡奥亚吸蜜鸟（Kaua‘i‘ō‘ō，学名 *Moho braccatus*）令人心醉的歌声；也再也无人得见茂宜红管舌雀（Maui akepa，学名 *Loxops coccineus ochraceus*）和莫岛管舌雀（Molokai creeper，学名 *Paroreomyza flammea*）那绚烂的羽毛。

早在欧洲人带着他们的分类癖闯入，给这里的物种强行安上拉丁语名字之前，它们大多数就已经灭绝了——这些灭绝的动物是由一种已经灭绝的语言命名的。仅仅鸟类物种就从 140 种骤减至不足 70 种，侥幸存活的也只能挤在小小的森林碎片里。在大岛上，许多幸存的鸟类现如今生活在高尔夫球场和酒店的高处，以及牧场上。这里的沼泽草地仿佛空旷的绿色沙漠，昔日曾是丰茂而复杂的森林所在。躲过砍伐的树木老了，嫩芽和树苗被牛羊无情地啃食，老树也就没了后起之秀。现在，只剩零星的、古老的前欧洲森林尚存。然而，即使躲在所剩无几的树林中，鸟类也不安全。外来入侵的蚊子带来禽疟疾，随着气候变化，山区的温度逐年上升，蚊子的活动范围逐渐向更高海拔处蔓延。它们吸食幸存鸟类的血液，传播致命的寄生虫。往下是瘟疫，往上是稀薄的空气，夹在中间的鸟类如今无处可去。

虽然听起来或许令人惊讶，但这个岛链不仅是冲浪的发源地和最后一个加入美国联邦的州，同时也是机械动物间谍和监听设备的试验场。开发出这些工具的科学家研究稀有、难以寻找、生存风险极高且不能受到打扰的濒危动物，以及体形娇小的鸟类和身形巨大的鲸鱼。访问夏威夷期间，我有幸结识了一些了不起的人物，他们致力于开发拯救濒危物种的技术，这些技术或许能在破译动物交流密码方面起到关键作用。在大岛东侧的夏威夷大学希罗分校（University of Hawaii at Hilo），有一个名为“夏威夷生态系统监听观测站”（Listening Observatory for Hawaiian Ecosystems）的实验室，它的缩写“LOHE”也是夏威夷语“用耳朵感知”之意。这是一间生物声学实验室，专门在人类无法进入或需要耗费大量时间的地方放置监听设备，以监测动物的声音。

下页图是他们的标志。一头座头鲸和一只镰嘴管舌雀（‘i‘iwi，学名 *Drepanis coccinea*），通过一道声波联系在一起，底图是白雪皑皑的火山。在数不胜数的实验室标志中，这始终是我最欣赏的一个。

我和“帕特”——也就是帕特里克·哈特教授（Patrick “Pat” Hart）见面时，希罗暴雨如注。帕特一头黑白相杂的蓬乱头发，笑纹刻在眼角。迎接我时，他露出灿烂的笑容，笑纹也随之牵动。我们冒着瓢泼大雨冲进一家超市，为接下来漫长的一天购买零食。“别吃沙拉，”他提醒我，“刚暴发了鼠肺线虫病，你要是吃了蛞蝓或蜗牛，会感染的。”我自然是从善如流。随后，朝气蓬勃的男性研究生安德烈（Andre）加入进来。我们三人启程前往他们位于哈卡劳森林国家野生动物保护区（Hakalau Forest National Wildlife Refuge）的偏远野外考察站，那里栖息着一些世界上最稀有的鸟类。

安德烈告诉我，他来自巴尔的摩，是越南裔，他违背了父母的意愿，从市场营销转到了动物行为研究专业。这是安德烈第一次上山，他沉醉在胜景之中，我们驱车前往的目的地就是他未来几年的研究基地。这里有两座大火山，保护区坐落在其中一座火山的侧面高处。要到达保护区，你需要从热带海岸开

夏威夷生态系统监听观测站（LOHE）标志

始爬升，穿越茂密的林木，穿过草原和崎岖的火山坡地，然后进入更大的沼泽草地。那里雾气弥漫，山坡似乎将雾蒙蒙的空气环在山间，虽然满目绿意，却光秃秃的，就像蒙古大草原一样看不见一棵树。在一条石子小路上颠簸了几个小时后，我们开始不时看到巨大、黑暗、皴褶纵横的树木。我忽然意识到，来到这里之前，我们已经很长时间没见过一片树叶了。早在欧洲人到来之前，这些欧希亚树已经在这里生长，到现在也许已经有四百年了。

一路上，帕特讲述了夏威夷鸟鸣的神奇之处——鸟类的鸣唱比我们人类的声音复杂得多。他揶揄道，人类的声音“不过是低频的嘟哝而已”。他还向我介绍，不同的鸟类物种，其鸣唱的音高和时间也不同，也就是说它们的声道不同，所以并不会相互干扰。很长时间以来，我们都以为鸟鸣很简单，但帕特越是深入观察，就越觉得它们充满了复杂性、个性差异和变化。

又开了几个小时后，我们转过一道弯，驶入一片森林。这是岛上最后一片原始森林遗存，与它们相连的是新生长的幼树和灌木。帕特在这里工作的 30 年间，由于杜绝了牛羊等草食动物对树苗的破坏，加上一些人为帮助，森林开始恢复，随之而来的是鸟类的回归。

我们将采购的物品放到哈卡劳野外考察站时，已经是午后了。这是一座巨大而低矮的建筑，几十年前建造时帕特也出了力。它就像一座木制的太空站，高高的脚架立于高低不平的地面；中央设有用餐区、研究区和休闲区，通过走道与较小的宿舍相连，宿舍里摆着上下铺。外形惹眼、黑头黑面、身披条纹状羽毛的夏威夷黑雁（nēnē，学名 *Branta sandvicensis*）在附近摇摇摆摆。这种夏威夷特有的黑雁是世界上最珍稀的一种雁，也是希望的象征。其野外种群数量一度仅剩 30 只，得益于不畏艰辛的保育工作——其中包括彼得·斯科特爵士（Sir Peter Scott）的圈养繁育计划，他是著名南极探险家罗伯特·福尔肯·斯科特（Robert Falcon Scott）的儿子——现在已经恢复到 3000 多只了。

这一路上，我们挤在车里的餐具、枕头和考察站所需的其他物资中间。现在卸完货，我们穿上靴子，穿过空旷的草地，沿着一条小路走进森林。不到一分钟，我们就被雨沁透了。我勉强能看到远处飞行的小鸟，但我的双筒望远镜被雨水溅得一片模糊。为了正常使用，我只好舔了舔镜片。我们一边走，帕特一边给我指出远处树丫上跳跃的珍稀鸟类。“那是一只‘管舌雀’。”他说。我煞有介事地点了点头——要叫我自己看，那就是一块玛氏巧克力棒。

我们走了一个小时的下坡路，被斜飞的雨水打湿，伸长脖子注视着林间一掠而过的小小身影。帕特不是通过外形而是通过鸣叫声来识别这些鸟的。他浑身湿透，却有一种“一蓑烟雨任平生”的自在。他露出笑容，深深地吸了一口气之后说道，这是他在岛上最喜欢的地方，也许是全世界他最喜欢的地方——一想到这里的一些动物或将灭绝，并且其他很多动物也将随它们一起消失，他就备感悲伤。这片森林美极了，空气好极了，如果你细看那些小块的树皮，就会发现每一块都像一座微缩的森林，上面的苔藓和地衣娇翠欲滴，好似在闪闪发光。多年来，帕特一直在测量这里的树木，给它们绘制生长图，也记录下在这片日渐茂盛的林地里歌唱的鸟类的变化。他认识许多树，看着它们从小长大。

最后，我们美美地观赏了一只鸟好久。那是一只镰嘴管舌雀，浑身是鲜艳的朱红色，弯曲厚实的喙足有体长的四分之一。它的伴侣在附近飞来飞去，它昂首而鸣，林中某处随之传来另一只鸟的歌声。帕特看上去更高兴了。“我不知道那是什么鸟。”他说道，但指了指我身后树上的一个盒子：它倒是有可能知道。那是一个绿色的塑料盒，儿童午餐盒大小，里面装着一个麦克风和一台小型计算机。他说，这片森林里到处都是这种机器——它用电子耳朵倾听，昼夜不停地录音。

我已经发现了——哪怕就站在这里观察，也很难确切知道周围都有哪些鸟类。但帕特借助他的机器倾听，可以克服这个问题。他向我介绍了一种新型的低成本声学记录器“AudioMoth”（直译为“音频飞蛾”），其灵敏度远远超过人耳，接收范围覆盖从低于人声的低频声音到超声波。它仅需三节 5 号电池供电，体积小，结实耐用，内部装置仅有约两厘米厚的信用卡大小。更令人印象深刻的是，它们具备可训练的特性。通过计算机算法，它的音频传感器不仅能记录森林中的声音，还能被训练来识别不同的鸟鸣声，分辨出周围有哪些鸟。

帕特想要放置的其他设备，甚至可以被训练来识别按蚊特有的嗡嗡声。当侦测到预先设定的目标声音时，AudioMoth 设备就会向远在数小时车程之外的实验室发送一条信息，并即时更新物种分布地图。保护人员可以收到传感器盒子发送的短信提醒，从而判断稀有鸟类的栖息地是否遭到致命蚊虫入侵，而不是只能找到因感染疟疾而失去生命体征的死鸟。这些超长待

帕特拥抱一棵树

机的远程机械耳朵经过精心训练，可以监听动物的声响，传达并记录它们发现的情况。

我如饥似渴地学习这一切。大学毕业后，我曾在毛里求斯的一片类似的森林里工作，担任鸟类保护人员，任务是寻找濒危鸟类。我每天清晨5点30分就起床，从森林中选一个区域，然后踏上黎明之旅。到了目的地，我就静静地坐几个小时，期待听到罕见的粉红鸽（Pink Pigeon，学名 *Nesoenas mayeri*）那独特的声音——它们降落的声音，求偶时婉转的咕咕声，以及幼鸟乞食的呼唤声。我也用心倾听毛里求斯鹦鹉（Mauritius parakeet，学名 *Psittacula echo*）粗粝的叫声和毛里求斯隼（Mauritius kestrel，学名 *Falco punctatus*）尖利的叫声。这几种鸟类数量稀少，以至于只能通过人工繁育的方式将它们从灭绝的边缘拉回来——粉红鸽一度仅剩下9只，而毛里求斯隼仅余一只已知的雌性种鸟。

我能找到的每一只鸟类个体，都关乎它们所属物种的生死存亡。有时运气好，我能亲眼看到一只，甚至能通过我们给它们戴的彩色脚环辨认出具体是哪一只。但更多时候，我只闻其声，而难觅其踪。由于它们的叫声很容易就掠过去了，我经常花上四个小时却什么都没听到，然后将这一惨状记入当天上午的日志。有时一连好几天，我守的区域都听不到鸟儿的叫声，尽管我知道它们很可能就在那里。我就这么每天坐在一棵树下，在森林的一小片区域里，试图勾勒出这些极度濒危的鸟类整个种群的生活，无奈又无效。虽然我受过辨识它们叫声的训练，但有时候我也会走神或生病。我没有分身，不可能无处不在、无时不在。再看看帕特的森林，它有自己的耳朵。

我们人类天生就是模式识别专家。我们在进化上的成功，就来自于在大千世界中找到模式并加以利用：哪种浆果可以吃，它在一年中的什么季节生长；哪种可怕的声音意味着要另觅洞穴居住；什么植物的叶子落了，就代表要剥兽皮、准备穿得暖和些了。我们解读身边世界的迹象，识别趋势并分享给伙伴，如果我们判断对了，我们就能继续活下去。

走入现代生活，我们依然在运用这些模式识别工具：你在夜班公交车上那个高过一众乘客的男声中辨识出酒后发怒的模式，于是提前下了车；你开玩笑时，心仪的人脸红了，你会心生一丝希望——或许对方也喜欢我；我们能觉察出图形模式，哪怕只是简单的火柴，我们的眼睛也能将它识别成人形，于是在夜晚昏暗的树林里，我们看到交错的枝叶，就“脑补”出并不存在的人；我们的鼻子能探测到提示面包快要烤焦的气味模式。

从某个角度来看，生物学家也是深谙识别模式的人，他们专注于在生物世界中发现重复的形式和行为。在毛里求斯，我的工作就是在昆虫的嗡嗡声、风声和我自己的呼吸声中，捕捉稀有鸟类的声音模式。和我比起来，帕特的设备是更出色的森林鸟类模式识别器；而且和我不一样的是，它们可以无处不在、无时不在、永不停歇。但它们是如何学会辨别哪些是管舌雀的声音，哪些声音不是的呢？

帕特说，他使用了一种叫作机器学习（machine learning）的东西，这是计算机领域的一门学问，通过训练软件来挖掘数据中的模式。他说现在还只是刚刚起步，但他通过机器学习实现的东西已经令人难以置信了，简直无法想象不远的将来还能发生什么。我对他说，这个绿色的“午餐盒”真是太“他妈的”酷了。然后我意识到，这个绿色的“午餐盒”很可能也听见我说的话了，并且它的数据中也记录了我们的对话。

也许在未来，某个研究者会训练出一种算法，从过去几十年的森林音频中找出人类的语音，然后机器学习算法就会为他们重点标记出这段音频序列，并解析我与帕特的对话——也许多年以后，我会因为在谈论这个盒子时说了脏话而惹来麻烦。

这时，安德烈提到，现在每个博士后岗位都要求申请的生物学家具备机器学习经验。我对安德烈推测道，机器用于生物学研究，这必然是大势所趋。他看上去有些伤感。“那我们还能继续到野外做科研吗？”他可怜巴巴地问道，“我当然希望可以。毕竟这才是我们生物学家想做的事。”我们站在细雨中，观赏着迷人的小小管舌雀从一枝红千层跳到另一枝上。安德烈说的没错。计算机能观察到这一切，但（至少目前）它无法欣赏其中的美。

帕特打断了我的思绪。他说，他的学生艾丝特

一只镰嘴管舌雀栖息在红千层的花朵上

（Esther）训练了一台计算机，可以从森林众生的喧哗声中辨别出夏威夷绿雀（'Amakihi，学名 *Chlorodrepanis virens*）的鸣叫声，这是人类要花好多天才能学会的技能。这大大节省了时间：生物学家利用计算机，可以在一天之内迅速追踪并确认这片森林中是否有这种鸟类存在，而以往这通常需要花好几个星期。

当保护时间不多的时候，这些机器可以拯救物种。拯救物种！艾丝特告诉《夏威夷大学新闻》，算法的信息和代码都在网上开放，所以“人人都可以使用”。该算法还可以调整，用于检测任何动物物种。

意外。震惊。惊喜。

除非你曾经在湿滑的森林里日复一日地抻着脖子，不确定听到的是否与你所想的相符合，疲惫不堪，害怕自己搞错了，担心浪费了时间，收集了糟糕的数据，同时心里想着拯救你所监听的物种免于灭绝的时间窗口越来越窄，否则你可能无法真正理解这有多么重要。对我而言，这是惊天动地的事。

这项技术不仅能用来拯救物种，还能用来理解它们的交流方式。据帕特介绍，这些机器经过训练，可以用于辨别不同的物种，能够重点标记出鸟类个体之间的微妙差异。借助AudioMoth设备，帕特发现，他观察到的鸟类在不同地方会使用不同的“口音”[6]和“方言”；每只鸟都有独特的声音，并且会根据自身情况来变换鸣唱的方式和内容。以往，生物学家最多只能说：“这只鸟在这里。”而今，这些机器可以帮助我们发现每只鸟的独一无二之处，让我们知道它们的鸣唱在其一生中发生了怎样的变化，又是如何根据周围的环境而进化的。正是因为它们的叫声被记录下来，我们才能比较和分析——生物声音中的模式，在空间和时间上不断变化的模式。

我问帕特，这会不会让他想到那些业已失去的东西，也就是在我们看到的寇阿相思树（Koa）还是幼苗时，在森林遭砍伐前，在库克船长抵达时，鸟类仍在整片岛屿上繁衍生息时，这里可能存在过的所有鸟鸣文化。他低下了头。“是的，我想过，”他说，“失去的太多了。”我们动身返回基地，空留小盒子挂在树上，倾听着，等待着，筛选着。

我清楚地记得自己第一次在夏威夷游泳的情景。当时，我站在沙滩上，然后走入涌动的海浪。下一个浪头袭来、破碎，我潜入海浪之下，游了一小段距离。紧接着，我听见了鲸鱼的声音。这让我吓了一大跳，以为是自己神志不清了。我所习惯的水下声音，是海浪拍岸的破碎声、船只的行驶声，还有我自己浮潜时的呼吸声：嘈杂、模糊、混乱。这次不一样。我能听到那是好几头鲸鱼的叫声。它们的歌声相互交织，有的高亢有力，有的轻柔细腻——咕哝声、吱吱声、哼哼声、吼叫声，还有悠长的哀鸣声。当我将头抬出水面换气时，它们消失了，我又听见了沙滩上众人尖叫、嬉戏的吵闹声，他们对海里的一切浑然不知。而我，好像参加了一场海中的秘密演唱会。

我是从生物学家马克·拉默斯（Marc Lammers）那里知道夏威夷生态系统监听观测站的。马克将AudioMoth等被称为“生态声学记录器”（Ecological Acoustic Recorders，简称EARs）的静态监听设备放置在海底，用它们监测鲸鱼的歌声，并跟踪夏威夷群岛周围座头鲸的活动。直到几年前，我们统计座头鲸数量的主要方法，还是叫人坐在山坡的躺椅上，拿着望远镜和纸质笔记本观察、记录。这种笨办法当然还有用，并且会继续用下去，但马克的技术无疑是一次颠覆，使人们得以准确统计每年到访的鲸鱼数量。他将新技术为他的工作所带来的变化比作“从窥视钥匙孔到透过舷窗观望”。

岛上的许多居民也深深爱上了鲸歌那哀婉而神秘的声音。于是在2003年，一些对科技更感兴趣也更擅长的居民，试图找到一种方法来持续地接收和传播这些声音，从而让世界各地的人都能实时地听到它们。他们成立了一个非营利组织，名为木星研究基金会（Jupiter Research Foundation，简称JRF），并将这项活动称为“鲸鱼来电”。但夏威夷海岸的水下声音环境实在太嘈杂了，于是为了远离海浪拍打声和虾螯蟹钳的敲击声，他们在远离海岸的水域建立了一些原型站点，用于悬挂水听器。一来二去，他们又设计出一种太阳能驱动、波浪推动的机器人——波浪滑翔机（Wave Glider），专门用于监听鲸鱼。

在某些方面，监听鸟类和监听鲸鱼的工作大同小异：无论是在茂密的森林里，还是在汪洋大海上，视觉都不是最重要的。由于鲸鱼和鸟类主要通过声音交流，所以监听往往是唯一的选项。然而，与岛上的森林鸟类不同，鲸鱼会洄游数千英里，游到录音设备无法追踪之地。波浪滑翔机让生物学家能够更进一步，送机械耳朵远航，去往人类难以轻易抵达的地方。我听说，最近他们又上了一个台阶，波浪滑翔机要投入解决一个紧迫的鲸鱼之谜：马克的“耳朵”（即生态声学记录器）密集分布在夏威夷主要岛屿的海岸线上，用于计算座头鲸的数量，但记录中出现了令人震惊的寂静——大部分鲸鱼消失了。于是，我受邀去JRF见识一款名为“欧罗巴号”（*Europa*，即木卫二）的机器人。

“欧罗巴号”是一种可以自动驾驶的水面船。它由两部分构成，分别用于从海洋中收集信息和获得动力。露出水面的“浮标”配备了太阳能电池板、命令和控制装置、音频有效载荷和发射器，还高挂着一面旗帜，欢快地向任何可能与之发生撞击的船只宣告着它的存在。浮标下方 26 英尺（约 7.9 米）处悬挂着一艘潜艇，它从波浪中获得动力，并装有一个可连续录音的水听器。“欧罗巴号”带着这些研究工具，在海面上逐波而行，螺旋桨以 1.5 节（约 2.8 千米 / 时）的速度推动它前进。它可以连续数月每天 24 小时行驶，记录下海浪、风、雨和海面的其他声音。“欧罗巴号”能够传回它的位置信息，落在船上的生物的照片（海鸟在船上栖息，就像赤身裸体的渔民喜欢向相机展示他们的身体），以及在一连几个月没有船经过的地方录到的座头鲸歌声。

贝丝・古德温（Beth Goodwin）是 JRF 的座头鲸项目负责人，协助开发了像“欧罗巴号”这样的波浪滑翔机。贝丝 60 岁出头，身材健美，留着齐颈的栗色短发，身穿牛仔短裤和一件蓝色 T 恤，衣服上写着“鲸鱼侦探”。她一生都痴迷于鲸类动物。她告诉我，她小时候说的第一个词是“海豚”；她的第一份工作是在得克萨斯州的六旗主题公园训海豚；她的本科毕业论文以她在旧金山斯坦哈特海豚水族馆的工作经历为基础。

“欧罗巴号”和贝丝在木星研究基金会

贝丝是一名游泳好手，她晚上会带着潜水服去海豚池游上几圈。这些动物学着模仿她的动作，给她留下了深刻印象。它们模仿她在池边翻滚转身，效仿她入水时的翻转动作。多年以后贝丝故地重游，海豚们一看到她，就开始翻滚转身。馆长大为惊奇，告诉贝丝，它们以前从没做过这些动作，但贝丝知道它们做过，不光做过，它们还记得她。

贝丝受过海洋生物学训练，以前在夏威夷经营一家观鲸公司，现在除了负责 JRF 在夏威夷的运营，还担任其研究船“玛伊丸号”（*May Maru*）的船长。贝丝邀我去参观，并观摩波浪滑翔机启航开始新的考察任务。可惜，当我把车停在 JRF 位于西岸一座大院子内的基地时，时速 60 英里（约 97 千米 / 时）的狂风吹拂，这是大风暴即将袭击大岛的征兆。去的路上，我看到一辆行驶中的卡车，一阵强风将它悬挂的平板拖车上的金属桶掀落。海水翻腾成白色怒涛，海中的人们被救起来。我警惕地盯着周围的棕榈树和树上挂的果实。

“欧罗巴号”停放在一个大车库前，旁边是“玛伊丸号”。“欧罗巴号”的顶部装有太阳能电池板，底部有一种类似手推车的装置，里面收纳了各种电缆（其中有一根后来在近海测试时被鲨鱼咬了）和舵，出海后就悬在船体下方。这艘船看起来有点像一扇平放的塑料圆顶门。上面是一根三英尺（约 0.9 米）长的橡胶顶天线轴，固定着相机和一大面红旗。

看着这艘波浪滑翔机，我不禁担忧它能否在茫茫大海之上、惊涛骇浪之中挺过来。但贝丝向我保证，它就是为了在载人船只无法承受的海况和风暴中工作而建造的。她向我展示了“欧罗巴号”此前的航行地图：向东穿越半个太平洋，抵达距离1,800 海里外的下加利福尼亚州（Baja California，墨西哥所属州）；它在那里录下了鲸鱼的歌声，而载人船只从没在此处记录到鲸歌。

在另一次向西驶往马绍尔群岛的航行中，“欧罗巴号”的部件发生故障。贝丝只好匆忙行动，雇船在汪洋中搜寻她迷途的机械孩子，最终将它安全带回家。贝丝讲述这次搜救行动时，仿佛在说拯救一条生命，而不仅仅是一件工具。很明显，这台机器对她意义非凡。

“欧罗巴号”即将执行的任务是前往西北夏威夷群岛（Northwest Hawaiian Islands），那是一片由无人居住的小岛和海底山脉组成的偏远岛链，人类鲜少涉足，因此对当地野生动植物也了解甚少。这项任务至关重要：在过去几年里，每年洄游途中都会造访夏威夷的 8,000 ~ 12,000 头鲸鱼中[7]，40% 至 60% 已经彻底没了踪影，鲸鱼们抵达的时间也越来越迟。如果它们死了，损失将是毁灭性的。夏威夷是北半球大部分太平洋座头鲸的繁殖地；从西边的俄罗斯到东边的阿拉斯加和加拿大，横跨这片区域觅食的所有座头鲸亚种每年冬天都会游向这片宜鲸的水域。它们到底去哪儿了？“欧罗巴号”的任务，就是充当一个移动的被动监听平台，看看能否通过歌声追踪到这些座头鲸。

我离开后的第二天风暴就过去了，“欧罗巴号”立即从附近的港口启航。它虽然慢吞吞的，但不到一个星期，已经势不可挡地驶抵西北夏威夷群岛，并传回了座头鲸和小须鲸歌唱的录音片段。要知道，这些片段可是机器人在千里之外的深海录下来的。波浪滑翔机探测到了丰富的鲸歌，数量之巨足以支持这样一种设想：这些座头鲸并没有死亡，而是可能改变了它们的洄游模式。

解释这种变化的一种理论是，它们的迁移是对北极聚食场温度飙升做出的反应，而升温是由海洋变暖引起的。这片水温极高的海域氧气含量极低，被称为“热斑”（Blob）[8]。在热斑区域内，位于食物链底层的许多动植物已经死亡，进而导致无数海鸟、海豹和海洋生物的死亡。此前对数千只座头鲸死亡的担忧已得到缓解，因为大批座头鲸之后重返了主要岛屿。不过，热斑似乎确实扰乱了它们的行动。随着气候危机的加剧，预计会出现更多热斑，人们担心鲸鱼可能无法承受反复的干扰考验。

我问贝丝是如何处理数据的。在自夏威夷出发向东穿越半个太平洋，前往下加利福尼亚州的另一次航行中，“欧罗巴号”生成了约 5000 小时的音频数据，以及来自水面和水下的数百张图像。令我震惊的是，贝丝说她和团队进行人工分析，亲自审核视觉和听觉数据，审了足足 3 次。他们四个人花了 6 个星期，每天 8 小时，手动将 5,000 段座头鲸和其他鲸类的叫声从噪声中筛出来。我问她，这项工作是不是都把她逼疯了。“的确如此。

我们都开始幻视幻听了。”现在，贝丝希望利用机器学习算法来自动检测音频中的座头鲸叫声。

从贝丝那里回来的路上，我看到的一切都在脑海里碰撞、激荡。固定在整片森林深处的麦克风，静静地倾听。独自扬帆的机器人横渡海洋，将海浪和阳光作为动力，能够避开船只、经受风暴、给海水取样，不断地将它们的发现传送回大本营。我想不出有什么比这更符合布劳提根充满诗意的梦想了——濒危的鸟类和鲸鱼，还有聆听它们的慈爱机器。

我赶回酒店，当晚风暴平息了。第二天，我和妻子安妮（Annie）一起去观赏日落。游客们排着队自拍，但他们都没注意到，就在海上，两头鲸鱼在喷水。它们正在向北游，相隔大约半英里（约 0.8 公里），经过卡韦哈伊（Kawaihae）港口，港口位于普吾可霍拉神庙（Pu‘ukoholā Heiau，意为“鲸鱼之山上的神殿”）脚下。两百年前，卡美哈美哈国王在征服其他岛屿之前，在这里将手下败将的尸身献给神灵。我在想，能够从如此遥远的地方目睹一头动物呼吸这么私密的场景，实在是不可思议。

这些强大的新工具都是在过去十年中发明的。它们生成的海量记录拖垮了试图追赶的人类。贝丝曾经讲述过，她努力检查每台机器每次航行的所有录音是多么不堪重负。数据量实在太大了。发射并放置在全世界海洋和森林中的此类机器越来越多，监听方式也日渐数不胜数。在我看来，要人类整理和筛选这些滚雪球式增长的信息，这种做法是不可持续的；帕特则认为，我们能够训练机器来爬梳这些数据。他的观点引发了一个令人着迷的问题，我迫切希望找到它的答案：建造一台机器来记录和识别鲸鱼的叫声是一回事，而训练一台机器试着在叫声中找到任何意义完全是另一回事。这也能实现吗？

这些寻找模式的机器，会不会就是我们破解动物交流之谜所需要的工具？

第九章

动物算法

Animalgorithms

机器频频出乎我的意料。

——阿兰·图灵 [1]

一样东西发出声音，你要么听到了，要么没听到。自宇宙大爆炸始，直至 1877 年都是如此。但就在这一年，托马斯·爱迪生（Thomas Edison）发明了一种方法，可以将声音（声波由空气中的振动组成）刻录在锡箔纸的槽纹上，让它留下恒久的印记。[2] 然后，只需用唱针沿着这些槽纹移动，波纹就会再次振动，唤醒原来的声音。起初，人类只是用它来记录其他人类的声音，但很快就有人开始记录自然界的声音。

1929 年 5 月 18 日，美国康奈尔大学的鸟类学家亚瑟·艾伦（Arthur Allen）动身前往纽约州伊萨卡市卡尤加湖畔的伦威

1935 年，当地导游库恩（J. J. Kuhn）和康奈尔大学的彼得·保罗·凯洛格（Peter Paul Kellogg）在路易斯安那州辛格区（Singer Tract）录制象牙喙啄木鸟的叫声

克公园（Renwick Park）。他是带着福克斯－凯斯有声电影公司的技术人员一起去的。艾伦知道，歌带鹀会飞到那里的一棵树上休憩、鸣唱，于是他们在树枝旁架设了遥控麦克风守株待鸟。歌带鹀来了，它也唱起来了，他们就这样完成了一次独特的录音。[3] 这是有史以来第一次录制的非人类声音之一。几年后，艾伦带领一支考察队去路易斯安那州寻找象牙喙啄木鸟，并设法录下了它们的叫声。[4] 后来，这种啄木鸟消失了，人们认为

这一物种业已灭绝。但其声犹在。

录音设备问世后，起初除了听录音，还无法真正对音频进行比较。到了 20 世纪 50 年代，人们设计出一些方法将振动制成图像，叫作“声谱图”。和乐谱一样，声谱图从左到右读，横坐标表示时间，纵坐标表示频率（或音高）；线条的颜色或亮度用于显示信号强度。这就是声音的可视化。如此一来，声音就定格在时间之中，人们不仅可以多次听录音，想听多少遍就听多少遍，而且可以观察两个或更多声音的变化，并测量它们。人类并不擅长同时聆听两个声音，但我们的眼睛非常善于捕捉差异、比较和测量。通过将声音转化为图像，在声音中寻找模式的难题一下子迎刃而解。下页图是一群虎鲸同时发出叫声的声谱图，看起来是够疯狂的。这些线条都是虎鲸交流时发出的哨叫声和嗡嗡声。

随着录音设备的便携化，自然学家将世界各地的声音采集回来：长臂猿的啸鸣、极乐鸟的歌唱、蝉鸣、鲸歌。现在，我们能够存储、分析和比较生物的声音，也能放大声音播放给动物听，观察它们的反应。我们还可以用合成器生成新的声音，并制造特殊麦克风，录下我们听不到的声音，比如大象发出的低频声音（次声）和蝙蝠发出的高频声音（超声）。我们开发出在水下工作的水听器，因为声音在水体中的运动和传播发生了变化，而我们的听力难以判断。这些发明开启了一个全新的科学领域——生物声学，帮助我们研究生命的声音。

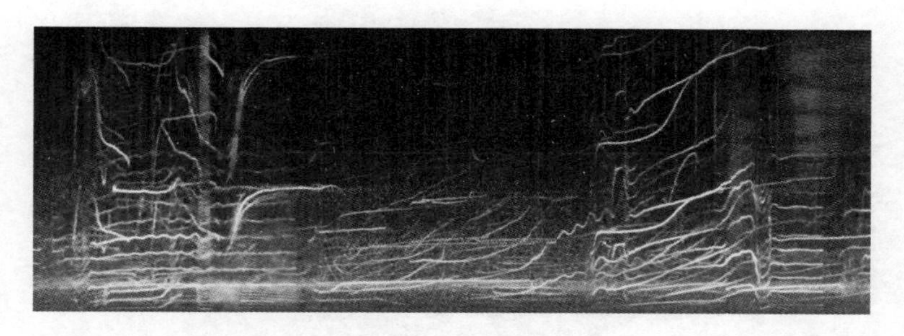

生物学家尤格·里申（Jörg Rychen）记录的声谱图。他是国际生物声学委员会（IBAC）2019年“最疯狂谱图”获得者

从罗杰·佩恩首次观察座头鲸歌唱的百慕大海域，到黛安娜做研究的海豚馆水池，再到悬挂在贝丝的自动驾驶船之下、捆在帕特守望的森林保护区树上，我们已经让录音设备上山下海，深入人类无法涉足之处。对梦想理解动物交流的人来说，记录它们的声音是意义深远的进步。但正如我所了解的，这也是一个潘多拉魔盒。我的意思是，下一步我们该如何处理，毕竟有这么多录音？帕特曾提到训练计算机来筛选录音，为他提供关键的保护信息，例如哪些鸟儿在何时何地鸣唱。但我也听说，有些研究人员正在使用人工智能（AI）从声学数据中发掘其他模式——不但试图破解是谁在说话，还开始猜测它们说的可能是什么。

一种早期的机械辅助监听设备

* * *

1969 年，国际生物声学委员会（International Bioacoustics Society，简称 IBAC）在丹麦成立，旨在邀集各类人士（从档案员到动物行为学家）在“非正式场合”分享他们的发现和见解。[5]2019 年 8 月，我欣喜地得知他们的年度会议将在附近的萨塞克斯大学举行，便报名去凑热闹。

时值夏末，整个学校空空荡荡。海鸥尖声鸣叫，成群的乌鸦从玻璃大楼和砖石建筑间俯冲穿过，掠过混凝土人行道和草坪。我开车穿过校园，寻找办会的几个房间。我登记签到，领到一个袋子、一个马克杯和一份会议日程表。这下我知道了，"非正式场合"包括五间不同主题的酒吧、一座奢华老宅和鹿苑、一场动物录音视听 DJ 音乐会、一场盛大的晚宴，以及一次莫里斯舞蹈表演。会议还设有海报、演讲展示和"最酷动物声音模仿"等奖项（这些人模仿动物声音真是惟妙惟肖）。红酒、啤酒、奶酪和咖啡轮番供应。不过，真正的重头戏还是放录音：连续 6 天，每天从早上 9 点到下午 6 点，以 20 分钟为一个时间段，记录和分析动物声音的研究者站在露天剧场前，播放动物的录音并讨论它们可能具有的含义。

接下来的几天里，我大开眼界。原来，在世界各地的实验室、农场、尘土飞扬的平原和热带沼泽里，人们都在使用声音记录和处理设备[6]：给狗狗播放婴儿撕心裂肺的哭声，给人播放狗狗痛苦的哀号；录下被给予摇头丸（迷幻药物，MDMA）的老鼠"快乐"的吱吱叫；记录小猪崽等待与朋友重聚时发出的咕噜声；用巨大的低音炮向大象播放另一头大象的吼声，让它以为附近还有同类。小小的跳跃蜘蛛在让人眼花缭乱的视听求偶炫耀中，不但大秀舞技，还通过身体的振动"一展歌喉"。在瑞典，为了探究猫咪不同的喵声、咕噜声和哀鸣声如何传递它们的感受和意图，一群科学家在猫身上安装麦克风，然后头戴摄影机跟随它们，拍下了猫咪渴望食物、试图进门出门、被抱起时不悦、被抚摸时愉快的画面和声音。

我知道了吼叫和嗓音，以及每种哺乳动物独特的喉部形状如何赋予它们具有特定性和识别作用的声纹，就像指纹一样。这种“声学指纹”意味着，你说话时无须自报姓名，别人也能知道是你在说话。只要你使用你的声音，你独特的声纹就会同时形成。无论是海狗还是人类，幼崽出生两天后，许多母亲仅凭声音就可以识别出自己的后代。现在，计算机也被训练用于识别声纹。

尽管 IBAC 的年会很精彩，但我必须承认，有些时候还是挺别扭的。中途休息时，我坐在洗手间的隔间里，知道旁边就是这个星球上最专注、最善于分析声音的听众，这让我简直动都不敢动。从我的“方便之歌”里，他们会推断出什么呢？我从未感到被声学暴露得如此赤裸裸。

会议上，最先给我留下深刻印象的是动物声音世界的广阔和复杂，以及我们对其中太多东西都做了错误的假设。无论我们将机械耳朵放在哪里，都会发现前所未见的动物交流行为。一位女士在法国的湖泊和河流中发现了 271 种在水下发声的物种，这些声音人类从来没听到过。她谈到了一个新领域的诞生，即“生态声学”（ecoacoustics）。在生态声学的时空格局中，你听到的不仅仅是某一种动物的声音，而是包括金刚鹦鹉、青蛙和甲虫等各种动物的整个生态系统互动、交流和重叠的声音，亦即“生物声”（biophony）。

动物声音的复杂程度出乎发现者的意料。例如，虎皮鹦鹉会使用它们的“元音”和“辅音”；猫咪有丰富的“喵声词汇”；猪的叫声可以向我们显示它们的感受，机器则能通过聆听它们的声音，自动追踪它们的快乐程度。

旧有的假设正在被推翻，其中一个引人注目的例子就是鸟鸣。许多鸟类是出色的歌手。我原以为雄鸟是歌唱的主力——也许你也这么以为，达尔文和大多数博物学家也与我们所见略同。其实，只要仔细聆听大量鸟类物种的鸣唱，你就会知道这种看法是错的。在会议上，莱顿大学的卡特里娜·里贝尔（Katharina Riebel）率领的团队介绍了他们对鸟鸣进行分析得出的出色的研究结果。他们分析了所有鸣禽，发现其中 71% 的物种中都有“女歌手”[7]，并且每一群鸟中都有雌鸟鸣唱。这一发现让卡特里娜震惊得“说不出话”。唯一合理的结论就是，现今的雌鸟和它们的祖先都是歌手。那么，为什么我们会假定鸣唱是雄鸟专属的呢？

原因在于，在达尔文和其他众多早期鸟类学家所处的北半球温带地区，雄鸟鸣唱，而雌鸟大多通常比较安静，即使鸣叫，其声音也是单调的。人们便以为天下鸟类皆如此，鸣唱主要是雄性鸟类所追求的本领。西方鸟类学家踏足世界各地时，他们自然也带着这种偏见，因此有时在热带地区记录到雌鸟鸣唱，就把它们当成了新奇的异类。

今天，科学家（主要是女性科学家）终于开始投入地研究雌鸟的鸣唱了。他们发现，北半球的雌鸟其实也会鸣唱，只是声音更轻，频次更低。倘若不留心倾听，很容易忽略它们的存在。正如马里兰大学研究雌鸟鸣唱的生物学家伊万杰琳·罗斯（Evangeline Rose）对《今日心理学》（*Psychology Today*）杂志所说："对雄鸟鸣唱的研究已经开展将近150年了，而对雌鸟鸣唱的研究直到20世纪80年代才真正开始。"[8] 她认为，在忽视雌鸟鸣唱的同时，我们也忽略了一个比雄鸟的歌声更复杂的故事，因为雌鸟的鸣唱具有更丰富的功能。

这太令我惊讶了。如果在我们仔细研究的物种中，对如此基础的声音问题都有这么大的误解，那我们还会发现多少意想不到的东西？就座头鲸的歌声而言，这又意味着什么呢？关于座头鲸歌声功能的假设，是从我们对鸟类鸣唱的假设中借鉴而来的，即歌声是雄性座头鲸炫耀和求偶的方式；然而，有没有可能这只是一个方面，实际情况要复杂得多？我们连是哪头鲸鱼在唱歌都很难分辨，更不消说确定它的性别了（你好奇的话，可以搜索"生殖裂"看看）。人们假定听到座头鲸的歌声时，就是雄性在唱，但如果这不是放之四海而皆准的呢？如果这个假设并非时时处处都能成立，那么鲸鱼的歌声可能意味着什么呢？

我想到了为什么最响亮的声音往往是雄性鲸鱼发出的，但协作性最强、维系最久、最和谐的鲸群往往由雌性组成。我们从研究大嗓门儿入手，是不是错过了更有趣的对话？真菌学家梅林·谢尔德雷克（Merlin Sheldrake）曾谈到酷儿理论对生物学家的启发，它探索了非二元的性别身份认同："如果在开始研究一种生物之前，你不预设自己知道它是什么——如果它存在的本质本身就是一个问题——那么你会摸索到一些有趣的地方。"[9]

我在会议上注意到的第二件事，也是我在夏威夷时就思考过的：无限量录音的能力，对应的是人类有限的寿命，这个问题正变得越来越棘手。会议期间，我看着科学家一位接一位播放他们录制的声音，然后展示他们的频谱图和统计分析。为完成这些分析，他们必须使用笨拙的计算机程序检查所有录音，标记声音的起始和结束位置；然后，将逐段声音分别归入不同的类型并保存；再运行程序清洗录音，将它们整合进数据库，并进行标记和组织。他们使用的程序难用又难看。这是个枯燥的苦差事。

大数据是许多计算机科学家的梦想——数据越多，从中找到的模式就越多，从而可以更有力地训练算法寻找、分类、复制和挖掘这些数据。但是对于可怜的生物学家来说，海量的动物数据已经太过庞大；分段（标记声音的起止位置）、标记、组织、清洗、表达和分析录音的工作让太多人不堪重负。我不知道他们还有没有时间去做罗杰所做的事情，然后躺下来，闭上眼，倾听。

值得庆幸的是，计算机可以帮助我们管束它们多产的“数字后代”。新西兰青年韦斯利·韦伯（Wesley Webb）一头红发，留着山羊胡，淡定自若。他烦透了处理上千段新西兰铃鸟录音的工作，于是与一位名叫福泽幸雄（音，Yukio Fukuzawa）的数据科学家合作，开发了一款程序 Koe（日语的“声”），来替他完成这些工作。[10]Koe 可以根据声学特征，批量自动分类和整理所有录音，并据此将它们排列在一个巨大的可视化云上。你可以对任何声音进行听辨测试，选择整个群集并加以标记，要求云重新排列并对整个群组进行颜色编码，然后排序和重排序。

Koe 也可以为你分析这些声音。通常情况下，你必须逐个处理声音文件才能完成这些工作，但 Koe 是一个直观的、基于网络的程序，意味着大量未经训练的人也可以在全球范围内同时处理同一个数据库。韦斯利告诉与会者，这个程序免费供所有人使用。他又解释了 Koe 如何大幅加快他对录音中 21,500 个鸣唱单元进行分类和测量的速度[11]，为他节省了数月时间。然后，他这才开始介绍关于新西兰铃鸟歌曲文化的博士研究。在 Koe 的午餐时间演示会上，大厅里挤满了科学家，纷纷询问它是否适用于处理蝙蝠（可以）、青蛙（适用）或狗狗（没问题）的音频。最后，韦斯利赢得了最佳演讲展示奖。

我得出的一种印象是：一个主要的瓶颈正在消除，节省的人工处理时间难以计数，但事情绝不止如此。如果你有大量录音，并且其中很多都已经被标记和组织好了，那么你不仅能了解你正在录音的动物，而且你为了排序和处理而训练的机器也能从中学习。这就是我参会的原因。人工智能已经在我的探索之旅中发挥了作用，并且在接下来的旅程中估计会带来变革性的影响。

请允许我回到故事的起点。当那头座头鲸从海中跃出，如同它的无数祖先那样闪耀在阳光下，然后充满戏剧性地与我的生命交会时，它就被永久地记录下来了，而它的祖先中没有一头有过这样的待遇。它跃水的弧线被一个叫拉里·普兰特斯的人用手机录了下来，同时被岸边的一位女士和旁边一艘船的船长拍了下来。他们都是拍摄鲸鱼的业余爱好者。然后，他们将各自所拍的影像传上了互联网，我在网上找到了它们。他们的 GPS 位置（也是鲸鱼的位置）被自动记录，跃水的时刻自动印在视频和照片上。它重重坠下的同时，也留下了一串不可磨灭的数字足迹。在海底深处，一个几周前放置的水下麦克风记录了它着水时发出的撞击声；在蓝天高处，卫星拍摄了无数张照片，记录了当时的天气、地表温度和其他读数。

那天和蒙特雷湾的每天一样，人们在海上拍了成千上万张照片：观鲸旅行团的度假快照和船员的随手一拍。通常，这些照片都保存在拍摄者的私人相簿中，再无人得见。幸运的是，就在那个不平静的早晨整整两周前，鲸鱼研究人员泰德·奇斯曼（Ted Cheeseman）创办了一个名为“快乐鲸鱼”

（Happywhale）的网站。泰德身材瘦削，喜欢户外活动，有一头剪得很短的黑发，还有一只活蹦乱跳的小狗。他意识到，观鲸者组成了一个庞大且免费的全球性鲸鱼监测网络。他给他们搭了一个平台，用户可以上传他们拍的照片，特别是鲸鱼尾部的照片。这是因为，如果你想识别出你看到的鲸鱼，尾巴是关键。

好吧，严格说来这不是“尾巴”。这一截推动座头鲸跃起的后躯很长，肌肉发达，实际上叫作“尾柄”（peduncle）。它从鲸鱼的骨盆以下延伸出来，宽如一棵老橡树，然后逐渐收窄，与后面巨大的双桨结构“尾叶”（fluke）相连。每头鲸鱼的尾叶都是独一无二的。从南极到北极，从塔斯曼海到纽芬兰，不同的鲸群，尾叶上深深浅浅的斑点颜色也各不相同。这片肉质画布上刻画着它们的生命故事[12]，就像厨师手上的伤疤是刀具和烤箱门留下的痕迹。虎鲸会拖拽座头鲸幼崽的尾叶，企图溺死它们，因此很多座头鲸身上都有虎鲸留下的咬痕；随着它们长大至成年体大小，这些疤痕也在不断拉伸、变形。座头鲸体表有藤壶留下的一块块环状疤痕，雪茄达摩鲨撕咬皮肉留下的凹陷，船只螺旋桨划出的镰刀状伤痕，还有被缠住的渔线雕刻出的奶酪擦丝状痕迹。尾巴既是独具个体特征的指纹，也是身份的标识。座头鲸潜入海中时，常常将尾叶抬出海面，引得一阵赞叹，数码相机的快门咔嚓作响。

几十年来，科学家就是通过尾叶来辨认鲸鱼的。研究者在每一个季节的鲸鱼考察结束后，都要花费数万个小时盯着堆积如山的照片，比对相似的尾叶，据此推断它们属于哪一头鲸鱼。通过这种方式，他们可以勾勒出所拍摄鲸鱼的游动路线、同伴关系、行为、繁殖，以及可能的年龄。这是一项折磨人的工作，需要一丝不苟地观察细节，并且经常会出错。

泰德先前已经收到超过 15 万张座头鲸尾叶的照片，目前更是有 50 多万张了。他将所有这些非专业人士的照片与现有的尾叶图片库结合，为科学家的数据库进行了强大的扩充，就像国际刑警组织将全球各地犯罪现场采集的指纹录入指纹库一样。

在快乐鲸鱼网站上，泰德将他的“尾叶匹配系统”从人工操作升级为计算机筛选。他与团队成员共同收集了 2.8 万张标记过的照片，以及 5,000 张身份尚未识别的鲸鱼照片。在得到谷歌提供的 2.5 万美元奖金 [13] 支持后，他向全世界发起挑战，要求参赛者编写一款比对、匹配未识别鲸鱼的计算机程序。挑战吸引了多达 2,100 支参赛团队。竞赛的获胜者之一是来自韩国的计算机科学家朴镇模（Jinmo Park）。这个人从未亲眼见过鲸鱼，却利用泰德提供的照片训练出一款叫作“密集连接神经网络”的计算机人工智能视觉工具。神经网络是一种模拟人类大脑神经元网络的信息处理软件。它们能高效地在数据中发现模式，是人工智能领域的一个分支——“机器学习”的支柱。

朴镇模编写的深度学习算法处理了这 5,000 张未知鲸鱼的照片，并正确识别出了其中的 90%。泰德和快乐鲸鱼网站背后的程序员肯·索斯兰德（Ken Southerland）采用了朴镇模的算法，并开始向其“投喂”他们及其他“人类鲸鱼识别专家”没识别出来的鲸鱼图片。这些图片难以辨认，比如鲸鱼的尾部全黑或全白，或者画质很模糊。

泰德告诉我，他一开始没有意识到这件事的重大意义，但它成了他一生中最重要的时刻之一。计算机匹配出了人类从未比对成功的鲸鱼。泰德对此表示怀疑，于是亲自检查，用肉眼一点点地细致比对他从来没能成功匹配的照片，直到他发现它们之间的相似之处——算法是对的。

每周，泰德都要将成千上万张图片添加到快乐鲸鱼网站的存储器，来自世界各地的数据源源不断地注入他这个“全自动、高精度的照片识别匹配系统”[14]。凭借人类无法匹敌的专注力，以及数万亿字节的庞大数据，算法进行比对、学习，并发现新的模式。最关键的是，这些是人们所忽略的模式。几十年前的档案新近也实现了数字化，黑白老照片中的幼鲸与今天正当年的成年体鲸鱼联系在一起，弥缝了背景故事的空白，亲缘关系也浮出水面。

算法发现，一些鲸鱼似乎总是与其他某些鲸鱼一同出现，从一个海域游到另一个海域，一次又一次，年复一年。它们是“好鲸友”，同行千里，一起觅食，相互唱和。算法让此前毫无关联的观测结果横跨整个海洋联系在一起，将日本的鲸鱼与俄罗斯的目击事件联系起来，将夏威夷的观察与阿拉斯加的目击记录联系起来，将南极洲的所见与澳大利亚的目击新闻联系起来。鲸鱼的家族谱系得以勾勒，旅程得以追溯。

有些人上传了快照，他们的拍摄对象现已识别出来。对他们来说，这些动物不再是海洋中的无名巨兽，而是拥有志趣、历史和友谊的个体。现在，算法正帮助我们串联起它们的生命故事。观鲸的人对这些动物了解得越多，越感到与它们的羁绊之深，他们焦急地等待着自己心爱的鲸鱼从繁殖地返回。我见到一位男士，他的妻子去世了；观鲸爱好者们用她的名字命名了一头雌性鲸鱼。如今，他每周多次出海（一年总有一二百天），只为守候这头鲸鱼的归来。他在快乐鲸鱼网站上追踪它的踪迹。他说，有一天它从繁殖水域平安回来，身边带着一头新生的幼崽。它跃出水面，他看到了它的眼睛，一时热泪盈眶。

于是，在“致命邂逅”过去三年后，我问泰德，能否利用当天在蒙特雷湾活动的观鲸者记录的影像和照片，来辨认那头跃到我们头顶的鲸鱼。他做到了！或者更确切地说，他和他的算法做到了。

它的编号是 CRC–12564。泰德检索了它的记录[15]，并将记录与它在其他位置被观测的情况联系起来。我知道了它是在“跃出水面事件”7 年前出生的，就在中美洲海域，也知道了它的母亲是谁。泰德数据库中的照片让我看到了它在加利福尼亚和墨西哥海域觅食、社交和跃水的情景。身体细部照片上所见的疤痕表明，它曾经被渔网困住而后挣脱，其他类型的伤痕则暗示它可能是雄性。在跃水砸到我之后，它每年夏天都会回到

就是这家伙

这是它的尾部（拍摄于它跃水前几分钟，我们的皮艇正进入画面！）

蒙特雷湾，但已经有一年没人看到它了。我注册了快乐鲸鱼网站的账号，“追踪”这头鲸鱼（泰德给它取名“头号嫌疑犯”）。几个月后，我收到了一封自动发送邮件，通知我“头号嫌疑犯”再次被（人类摄影师和机器模式识别器）安全地观测到。我对它了解越多，越觉得它不仅仅是“一头鲸鱼”，而是一个与众不同的个体。我感到自己与它有了联系。我关心它，希望它一切安好。

那时我目瞪口呆——一头鲸鱼跃水，落在你身上，然后消失了。故事到此结束。但多亏了这么多喜欢观察鲸鱼的人和他们的智能机器，让故事没有真正结束。机器学习和人工智能的其他分支以无数方式影响着我们的日常生活，也助力了这本书的诞生：一种算法帮我将数百小时的采访录音转成文字，其他算法在我打字时检查拼写，并帮我完成句子。谷歌能有效预测我回复电子邮件时的说法，这让我意识到我写的很多东西是多么老套（抱歉了，本书读者）。由此引申开来，或许大部分人类语言都是如此。这为我节省了大把时间，而我却把省下来的时间花在了刷手机、浏览新闻、逛购物网站、流连于社交媒体上。这些程序设计得如此漂亮，处处可见人工智能的影子，它们的目的就是吞食我的时间、消耗我的金钱、吸取我的数据。

人工智能也被用来查看核磁共振图像，并寻找肿瘤；被工程师拿去检查全国电网，并协调各地的电力分配；它们在国际象棋、围棋和电子游戏中智胜人类对手，测试人类智慧的极限；

它们还可以查看我在恶劣环境下拍摄的动物视频，并加以提升，使其看起来更精致。它们巨细无遗地浏览我们的数字足迹和银行对账单，从而决定我们的信用评级。它们还能扫描中英文文档，并进行互译。

这些人工智能，和目前为止我们创造的所有人工智能一样，都是“狭义人工智能”（narrow AI），意思是它们只能执行一项或几项特定任务。当然，它们对自己在做什么毫无概念。它们不知道乳腺癌是恶疾，不知道赢了一盘棋是一种胜利，不知道一张图像是否美丽，不知道恢复供电意味着家里有了亮光，也不知道购买这所房子意味着可以在花园里种菜，更不知道这句话的结尾对我有多重要。但是，它们已经能做到所有这些事情了，比我们快，而且往往比我们做得好。

在生物学领域，研究者已经利用人工智能发现雄性老鼠在求偶时会唱不同的歌[16]，在玩耍、期待美味食物和不安时也会发出特定的叫声。另一个团队则利用经过训练的计算机视觉来分析老鼠面部的瞬间表情，并将表情与老鼠的感受对应起来，从而发现老鼠至少有“六种基本情绪”[17]。

飞越北极的飞机用人工智能检索其摄像系统，以便发现在积雪下沉睡的北极熊。[18] 一些科学家利用人工智能，发现埃及果蝠为争夺食物或休息的好位置而“吵架”时，叫声是不一样的[19]；人工智能排查卫星照片，在撒哈拉沙漠中发现了数以亿计的树木[20]，而人们从前以为那里寸草不生；人工智能还可以

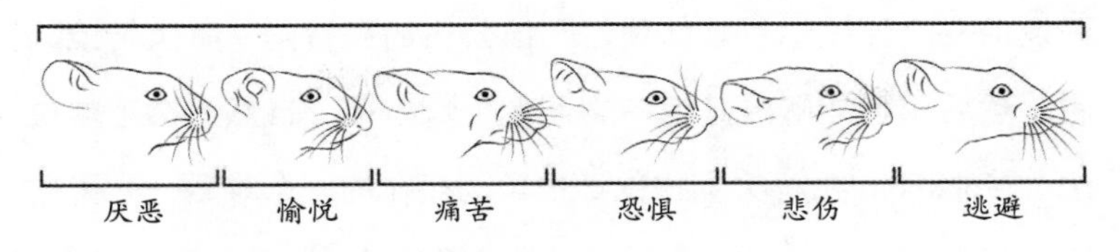

人工智能识别出的老鼠六种“基本情绪”

提前数天预测到火山喷发[21]。从我认识泰德以来，快乐鲸鱼网站已不再局限于识别座头鲸，如今它可以从20多种鲸类物种的照片中识别出不同个体，不但能分析它们的尾叶，还能通过其他身体部位进行识别。

现在，机器视觉在全球范围内得到生物学家的广泛应用。例如，人工智能非营利组织Wild Me已经为53种物种开发了开源平台，且适用的物种数量不断增加：蝠鲼、巨坚鳞鲈、臭鼬和海龙，等等。[22]数据源源不断地涌入——在蒙特雷湾水族馆研究所，名为FathomNet的深海数据库正逐步向公众开放，公开提供其2.6万小时的深海视频、100万张图片和650万条人工注释。[23]通过训练，机器也能从其他科学家的工作中发掘模式。2021年，研究者用人工智能进行了一项涵盖10万篇气候变化研究的元分析[24]，这项烦琐而重要的工作远超人类的能力范围。

2020年11月，一种名为AlphaFold[25]的东西震撼了生物化学界。这是由Google/Alphabet旗下的人工智能公司DeepMind

开发的一个深度学习软件项目，该公司的宗旨是“解决智能问题，然后用智能解决其他一切问题”[26]。按《自然》杂志的说法，AlphaFold 在解决生物化学中长期存在的一个难题——蛋白质的折叠问题——方面取得了“巨大飞跃”[27]。在两年一度的竞赛中，AlphaFold 击败了约 100 支参赛队伍，解决蛋白质结构问题的准确率比 2014 年的冠军高出三倍，而且速度快得多。这个程序太出色了，哥伦比亚大学的研究员穆罕默德·艾尔克莱希（Mohammed AlQuriashi）甚至预测，许多化学家可能干脆直接离开蛋白质结构预测领域，因为“核心问题可以说已经解决了”[28]。解决这个问题对于揭开细胞的工作原理至关重要，它在药物研发、对衰老的认识和生物工程等领域的重大意义，将深远地影响我们的生活。

“这是颠覆性的变革。”[29] 马普发育生物学研究所（Max Planck Institute of Developmental Biology）蛋白质进化系主任安德烈·卢帕斯（Andrei Lupas）博士说。由于机器学习的通用性很强，一个领域开发的工具通常可以迅速适应并改变另一个领域。

想知道它们是如何做到这一点的吗？不妨将人工智能想象成人类儿童：他们求知若渴。当你教一个小孩说话时，你不会让他们坐下来看句法和语法书，而是跟他们说话，滔滔不绝地说。孩子会学你的样子，模拟你给出的数据，回应你。如果他们说错了或说了不恰当的内容，你通常不会给他们讲说话的规则，而是告诉他们，针对这一情况正确的句子怎么说。然后，你会等着看他们能否在正确的语境中，正确地学会你的话。这就是“强化”（reinforcement）。孩子的大脑会处理剩下的事情：他记住了当时的情境，下一次尝试时，也许会加入一个新的变量，直到输出正确的句子为止。

当然，这只是一种高度简化的表述，在实际应用时，上述示例会涉及多种不同类型的人工智能技术。但无论使用何种类型的技术，以及经过哪种训练，专注于一项任务的计算机大脑都可以一遍又一遍地完成这个过程，日夜不停，比人类大脑快得多，并且会永远算下去。如果你问小孩怎么知道使用那个正确的词，他们可能说不清楚；同样，人工智能的确切运作方式很难说得清，但它就是学会了。你对它进行良好的训练，向它“投喂”大量数据，它就能把任务做好。一旦它可以娴熟地正确完成任务，你就可以让它处理庞大的、规模超出人类处理能力的数据集。用我的朋友、人工智能专家伊恩·霍加斯（Ian Hogarth）的话来说，这项技术堪称“效力倍增系统”[30]。

那么，机器学习和其他形式的人工智能能从鲸目动物的“话语”中发现什么呢？

会议的最后一天，我们整个上午都在讨论鲸鱼和海豚。正如我所了解的，鲸目动物似乎使用某种类似于名字的东西；在群体层面上，针对抹香鲸和虎鲸的分析表明，它们可能有用来指代各个部落的声音。研究标志性哨叫声的科学家必须筛选海

潮汐计划（Project Tidal）的人工智能鱼类行为识别系统（用于识别疾病和鱼类进食模式）

豚交流的录音，浏览声谱图，才能找到那些独特的形状。

寻找这些信号无异于海底捞针：海豚是“话痨”，它们可以集体同时发出不绝于耳的哨叫声和其他声音。科学家杰克·费里（Jack Fearey）播放了一段南非海域一群野生真海豚的录音，那是1,000头海豚发出的叫声。当海豚以这种庞大的数量迅速移动时，叫作“集体狂奔”。水下的声音令人惊叹，仿佛一面呼啸声、哨叫声和嗡嗡声交织而成的音幕，杰克将它形容为“海豚的鸡尾酒会”。对人类来说，从如此盛大的聚会录音中辨别出海豚介绍自己和称呼别人“名字”的声音，是费时费力的高难度工作。杰克勉强试了一下，用肉眼搜索了所有声谱图，寻找那些看起来具有标志性哨叫声特征的图像。他从录音中找出了 497 个哨叫声，其中 29 个看起来像标志性哨叫声。[31]

可喜的是，当他使用计算机分析时，机器得出了相同的结论。这让他知道计算机分析是有效的，于是雄心倍增：可以扩大规模、录制大量数据集了。相比之下，人类根本不可能通过肉眼全部检查，并从中找到标志性哨叫声。杰克宣布，他的下一个计划是在纳米比亚海底安装设备，在长达几年的时间内录制连续音频，并尝试找出“海豚的鸡尾酒会”上所有海豚的名字。但是，无论人类还是计算机分析，都面临同样的阻碍：在“杂乱的声学环境”中，例如海豚的“集体狂奔”（或人类的鸡尾酒会），大量的标志性哨叫声和其他声音被动物你来我往、相互重叠的交流声掩盖了。

整场会议，我最期待的是茱莉·奥斯瓦尔德（Julie Oswald）的演讲。她是加拿大人，40 多岁，留着褐色短发，在圣安德鲁斯大学工作。她在基奇纳（Kitchener）长大，那里离多伦多很近，“离海豚很远”。她本来是一名护士，但对海豚产生了兴趣，转学生物声学。但行为科学中的测量问题没有一个是简单的，这让她大感挫败。终于，她看到了一些似乎能定量的东西，总算有东西可以放上图表做比较了！标志性哨叫声是一个合乎逻辑的首要发现，它是海豚个体使用的始终如一的“词语”。（我很好奇，如果我们能够找出海豚对应“人类”一词的哨叫声，并将它与指示结合起来，我们能否就此实现第一次微小但可证明的、有意义的跨物种对话，比如“我是人类，你是海豚”。）

茱莉的演讲排在会议的最后一场，但等待是值得的。她介绍说，除了回声定位和容易识别的标志性哨叫声，海豚还会制造很多其他声响。它们会发出其他类型的哨叫声，以及“爆裂脉冲声”（Burst pulses，或称应急突发信号）——一连串快速的咔嗒声。在这些声音中，许多是人类听不见的，这意味着海豚的某些交流方式直到最近才被发现。我们不知道海豚发出的声音种类有多么丰富，也不清楚这些声音在海豚的一生中如何变化，更不用说不同个体或不同物种之间的叫声有多大的差异了。

茱莉开始探索这个全新的声音世界，以期识别出其中的模式。为此，她在西班牙的一间水族馆记录了由 13 头圈养海豚组成的群体发出的声音，每天 24 小时录音，录了两个月。[32] 她得到了大约 1,500 个小时的数据，然后对其进行整理。首先，她用一个程序提取出哨叫声；然后，使用另一个程序进行数据清洗——这是一种动态时间规整（Dynamic Time Warping，简称 DTW）算法，可将哨叫声的持续时间拉齐，以便进行比较；最后，将所有数据输入一个“无监督神经网络”（unsupervised neural network），找出录音中的哨叫声数量。这是一种机器学习工具，和其他很多算法一样，它也是基于人工神经网络的。例如，泰德在快乐鲸鱼网站上使用人工神经网络来匹配座头鲸的尾部。而茱莉所用的人工神经网络在处理数据时，无须人类帮助就能实现标记和评分（因此称为“无监督”），这与我们直到最近都还在用的动物声学分析方式大不相同。以前，我们要录制海豚的声音，打印出声谱图，然后用肉眼查看、寻找，手动标记看起来不同的部分；而今，这样的日子一去不复返。

茱莉的人工智能提取了 2,662 段哨叫声，它们属于 342 种类型。[33] 就声音的种类来说，这是一个非常宽泛的范围。她想知道，如果她记录的时间再长一点，还会发现多少种信号类型。如果你听某些人谈话，想要统计他们所用词语的数量，那么你一开始时听到的词语都是新的。如果你在图表上画出随时间变化而出现的新词总数，那么曲线的最高点会出现在你最常使用的词语上。比如，你的名字、用作连词的“and”和“the”，以及常用词如“请”和“谢谢”；然后，它会逐渐回落至你较少使用的词语，比如“树”或“早餐”；最后，在你可能很少使用的新词比如“葬礼”或“比基尼”处趋于平坦。即使在茱莉为期两个月的海豚监听研究结束之后，我们仍然能发现新的特殊哨叫声，速度大约是每天发现 1 种。她推测，这群海豚拥有大约 565 种哨叫声。

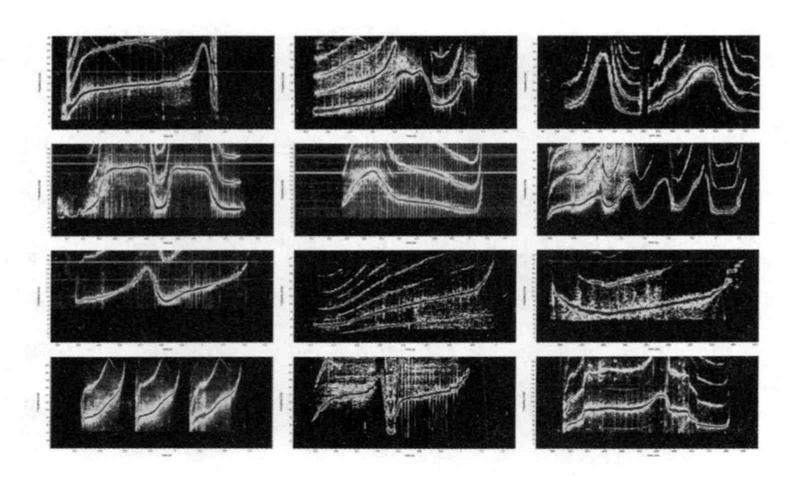

数百种不同类型的海豚哨叫声中的一小部分，这些是宽吻海豚的哨叫声。
供图：圣安德鲁斯大学文森特·贾尼克（Vincent Janik）

我简直不敢相信自己的耳朵。海豚竟然可能有超过500种哨叫声！在野生海豚的录音中，茱莉也发现了同样令人难以置信的结果。和人类的话语一样，声学信号要有意义，就必须保持稳定不变。如果我们不断改变所用的词语，则我们的交流只可能是鸡同鸭讲。因此接下来，茱莉打算研究不同的哨叫声是如何随着时间的推移来使用的，以及海豚的哨叫声"曲目"是否像人类的词汇一样稳定。这并不是说海豚会说话。如果说她发现的这些声学单元有意义的话，那么它们到底意味着什么完全是未知的。但如果你录制人类的语言交流，并将声学单元拆解成不同类型，你会得到与茱莉的图表非常相似的结果。单靠茱莉一个人是无法破解这一切的。计算机感知、记录、组织、清洗、编制、分析了人类听不到的海豚哨叫声，并从中发现了人类无法察觉的模式。

后来我问茱莉，能否把她的发现称为海豚的“词汇”。她说不行，因为用“词汇”代替“曲目”，可能会让人以为这些哨叫声具有意义和句法结构。但她说，如果我们破解的第一个哨叫声确实具有意义，那么也许有一天我们会这样称呼它。

我迫不及待想“快进”到那一天。

在 IBAC 组织的一次短途旅行中，我们参观了附近的一处古宅，佩特沃思庄园（Petworth House）。我与一百位生物声学研究者一同漫步在历史悠久的建筑和庄园中。穿过一间镶板的前厅时，两位科学家开始大声唱出不同的音符，用歌声探索大厅的主频。亨利八世和都铎王朝的其他王室成员从画中俯视众人，这些人都来自他们闻所未闻的地方。

在一个偏僻的房间里，我发现了一架古老的地球仪，这是有史以来最早的地球仪之一，由埃默里·莫利纽克斯（Emery Molyneux）于 1592 年制作。数百年的指尖摩挲，球体表面的英格兰几乎已经被磨没了痕迹。经过数学计算而绘制的花纹穿越已知和新发现的大陆，描摹弗朗西斯·德雷克（Francis Drake）的航行路线，还勾勒出一处名为“加利福尼亚”的地方。在这张地图绘制的时期，欧洲人还没有发现澳大利亚大陆，尽管他们已经开始估算地球的表面积，并对远方的事物略知一二。莫利纽克斯在地图上绘制了一头可怕的鲸鱼怪物，来填补图中的空白。

德雷克和他那些富有探险精神的同胞并不知道，这片空白中有一块大陆，那里的人们拥有多元多彩的文化，他们在那里生活的时间，比英国人的存在还要久得多。我想到了我们零敲碎打绘制海豚物种的声谱图，想到了这种做法有多么不成熟，想到了茱莉的算法新发现的数百种哨叫声，也想到了等待发现的交流新大陆。

如今，鲸目动物地图的某些空白已经填上。和大多数人一样，我不再认为鲸鱼只是巨大而愚蠢的鱼类，只适于工业屠宰。我们已经知道，鲸类和我们一样是哺乳动物。它们寿命很长，在复杂的社会中生活，并通过声音交流进行协作。它们有根据语言划定的家族和文化。我意识到，它们具有创造、塑造、传递和聆听声音的卓越能力。我见过它们的大脑，其大脑的综合特征可能暗示着，鲸目动物有类似我们人类的“高等”能力。我也了解到，圈养实验已经证实了其中一部分能力的存在。比如，在某些认知能力上，海豚这类小型鲸目动物超过了我们生活在陆地上的近亲——类人猿。它们做的事情和我们如出一辙，复制动作，模仿声音，跟随目光，玩耍，能够在镜子中认出自己。它们通过互碰胸鳍来和朋友增进感情，就像我们会牵手一样。[34] 它们歌唱，它们学习，它们改变。它们会做我们视为无私的事，比如帮助陷入困境的其他个体，也做了一些我们认为邪恶的事，比如强奸和杀害幼崽。它们对新事物和我们人类都很感兴趣。它们是复杂的动物。我们过去认为它们没有思考和交流能力，再看看现在，我们知道了多少！我们以后还会学些什么呢？虽然受限于自己的感官、身体和大脑，但今天我们有了“装备”：能够航行、聆听，并开始为我们解码鲸类动物生活的机器。

但是，我也了解到另一件事——虽然很多人和我一样，对我们在其他物种的交际中可能发现的东西充满向往，但它并不是研究上的首选项。科学家们告诉我，他们的机构没有足够的“火力”、意志力或资金来为解答这些神秘的问题而展开纯粹的研究，拨款必须用于明确的保护目标、渔业管理，或者寻找避免海军过度捕杀鲸鱼的方法。快乐鲸鱼网站的泰德·奇斯曼说，生物学家们总是“差一点，晚一步”[35]。很多人不愿意尝试在这个领域提出研究建议，怕遭人嘲笑，给职业生涯和其他项目资助带来风险；还有些人就是单纯地不相信还能有什么可挖掘的东西。

然而，地球上很多生物面临灭绝的风险，时间紧迫。我很担心，我们对鲸类的记录可能会成为这些独特动物文化的唯一遗存，成为一堆数字化的幽灵。鲸类交流研究非常复杂，资金短缺，对研究者的生活也提出了很高的要求。在我们学到的新知识背后，是艰难的工作，这让我深感敬佩；但同时我也想知道，我们到底有没有机会学会说“鲸语”。

我们如何才能走得更快、更远？看来，这需要更强大的力量。那么，换挡，加速。

第十章

慈爱的机器照管一切

Machines of Loving Grace

要前进，就要构筑新的思维模式。[1]

——爱德华·威尔逊*

当列文虎克用显微镜窥视那一滴池水时，他发现了一个充满“微生物”的微观世界：轮虫、水螅、原生生物和细菌。在前来拜访他以求一睹微观世界的人当中，有天文学家克里斯蒂安·惠更斯（Christiaan Huygens）[2]。与列文虎克不同，惠更斯将镜头转向了天空，他的望远镜发现了土星环和它的卫星土卫

* 爱德华·威尔逊（Edward O. Wilson，1929—2021），美国著名生物学家、博物学家。威尔逊率先发现了蚂蚁的交流机制，并以其对生态学、进化生物学和社会生物学的研究而闻名，被誉为“社会生物学之父”。1969年当选为美国国家科学院院士。曾凭借《论人性》和《蚂蚁》两度荣获美国普利策非虚构类作品奖。——译者注

六“泰坦”（Titan）。尽管他生活的荷兰帝国早已终结，但他发现的“看不见的”世界愈加迷人和复杂。

三个世纪后的1995年，在一个遥远的国度，鲍勃·威廉姆斯（Bob Williams）在位于马里兰州巴尔的摩市的空间望远镜研究所（Space Telescope Science Institute）担任所长。这个职位让鲍勃有权决定，哈勃空间望远镜的全部运行时间中的10%应该如何利用。建造这架功能强大的望远镜并将它送入轨道，耗资20亿美元。让这台机器自行转向某个目标、观察它，并将数据传回地球是非常耗时的，因而哈勃望远镜的使用时间可谓是地球上最珍贵的资源之一。威廉姆斯决定冒险一试：他将望远镜对准了一片看起来平平无奇的星空。同事们竭力劝阻他，认为那里没有任何特别的东西，这么做是在浪费时间和金钱，他可能会遭到嘲笑，甚至丢掉饭碗。但威廉姆斯说：“科学发现需要冒险。在我职业生涯的这个阶段，我可以说：‘如果情况真有那么糟糕，那我会辞职，主动承担责任。’”[3]

这架运行在大气层之外轨道上的望远镜，将它巨大的镜面对准了威廉姆斯选中的那片看似不起眼的太空区域。它开始扫描，采集最微弱的光源，并在100多个小时内拍下342张照片[4]，缓慢地将它们传回地球。由这些图片逐步拼合而成的单幅图像，如今被称为“哈勃深场”（Hubble Deep Field）。事实证明，这片区域并非空无一物——它满满当当地装了3,000个

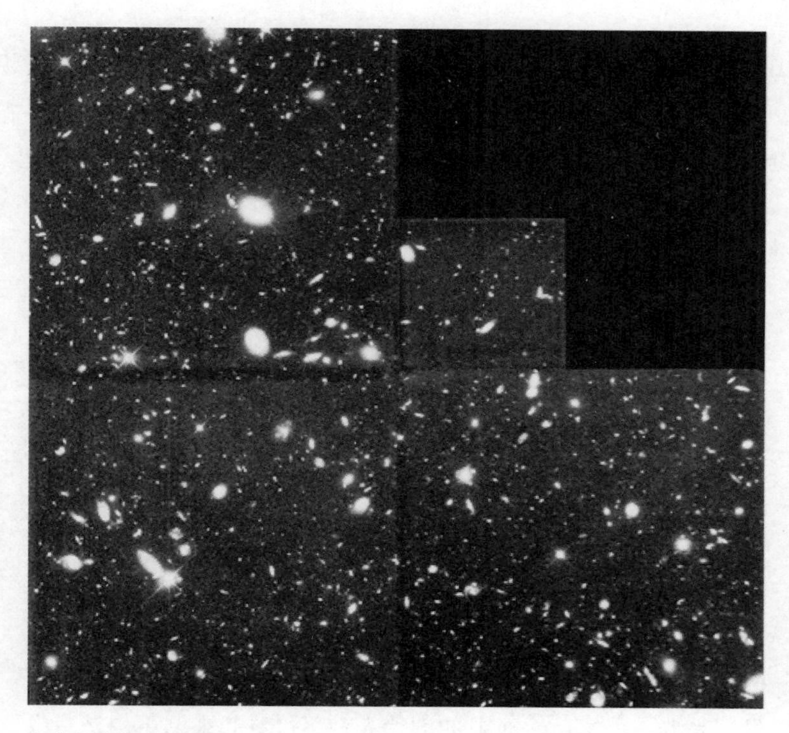

充满星系的哈勃深场

星系。其中一些星系很古老，存在时间超过 120 亿年，另一些则比我们以往见过的任何星系都要奇特。这里简直是一个“宇宙星系动物园”[5]：椭圆星系、旋涡星系，以及其他有“旋臂、模糊光晕和明亮核球”的星系，应有尽有。这一发现将宇宙中估计的星系数量提高了 5 倍，彻底打破了宇宙中存在“平凡”区域的想法。

威廉姆斯原本不知道那里有什么，但他觉得必须看一看。他有专为观察而建造的工具，他也决定将它对准一个全新的地方。和列文虎克的“微生物”一样，威廉姆斯的图像所揭示的星系一直都存在，但直到这一刻，它们才为我们所知。我喜欢这个故事。如果我们把最昂贵、最稀缺的工具转向尚未探索、久被忽视的生物世界，我们又会发现什么样的“动物行为星系”呢？有时候，需要一个富有胆识的有志者站出来，不理会别人的闲言碎语，而是想着：“去他的，咱们试一把。”

在我的鲸语之旅启程三年后，我遇到了两位勇于冒险、不走寻常路的鬼才。他们都是生物学领域的新人，30 多岁：阿扎·拉斯金（Aza Raskin），满脸浓密的黑胡子，表情时而惊奇，时而忧虑；布里特·塞尔维特勒（Britt Selvitelle），一头棕色卷发，是硅谷一家巨头企业的创始人，不过看起来倒更像是一位热情的有机农场志愿者。阿扎的父亲杰夫曾是苹果电脑（Apple Macintosh）背后的主创之一。阿扎作为开源的网络浏览器火狐（Firefox）的架构师，将全家人对人机界面的痴迷又向前推了一步。他为这款浏览器所做的发明之一，是无限滚动功能（infinite scroll function）[6]，这项技术能让用户无需翻页，便能持续浏览新闻和社交媒体内容，刷屏不停。布里特是计算机科学家和工程师，也是 Twitter 创始团队的成员。

虽然他们在事业上都取得了巨大成功，但他们亲身参与的

“注意力经济”对社会造成的伤害，令他们越来越感到震惊和不安。阿扎告诉我，他已经投入了“毕生的大部分精力”[7]试图纠正这些问题，他与其他人联合创立了一个名为“人性化技术中心”（Center for Humane Technology）的非营利组织，在政策改革领域与政府合作，还在艾美奖纪录片《社交困境》（*The Social Dilemma*，又名《监视资本主义：智能陷阱》）中出镜，引起人们对这个问题的关注。尽管如此，他也深知，他的很多努力还只是处于减轻损害的程度。

布里特和阿扎是技术专家，也是自然爱好者，他们一直在思考如何将人工智能用于公益事业。他们想知道，利用机器学习来研究动物之间的交流，会得到什么结果？如果我们能“解码”交流的内容，人们会感到与正在被我们快速消灭的物种更亲近吗？在一种以颠覆和创新为王的文化中，年纪轻轻就成为主宰的人都知道，即使失败也可以重新开始，而且下一次的目标更远大。因此，他们决定不靠学习生物学来思考这个问题，而是成立了一个非营利性的初创组织开始着手研究。

他们全身心地投入这项研究，采访了动物交流领域前沿的科学家和语言学家，以及使用最新模式识别技术的工程师。他们深入中非丛林，观察野生大象的互动方式，也在这个过程中亲身体会到野外生物学家所面临的困难。就在旅程的这一阶段，我第一次见到了他们。虽然我喜欢他们的愿景，但我有些怀疑，他们在电脑前度过了多年时光，说不定这次只是他们为自己设计的一场兴奋的冒险。直到几个月后他们主动联系我，说他们有了一个计划。

全球赏鲸胜地蒙特雷湾距离信息时代的核心地带——旧金山和硅谷——车程很短。2018 年夏天，也就是我那次“致命邂逅”的三年后，我在布里特和阿扎他们附近工作。他们开车来到我和摄制组的住处，我们当时在那里拍片。我还邀请了约翰·瑞安博士（Dr. John Ryan）。约翰 50 多岁，说话轻声细语，来自蒙特雷湾水族馆研究所，是滑板和过山车爱好者，他已经相信人工智能可以帮助研究者探索鲸鱼的叫声。

蒙特雷湾是一个寒冷的觅食场。一般认为，大部分座头鲸的歌唱活动都发生在遥远的热带繁殖地。但约翰在蒙特雷湾设置了一个与办公室相连的深海监听站，决定细细查找那些录音。这项工作花了他数百个小时。令他惊喜的是，他发现了数百头鲸鱼的歌声。[8] 随后，约翰和同事们训练了人工智能，它很快就处理完了 6 年的录音，还掌握了监听蓝鲸和长须鲸的技能。他们发现，座头鲸一年中有 9 个月都在蒙特雷湾唱歌。在寒冷的海水中，鲸歌有时一天会响上 20 多个小时。约翰的录音正好覆盖了“头号嫌疑犯”在蒙特雷湾停留的那段时间。他说，他敢打赌，这头鲸鱼的声音一定被他的录音设备捕捉到了。我们坐在成堆的救生衣、相机稳定器、充电电池和嗡嗡作响的硬盘中间，一边吃墨西哥烤肉卷饼，一边专注地听阿扎和布里特介绍他们制订的方案。他们打算利用谷歌翻译背后那令人难以置信的计算能力，来“解码”动物之间的交流。

为了让我和约翰理解“这到底是啥东西”，布里特和阿扎只好给我们上了一课，介绍人工智能是如何革新翻译方式的。几十年来，人们一直在使用计算机来翻译和分析语言，这个领域叫作“自然语言处理”（natural language processing）。然而直到最近，用户都必须费力地教机器如何将一种人类语言转化为另一种。当计算机程序遇到某一种语言的文本时，它们需要通过决策树（decision trees）算法来进行处理。操作者必须下达指令，告诉它们在每种情况下该如何操作；它们也需要双语词典，需要知道语法规则等。编写这些程序非常耗时，而且翻译结果往往很死板。程序运行过程中，还会出现程序员没有预料到的情况，导致程序崩溃，比如计算机无法克服（或者说忽视）的拼写错误。

但随后出现了两项重大进展：第一是新一代人工智能工具的兴起，比如基于人脑结构开发的人工神经网络，茱莉正是用这类程序发现了海豚独特的哨叫声。这类工具中，被称为“深度神经网络”（deep neural networks，简称 DNN）的多层神经网络功能尤其强大。第二是互联网实现了海量翻译文本数据的免费利用。维基百科、电影字幕、欧盟和联合国的会议记录，以及数百万份被精心译成多种语言的文件，都为我们提供了巨大的资源。

这些文本是深度神经网络的理想素材。工程师可以向算法“投喂”从源语言到目标语言的翻译，以及从目标语言到源语言的翻译，并要求深度神经网络在两种语言之间进行翻译，但不得依赖现有的语言规则。相反，深度神经网络可以自行创造规则。它们不但可以尝试多种不同的方法，探索如何将一种语言正确翻译为另一种语言，还能一遍又一遍地根据概率进行尝试。它们能够学习正确翻译的模式。当一个办法奏效时，深度神经网络就会记住它，并测试该方法在不同语境下是否适用。

这些机器的学习方式，与朴镇模的计算机视觉算法学习为快乐鲸鱼网站匹配鲸鱼尾叶的方式大致相同。朴镇模并不需要教会他的程序鲸鱼是什么，也不需要告诉它人类如何将一个尾叶与另一个进行匹配。他只需要大量标记过的示例数据和足够多的未标记数据，供他的算法反复推演，直到找到匹配模式的方法。

虽然第一批使用深度神经网络的语言翻译机器表现不错，但与人类相比仍相差甚远。最关键的是，它们还需要我们的监督——我们必须为它们提供翻译示例，它们才能工作。然后，一个出人意料的转折出现了。2013 年，谷歌的计算机科学家托马斯·米科洛夫（Tomas Mikolov）和他的同事做了一个展示：将大量文本输入另一个不同类型的神经网络，并要求它在一种语言中识别单词间的语义关系模式。相似或相关的词会被放在

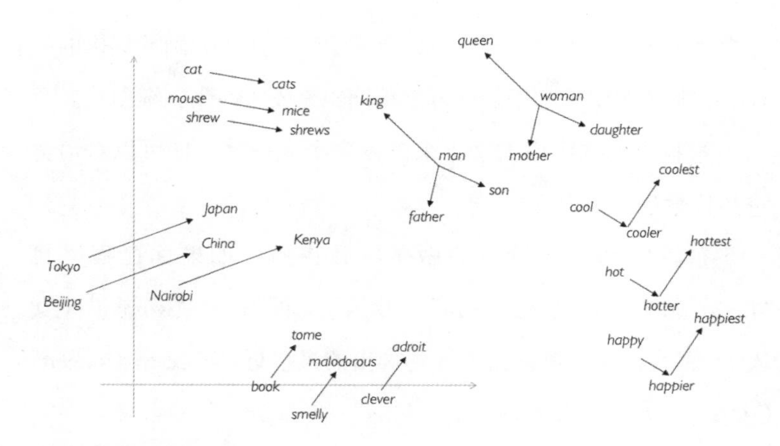

英语中的词语关系示例

相近的位置，不相似和关联性较低的词则放在更远的位置。[9]阿扎引用语言学家弗斯（J. R. Firth）的话说："你可以通过一个词周围的伙伴来认识这个词！"[10]

他举例解释："冰"字经常出现在"冷"字旁边，但很少与"椅子"一词相邻。这就给了计算机一个提示，即"冰"和"冷"在语义上相关，"冰"和"椅子"则不相关。通过书面语言找到这些关联模式时，神经网络可以将每个单词嵌入某一种语言所有词语构成的语义关系图中。我将它想象成一种星图，其中每颗恒星代表一个单词，星系中的每个星座则代表单词之间相互关联的使用方式。实际上，我们不可能将这些"星系"可视化，单词的数量和它们之间难以计数的几何关系，意味着它们存在数百个维度。不过，还是可以看看下页布里特和阿扎提供的图片，它将英语中最常用的一万个单词压缩成了一张三维图片。[11]

米科洛夫和同事们接下来的发现令人震撼：你可以对语言进行代数运算！

布里特和阿扎给我们做了细致讲解：如果你让程序将“king”（国王）减去“man”（男人），再加上“woman”（女人），那么在这个单词云中，它得出的最接近的答案是“queen”（女王）。人们并没有教过它“king”和“queen”的含义，但它“知道”女国王就是女王。即使不知道语言的含义，你也可以绘制出语言图，然后用数学方法来探索它。

我惊呆了。我一直认为文字和语言是感性的、模糊的、多变的东西——然而，通过程序处理的单词居然就这样出现在我眼前。这是机器自动组装而成的英语，它被“投喂”了数十亿个例子，挖掘出词语之间的意义关系模式，而这些关系模式恰恰是我们不加思索就能代入的，是我们自己的神经网络从我们自己生活的大数据中收获的成果：书籍、对话、电影，以及大脑接收并无意识地储存起来的其他信息。

这一发现对于我们发现语言内部的关联性大有助益，但它和翻译有什么关系呢？这是真正的奇思妙趣之处。2017 年，一种具有颠覆性意义的认识出现了，它让布里特和阿扎相信，这些技术可以帮助我们认识动物之间的交流。西班牙巴斯克大学年轻的研究员米克尔·阿特泰克斯（Mikel Artetxe）发现，他

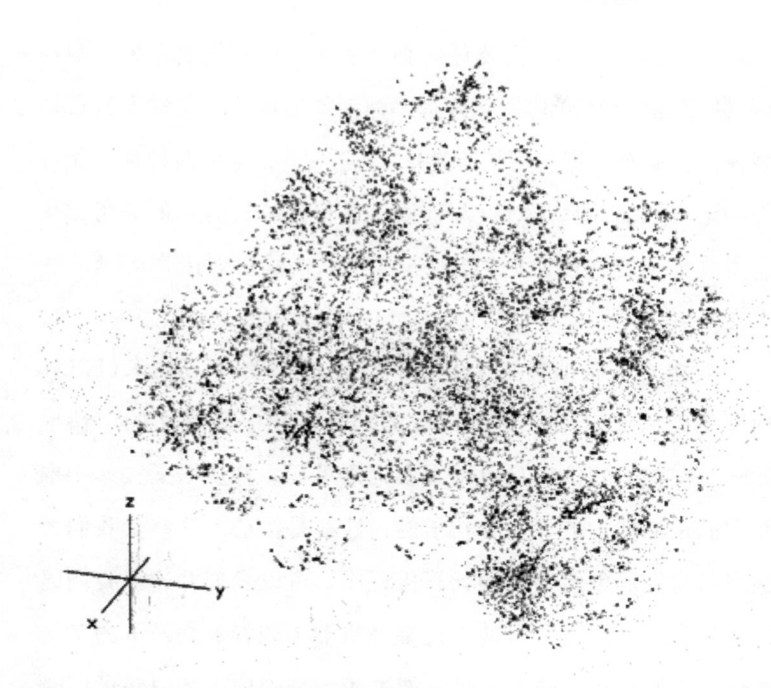

每个点代表英语中最常用的一万个单词之一，它们被排列成一个语义关系星系

可以要求人工智能将不同语言的词语星系翻转，将一种语言的星系叠加在另一种语言上。[12] 最终，就像玩家操作高难度的俄罗斯方块游戏一样，人工智能可以将词语星系的形状严丝合缝地匹配，词语星座也会对齐。比如，观察德语单词星系中与“king”在英语单词星系中位置相同的地方，你就会找到“König”（德语“国王”）。

完成这项工作不需要任何翻译示例，也不需要有关这两种语言的其他任何知识。[13] 这是一种无须词典或人工输入的自动翻译。正如布里特和阿扎所说：“想象一下，给你两种你一无所知的语言，而你只需对这两种语言进行足够长时间的分析，就能发现如何在它们之间实现互译。”[14] 这是自然语言处理的一次变革。

紧接着，其他新工具也问世了。无监督学习技术可以处理原始的人类言语录音，自动识别出音频中有意义的声音单元——单词。其他工具可以观察词语单元，并从语义关系中推断它们是如何构成短语和句子的，这就是语法。这些受我们大脑回路启发而创造出来的计算机程序，可以发现并连接我们语言中的模式，这就是目前现代翻译机器（如谷歌翻译）的工作原理。它们运行得非常出色，能够相当准确地将英语句子即时翻译成普通话或乌尔都语。但是，它们怎么才能发现其他动物的交流模式呢？

几十年来，人类一直试图破解动物的交际系统，我们在寻找一块解密的罗塞塔石碑、一把打开它们的钥匙、一条通向未知世界的道路。我们从最小的单位、最简单或最明显的声音表达（比如警报叫声和标志性哨叫声）入手，尝试识别出一个可能对动物有意义的信号，然后试着将它与某种行为联系起来进行“解码”。因为我们对动物发出的其他声音有何含义一无所知，甚至都不确定它们是否有意义，所以我们别无选择，只能用这个笨办法。

今天不同了，我们有了这种全新的计算机工具——无监督机器翻译。它没有接受过指令，也不知道它要翻译的任何人类语言的含义，但就在这种情况下，它依然蓬勃发展，大获成功。当布里特和阿扎告诉我这个消息时，他们不需要自动翻译机器也能读懂我的表情：天哪，真是神了！我问他们：那么，这种技术对动物也有效吗？你们是打算将某个物种发出的所有声音绘成一个星系图，再将这些星系图中的模式与其他物种的模式进行比较，以此来研究动物的“语言”？没错，他们答道，这就是他们的计划。

我的大脑飞速转动。如果我理解得没错，我们可以绘制出动物的交际系统图，这是前所未有的。我们也可以通过比较来深入探索它们，观察这些交流星系如何随着时间的推移而变化和发展。我们还可以从具有相似性的交际系统入手，然后向外延伸，逐渐扩展至相似性较低的。从比较以鱼类为食的不同虎鲸族群，到捕食海洋哺乳动物的虎鲸，再到领航鲸（pilot whale）、宽吻海豚、蓝鲸、大象、非洲灰鹦鹉、长臂猿和人类。假如——这是一个很大的假设——我们的自动人类语言分析工具能够从其他物种的交际系统中找出模式，那么它们就能帮助我们构建出动物交流的大背景。这可以让我们了解交流宇宙中的多样性和星系数量，并知道人类在其中的位置。

当然，鲸鱼、海豚和其他非人类生物发出的声音可能只是传递情绪的噪声，缺乏意义，也没有深层结构或句法。在这种情况下，将它们的大量交流内容“投喂”给算法，就像用人脸识别程序扫描一张比萨饼一样。但是，在我了解到这么多信息之后，我认为这种可能性似乎不大。哪怕存在这种可能，哪怕鲸目动物确实拥有类似自然语言的东西，这些技术仍然可能因为其他原因而失败。

有一种理论认为，机器翻译之所以在处理人类自然语言时如此出色，是因为我们所有的语言本质上都在捕捉相同的信息。生活在蒙古和乌干达的人们，某种意义上过着相似的生活，感知着相似的世界，身边充满了相似人和事，被相似的关系所围绕，而这一切又都受到相似的物理原理的约束。因为在相去遥远的人类世界中，相同的事情是有可能发生的，所以不同世界的语言最终形成了类似的关系结构，从而让我们能够将斯瓦希里语翻译成蒙古语。

对于我们来说，鲸鱼和海豚所经历的世界与我们的截然不同，如果它们的语言中也能捕捉出一个世界模型（world model），那么这个模型很可能也与我们的大相径庭。座头鲸“语言”单位之间的关系模式，与英语中的语义关系模式可能没有任何相似之处，但知道这一点仍然具有启发意义。在非人类交际系统中发现与人类语言毫无相似之处、但丰富而复杂的结构和关系，这本身就是一种启示，暗示着我们可以探索平行的动物世界观。这就是语言啊，老兄，只不过不是我们熟悉的那种。

对布里特和阿扎来说，现代机器学习是一种“全新的工具”，可用于识别同一语言内部和不同语言之间的模式。正如阿扎所说，这个工具可以让我们“摘掉人类的有色眼镜”。我想起了鲍勃·威廉姆斯和哈勃望远镜。毫无疑问，这值得一试。

整个晚餐期间，布里特和阿扎介绍他们的计划时，约翰·瑞安都听得全神贯注。布里特和阿扎说，他们现在需要的是为算法提供数据。约翰带来了一个硬盘，里面有几千个小时的座头鲸鸣叫声录音。于是，一个不起眼的盒子就这样易手，盒子里是深藏海底多年的另一个盒子的录音成果。将存满座头鲸声音的盒子插入一个充满智能的盒子，看看它们能否从盒子的奥秘中发掘出什么模式。

布里特和阿扎将他们的非营利组织命名为“地球物种计划”（Earth Species Project，简称 ESP）。之后几年里，我一直与他们保持着联系。当山火在他们的住所周围肆虐时，我们在网上聊天；在新冠肺炎疫情大流行期间，我们在视频中看着彼此的头发和胡子疯长。他们与个人和机构建立了数十个合作伙伴关系。在阿拉斯加，他们与座头鲸研究者米歇尔·福内特（Michelle Fournet）合作；在加拿大，他们与研究白鲸亲子交流的瓦莱丽娅·维尔加拉（Valeria Vergara）合作。黛安娜·莱斯和蕾拉·萨伊（Laela Sayigh）向他们提供了数千小时的海豚录音。这还只是鲸类的数据。此外，还有大象科学家，以及果蝠、巨獭、斑胸草雀（即珍珠鸟）、猕猴等动物的数据库机构。康奈尔大学开始与他们共享数量庞大的动物声学材料，牛津大学也是如此。他们还与 SETI（寻找地外文明计划，Search for Extraterrestrial Intelligence)）合作，试图在海洋和太空中搜寻语言时查找可能出现的共同特征或相似之处，并研究人类的口哨语言（whistle languages），比如西班牙拉戈梅拉岛上的口哨语言西尔博哥梅罗（Silbo Gomero）。他们推测：如果能找到方法，训练计算机在具有意义的人类哨声之间实现互译，那么这些工具或许可以分析海豚的哨叫声。他们在研究不同物种的研究者之间建立起伙伴关系，认为从一种物种中学到的知识可以转化成适用于其他物种的工具。

在计算机编程领域，共享程序及其代码的传统由来已久，人们愿意分享它们，也乐于免费拿出数据集供其他人查看、从中学习，并改进它们。这就是“开源”。阿扎引用了开源领域的一句话：“山外有山，人外有人——无论你在哪个方面钻研，大多数最聪明的人都在其他领域。”[15] 尽管开源运动在传统学术界已取得一些进展，但许多生物学家及其所属机构仍然不愿意分享他们来之不易的数据，不愿意放弃他们的工具和发明，而刊登其成果的期刊还在向读者收取巨额费用。

对阿扎和布里特来说，这些都是限制探索和发现的瓶颈。因此，他们以计算机科学领域行之有效的模型为基础，建立起他们自己的生物学事业。现有的录音经过清洗和重新标记，存放在地球物种计划的资料库中——这是一个开放访问的动物交流资料库，供任何人探索。因此，与海洋相隔万里的人，更熟悉制作电脑游戏或消费者追踪软件的人（他们做梦也没想到自己会观察鲸鱼）——也可以加入探寻鲸语的行列。

2021 年底，他们满怀激动的心情与我联系。在查阅录音宝库的资料时，他们遇到了与杰克·费里分析海豚“集体狂奔”录音时相同的挑战，也就是“鸡尾酒会问题”[16]。如果你想“解码”一场对话，或仅只是对话中某个发言者所说的内容，那么在很多人同时讲话的情况下，这是不可能做到的。在海洋中这个问题更难解决，因为在水体中声音到处都是。另外，鲸目动物发声时不会像我们这样张开嘴巴，或显示出其他外在迹象。要确定是哪头海豚发出了什么声音，就像企图在一场腹语表演大会上找出是谁喊了你的名字一样困难。当科学家无法识别出录音中是哪只动物发声时，他们往往就无法使用这些录音，一些最有趣的动物“对话数据”就这样浪费了。正如地球物种计划所指出的：“除非能够理顺对话，否则我们无法解码语言。”

地球物种计划现有六名全职人工智能专家和数百万美元的预算。他们开发了一个模式查找工具，用果蝠、宽吻海豚和猴子重叠的叽叽喳喳声训练它。它适用于任何发出声音的动物，可以从声音的海洋中辨别出单个动物的声音——就像消除了鸡尾酒会上的噪声一样，迈出了解锁“全新社交交流数据世界”的第一步。在地球物种计划发表其研究结果之前，这个代码就已经放在他们的开源代码库中了。[17]

从机器学习中开发出来的计算机工具大幅激增，布里特将这种增长比作寒武纪大爆发（Cambrian explosion）——寒武纪是大约 5.4 亿年前各种复杂生命形式突然出现的关键时期。用进化生物学的框架来思考计算机程序，着实让我吃了一惊。但如果将地球上生命的历史看作构筑更加复杂的生命系统和信息交换生物逐渐多样化的故事，那么这种比较也算恰如其分吧。

尽管解析和搜寻动物发声模式的工具如雨后春笋般涌现，但学习“鲸语”仍然面临一大难题。要理解这些声音可能存在的含义，我们必须观察声音与发声鲸豚的行为之间有何关系。然而，野生鲸目动物的生活在很大程度上还是一个谜。

* * *

要研究鲸类，你得先找到它们。海里可没有供我们隐蔽起来观察的小径、树木和水坑。你必须驾驶一艘适航的船只，停在距离观察对象几百码的地方，毕竟它们神龙见首不见尾，在浮出水面换气之前几乎难觅踪影。它们移动频繁，有些观察对象一天要游 100 英里（约 161 公里）。[18]此外，海洋深邃、黑暗、变幻莫测，港口、船只和船长数量有限。海水中的盐分和阳光会损坏对它们敏感的工具。透过海水表面刺眼的反光，很难发现鲸类的踪迹，甚至有时在水中也很难看见它们。工作人员会晕船，资金也捉襟见肘。天气恶劣时，生物学家得回到岸上，到了夜间许多研究船也无法作业。对于一些鲸目物种，我们至今仍然只能依靠稍纵即逝的邂逅和死亡标本来了解它们。简而言之，鲸类是最难记录的动物之一。不过，最近出现了一种不同的方法：生物学家开始通过装在鲸鱼身上的设备进行记录。

2018 年夏天，大约在我第一次见到布里特和阿扎的一个月后，我跟随研究鲸鱼的生物学家阿里·弗里德兰德（Ari Friedlaender）教授在加利福尼亚海岸参加了一个为期数月的大型研究项目。我遇到几位年轻科学家，他们都对阿里崇敬有加，称他为“摇滚巨星”。这一形容似乎让阿里本人都吓了一跳。他总是穿着凉鞋，留着胡子，长发飘逸，堪称海洋哺乳动物学界中与电影《谋杀绿脚趾》中的角色“督爷”最像的人。他是鲸鱼标签技术的先驱之一。鲸鱼标签是一个小盒子，内含摄像头、麦克风、加速度计和温度计等微型传感器。这些传感器大部分都能在人们的口袋或手机里找到，但现在它们都装在流线型的、坚固的防水壳里。鲸鱼会不断蜕皮（其皮肤更新速度比人类快数百倍），所以标签是通过吸盘附着在它们身上的。这就是阿里的工作。他邀请我一起，去观察他们的工作。

我又一次在黎明时分来到莫斯兰丁，三年前那个难忘的早上，我和夏洛特就是从这里划船出海寻找鲸鱼的。这一次，三

图为阿里·弗里德兰德在南极半岛海域为一头座头鲸安装定制动物追踪装置（CATS）标签（此项研究在NMFS、ACA和IACUC许可下进行）

艘较大的船充当母船，满载着手持双筒望远镜的研究生，他们正在海平面上搜索鲸鱼的身影。阿里和标签小组则乘坐三艘更小、更灵活的刚性充气艇（RHIB）疾行。这些低矮的充气艇富有弹性且没有龙骨，船员可以灵活地驾驭，不会与鲸鱼发生碰撞。

他们刚一发现目标——一头蓝鲸，无线电就响了起来。随后，阿里的刚性充气艇朝着鲸鱼猛冲而去。旁边有三个无人机小组，各式航空器引导着阿里的标签充气艇。我站在他们身后，看着他们帮助、引导阿里，同时对有史以来最大的动物——蓝鲸——让人叹为观止的体形和重量有了一些具体的概念。我们就像小人国的船只接近航海而来的“巨人”格列佛一样。

和很多现代技术一样，无人机最初由军方研发，但很快就出现在世界各地孩子们的圣诞袜里。它为我们带来了令人赞叹的视角，同时也侵扰了我们的隐私。不过对鲸豚生物学家而言，事实已经证明无人机带来了重大变革，操作者只需轻动拇指，它就能翱翔好几公里。它们可以从高空透过水面看到海水深处的情况，发现从船上看不到的鲸鱼。它们还能在高空记录鲸群之间的社交互动，或者悬停在水面上方，在鲸鱼呼气时采集“鼻涕”（水柱）样本。与直升机不同，无人机成本低廉，看起来也不会惊扰鲸鱼，即使坠毁也不会有人丧生。

悬在阿里头顶的无人机测量这头在水面下很浅的位置游动的鲸鱼，拍摄它的身体（形状、脂肪层、明显的伤痕和其他识别特征），然后在鲸鱼即将出水呼吸时用无线电通知团队。阿里一个人站在最前面，那里竖立着一个凸起的金属架。鲸鱼浮出水面换气时，刚性充气艇驶到它旁边，阿里的双腿固定在金属架上，双手握住一根 18 英尺（约 5.5 米）长的碳纤维杆，杆的末端就是标签。当鲸鱼灰蓝色的背部缓缓露出水面，鼻孔喷出水柱时，阿里远远探身出去，找准时机迅速将杆子向下挥动，将小小的标签扣在了这头经过的鲸鱼身上——他的动作如此娴熟、巧妙，足以令梅尔维尔笔下的捕鲸手季奎格都为他感到骄傲。标签的吸盘牢牢地固定在鲸鱼身上，如影随形，记录着一切。

在放置标签的同时，充气艇驾驶员用一种装有空心箭头的特制鱼镖射向鲸鱼，鱼镖从鲸鱼身上弹开时取下了一管它的皮肤和脂肪。这似乎没有给鲸鱼造成困扰，它并不在意。研究人

蒙特雷湾一头座头鲸身上吸附的定制动物追踪装置（CATS）运动传感和视频标签拍到的惊人画面。从画面中可以看到，鲸鱼表皮脱落、起皮。旁边一头加利福尼亚海狮正从它的鼻子附近游过（该研究在 NMFS 和 IACUC 许可下进行）

员将箭头找回来，从中提取 DNA 样本。样本将进一步揭开这头鲸鱼的秘密——它的身份、从何处迁移而来、吃什么、与谁有亲缘关系、健康状况，以及它的性别。在小小的充气艇上，一个人用探针刺取标本，另一个用鱼镖射向鲸鱼背部，他们和老照片上早年间的捕鲸者何其相似。我突然想到，如果阿里出生在一百年前，他说不定会成为捕鲸者。他显然很喜爱这些动物，但在当时除了捕猎，没有其他理由可以让他如此冒险地接近这些海中巨兽。

几个小时后，母船上的无线电接收器开始发出蜂鸣声，这表示标签已经脱落。在蜂鸣声的引导下，科学家找回漂浮的标签，取得了其中的数据。据当天放置的标签所记录的视频显示，还有一头我们从来没见过的蓝鲸和被放置标签的鲸鱼一起活动。这个标签实现了世界上的首次壮举：它测量了鲸鱼的心跳，为一个相当于小型汽车大小的心脏做了心电图检查，发现这头鲸鱼的心跳频率在 2 ~ 37 次 / 分（每分钟只跳 2 次！）。

下午晚些时候，我们一回到陆地上，我就立即跟随阿里来到他位于加州大学圣克鲁兹分校的办公室。傍晚的天色很美，橙色的光线落在实验室大楼一侧陈列的鲸鱼骨架上，投下长长的影子。阿里向我展示了他多年来监听鲸鱼的丰硕成果，其中包括座头鲸用“气泡网”捕食时的疾升路线。在这需要紧密配合的行动中，二至四头座头鲸合作困住整个鱼群，在鱼群周围吐出气泡形成气幕，将鱼群从深处赶出来。阿里的标签记录了这些精彩绝伦的水下杂技，显示了鲸鱼在鱼群四周呈螺旋形上升的游动轨迹。[19] 气泡螺旋将鱼群团团围住，使它们聚集成球状向水面上升，此时“捕食小队”一致行动，一口气将数千条猎物吞入腹中。

阿里研究鲸鱼已经好几十年了。我问他，标签是否带来了一些新的认识。“我们对这些动物的生活几乎一无所知。”他说。几乎每段视频都向他展示了新的知识，许多画面挑战了我们固有的常识。每次处理标签时，他都会坐下来，心无旁骛地观察和倾听 2 ~ 5 小时长的标签记录，沉醉在畅游南极海域的画面

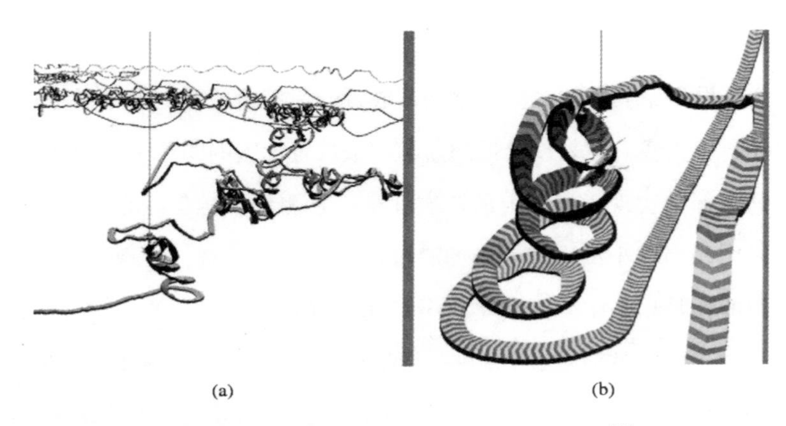

有标签的座头鲸疾升路线；螺旋是鲸鱼在使用气泡网进食。[20]
戴维·威利（David Wiley）等供图，摄于 2019 年

和虎鲸喋喋不休的鸣叫声中。他承认，船只的靠近和标签“啪”地吸在皮肤上，对鲸鱼的行为还是会产生一定的干扰，但这起码比早期鲸鱼学家的方法进步了不少——他们想不出其他追踪方法，就将铁质鱼镖刺入鲸鱼的身体来记录它们的位置。任何捕鲸者只要捕到带铁镖的鲸鱼，将标签归还并详细说明发现鲸鱼的位置，就能得到他们提供的赏金。

和阿里认识三年后，我得知他与布里特和阿扎的地球物种计划合作。他们正努力将其模式查找工具应用于阿里的工作内容——“想要试着解读鲸语可能具有的含义”——标签船上座头鲸、小须鲸、虎鲸以及其他诱人生物的生活记录。座头鲸比普通海豚更为敏捷，并拥有优秀的团队行动力。在行动时，它

们会发出具有社交意义的叫声。地球物种计划的团队正在训练机器发掘鲸鱼运动中的模式，计划将它们与识别鲸鱼声音模式的机器结合起来。将鲸鱼的“语言”与它们的行为和发生时间联系起来，对于研究大型鲸类动物来说，将是非常宝贵的资料。它们自如地形成紧密的队形，有时还会在水下互相碰触。除了声音，它们的交流是否也包括肢体语言和触觉元素呢？虽然这一研究现在还处于起步阶段，但用阿里的话来说，“这是一种非常难得的合作伙伴关系”，让他的研究工作“跨越学科和界限，真正为实现新的发现开辟了机会”。[21]

自从 2018 年布里特和阿扎在蒙特雷湾的住所和我们告别以来，他们已经从梦想家蜕变成了实干家。这让许多人刮目相看，特别是我。或许，比他们的旅程更令人振奋的是，他们知道自己不是在孤军奋战。比如，在巴哈马，“野海豚计划”（Wild Dolphin Project）的丹尼丝·赫尔辛（Denise Herzing）在开发一种供潜水员穿戴的计算机系统。[22] 当海豚在潜水员面前发出声音时，计算机将实时为潜水员进行翻译，并告诉他是哪只海豚在“说话”、在和谁“说话”，以及它们是不是在向潜水员索要物品——它们已经学会了用哨叫声表示这些物品。交换礼物是人类首次与他人接触时的常见举动，彼时潜水员就能向海豚赠送它们要求的见面礼了。

又如，另一个了不起的项目，黛安娜·莱斯、音乐家彼得·加布里埃尔（Peter Gabriel）、被称为“互联网之父”的谷歌副总裁温顿·瑟夫（Vint Cerf），以及麻省理工学院教授尼尔·格申费尔德（Neil Gershenfeld）都参与了合作。他们共同组建了一个名为“跨物种互联网”（Interspecies Internet）的智库，致力于利用人工智能和机器语言将非人类物种连接起来，以期实现从一种物种到另一种物种的“信号传递”[23]。与此同时，在挪威斯克捷沃（Skjervoy）的寒冷海域，一支来自瑞士的跨学科团队正在测试一种“互动设备”的原型，这种设备可以模仿座头鲸和虎鲸的声音，并实时分析鲸鱼对人类声音的回应。[24]“前景光明，一片大好。”神经信息科学家尤格·里申博士（Jörg Rychen）告诉我。

然而，到目前为止，我见到的项目都有一个共同的问题：它们用的都是一些片段。当你只有几分钟或几小时的录音，几乎搞不清楚是谁在“说话”、在做什么的时候，试图弄清楚一头鲸鱼可能“说”了些什么，就像试图破解一部剧本，而你拿到的只有碎片化的小片段，角色的名字还被涂黑了。这项工作更多的是充分利用了现有的数据集，以及从短暂的相遇中取得的信息。然而，要为机器学习提供真正的养料，我们就需要大数据——大规模的鲸鱼数据。但是，我们怎样才能得到它呢？

舞台右侧，我们的老朋友罗杰·佩恩博士再次登场。

想象一下，你从零开始设计一个任务，目标是采集一组记录鲸鱼交流的数据集，可以让经过完美优化的最新的机器学习和语言处理工具更充分地对其进行扫描，会是什么样？这是一组比以往捕获的任何记录都大上几个数量级的录音集。如果你不仅能捕捉到数十头鲸鱼的完整“对话”，而且“对话”次数多达数十万次，包含总计数百万甚至数十亿个声音单元，又会是什么景象？到那时候，你是不是就有机会懂“鲸语”了？这就是“鲸类翻译计划”（Cetacean Translation Initiative，简称 CETI）。2021 年圣诞夜，罗杰·佩恩打电话告诉我，这项工作已经启动。

CETI 是一头庞然巨兽，由一支跨学科的一流科学家团队组成：海洋机器人专家、鲸豚生物专家、人工智能行家、语言学和密码学专家，以及数据专家。2019 年，他们在哈佛大学召开的一场学术会议上齐聚一堂。会议由海洋生物学家大卫·格鲁伯（David Gruber）主持，他同时也是一位发明家，研发了可以捕捉海龟发光的相机[25]，以及可轻柔抓取脆弱深海动物的柔软机械手[26]。他看起来像是帅气版的伊根·斯宾格勒（Egon Spengler，电影《捉鬼敢死队》中的角色）。罗杰则出任鲸豚生物学方面的首席顾问。这个团队规模庞大[27]：有帝国理工学院、麻省理工学院、卢加诺大学、加州大学伯克利分校、海法大学、卡尔顿大学、奥胡斯大学和哈佛大学的学者，还得到了推特（Twitter）和谷歌研究（Google Research）的帮助，以及来自 TED Audacious 计划、国家地理学会和亚马逊 AWS 云平台的资助。他告诉我，他们的目标是：“学会与鲸鱼进行良好的交流，从而交换想法和经验。”[28] 他们分秒必争。

大卫·格鲁伯身穿堪称单人潜水艇的“钢铁侠”潜水服（Exosuit）* 下海

CETI 的大胆计划，是将他们拥有的全部资源都倾注到加勒比海多米尼克岛附近的抹香鲸种群研究上。用大卫的话说，

* Exosuit 被称为“钢铁侠”潜水服，由加拿大海洋学家、发明家菲尔·纽顿发明。它配备四个推进器，氧气系统可维持 50 个小时，通往研究船的电缆不仅可为潜水服提供动力，而且能传输海底收集的数据。——译者注

这种专注将使他们实现“从小数据到大数据”[29]的跃升。得益于鲸豚生物学家谢恩·吉罗（Shane Gero）的工作，人们对这个鲸群已经非常熟悉，他已经识别出这里的数百头抹香鲸个体及其鸣叫声。如果你曾经拿到一盒家庭老照片，并试图从中理出头绪，你就会明白，熟悉照片中各个人物的关系和所处年代是多么重要。吉罗数十年的悉心聆听和细致辨识，将为 CETI 记录的内容提供至关重要的背景[30]，而他们打算记录的数据可不是小数目。

罗杰告诉我，他做了 60 年的研究，一直梦寐以求的就是这样一个机会。当他勾画出 CETI 的工作范围时，我惊羡不已。CETI 将在海底架设多个监听站，并用线缆将其他监听设备连接到海面。此外，每隔 300 英尺（约 91 米）就会放置一个漂浮观测站，下方悬挂的一串监听设备将垂到 1000 码（约 914 米）的海洋深处。这些设备将覆盖 7.5 平方英里（接近 20 平方公里）的范围，形成“核心鲸鱼监听站”[31]，全天候记录鲸鱼的一举一动。配备水听器的无人机将组成编队，围绕在活跃的鲸群上空飞行。它们一就位，就会小心地关掉引擎，并放下水听器。当鲸群移动时，无人机就会再次起飞，并重复这个过程。将与鲸群一起游动的，是装有音频和视频录制设备的“软体机器鱼”（soft robotic fish），它们能在鲸群中穿梭而不会惊扰这些动物。[32]

他们还将采用最尖端的全新标签，它们的外壳经过重新设计，吸盘模仿了章鱼触手的附着机制，从而将记录时间从短短几个小时延长至数天甚至数周。最重要的是，当鲸鱼潜入深海时，这些标签也能固定在它们身上，捕捉它们的声音，甚至在近乎漆黑的环境中捕捉到它们视角中的画面。这些鲸鱼将生活在全方位的听觉监控之中[33]，它们摩斯电码般的通讯中包含的所有尾振咔嗒声和其他声音将被记录下来，以供人类分析。

CETI 监测的这个抹香鲸群体大约有 15 头成员，鲸群的每个个体都有其独特的“说话”方式。为了体现声音的多样性，CETI 希望给来自不同鲸群的鲸鱼母亲、鲸鱼祖母、未成年鲸鱼和雄性鲸鱼成体身上放置标签。他们还将使用天气传感器并记录其他背景数据，并将鲸鱼的鸣叫声与其行为以及研究者对每头鲸鱼的了解联系起来：它是饿了、在捕鱼、怀孕了，还是在交配？它是在和母亲“说话”，还是在和对手你一言我一语？当时有风暴吗？鱿鱼够吃吗？是否有捕食者威胁到鲸鱼？

借助他们采集的所有信息，研究人员就能对每头鲸鱼个体进行长期追踪，形成一个“社交网络”[34]，勾勒出它们的生活故事，并将其与它们的鸣叫声联系起来。总而言之，这些录音不仅将形成最大、最完整的抹香鲸数据集，而且可能是迄今为止采集的“最大的动物行为数据集”[35]。就任何非人类物种来说都是如此。

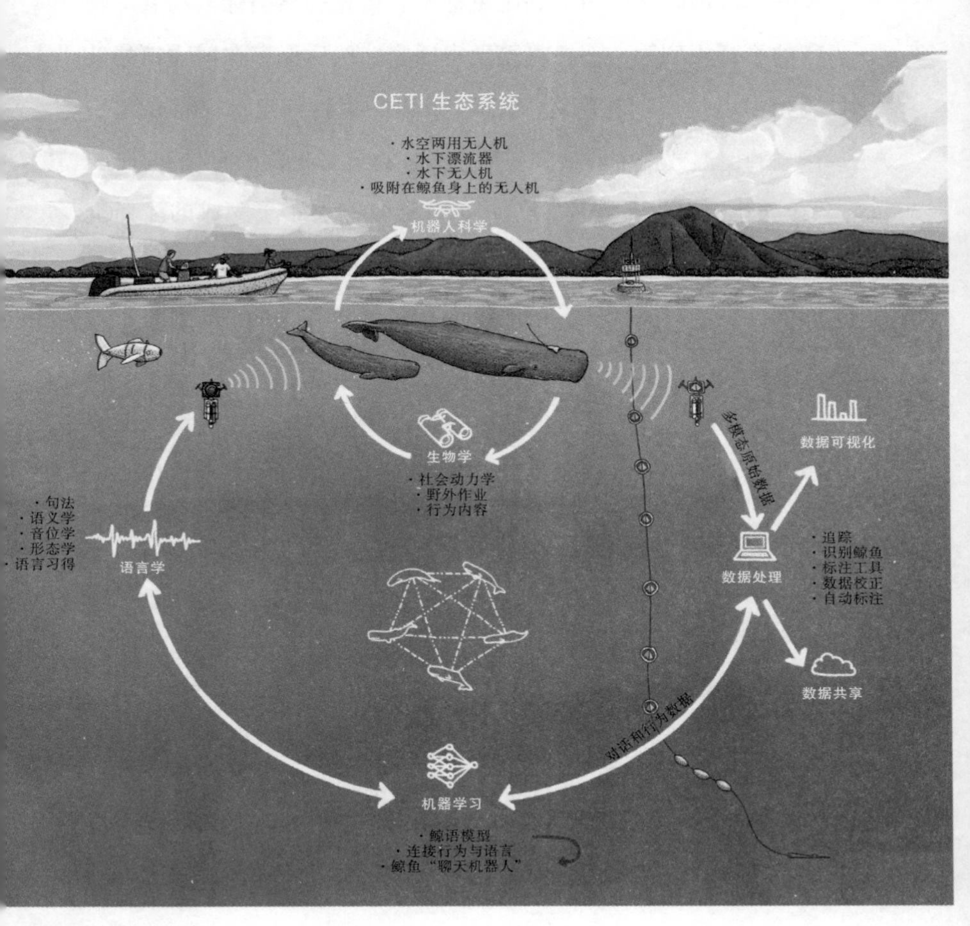
CETI 生态系统
·水空两用无人机
·水下漂流器
·水下无人机
·吸附在鲸鱼身上的无人机
机器人科学
生物学
·社会动力学
·野外作业
·行为内容
·句法
·语义学
·音位学
·形态学
·语言习得
语言学
多模态原始数据
数据可视化
数据处理
·追踪
·识别鲸鱼
·标注工具
·数据校正
·自动标注
数据共享
对话和行为数据
机器学习
·鲸语模型
·连接行为与语言
·鲸鱼“聊天机器人”

CETI 生态系统

这些数据需要一个归宿。就像19世纪的博物学家将标本——浸泡防腐的鱼类和昆虫标本、填充的鸟类标本和老虎脚印的石膏模型等——一箱箱地寄回家，然后保存在博物馆的玻璃柜中以供展示和研究。CETI采集的生物信息，也将在嗡嗡作响的恒温数据中心找到安放之处。这些数据需要存储和处理，“自动化机器学习管道”[36]将处理通常需要手工完成的注释工作，但这种规模的注释工作绝非人力所能完成。所有这些数据都将提供给开源社区，以便每个人都能领略“我们试图与非人类物种进行有意义对话的奥妙”[37]。

到那时，人工智能的威力才得以真正释放。它们将识别录音中抹香鲸发出叫声的位置，并将回声定位的咔嗒声与其他咔嗒声区别开，后者也包含鲸鱼用于交流的咔嗒声模式。它们将分析这些咔嗒声，区分不同家族和个体之间的差异。[38]它们也会分析这些咔嗒声的结构，寻找交际系统的核心构成要素。人工智能会将这些“曲目”绘制成图，分析声学单元之间的关系，查找和构建其组成规则、语法，以及咔嗒声之间更高层次的句法结构。[39]人工智能将以革命性的精细程度，描绘出抹香鲸的交流星系图。

通过监听学“说话”的小鲸鱼，机器和指导机器的人类自己也将学会说“鲸语”。这个团队不仅要研究鲸鱼是如何“说话”的，还要研究它们的话语结构是如何运作的，也就是鲸鱼如何使用它们进行交流。它们是轮流开口，还是“说话”时有所重叠？它们是否会呼应彼此的“言语”？研究人员还将鲸鱼发出的声音与它们当时的行为联系起来，以分辨出哪头鲸鱼说了什么，谁做了回应，以及双方接下来做了什么。

这还远没有结束。随着语言学家和团队其他成员采用已经发现的模式，尝试建立抹香鲸交际系统的工作模型，所有机器学习工具也都要查找模式，从而帮助“限制假设空间”（缩小理论范围）[40]。为了测试这个系统，他们会建造抹香鲸“聊天机器人”。为评估语言模型是否正确，研究人员还将根据他们对鲸鱼身份、“对话”历史和行为的了解，测试模型能否正确预测鲸鱼接下来可能会“说的话”。然后，研究人员将通过回放实验来测试预测是否正确，看看在他们播放“鲸语”时，鲸鱼是否会像科学家预期的那样做出反应。

最后，他们将“尝试双向交流”——与鲸鱼有来有往地交谈。他们想说什么呢？我问大卫。“在我看来，最重要的是表现出我们的关心和倾听。向其他美丽的生命形态展示，我们看到了它们的存在。”[41]

CETI 的目标是到 2026 年实现这一切。虽然这听起来好似科幻小说，但行动已经开始了。在本书撰写期间，研究小组正带着最新的鲸鱼标签返回多米尼克，每个标签上都有三个指向不同方向的水听器。“核心鲸鱼监听站”及其 28 个水听器正在 25 个抹香鲸家族的活动区域进行装配。[42] 研究团队正着手测试

麻省理工学院的科学家在测试 SoFi（软体机器鱼）

可以在鲸鱼身上放置标签的无人机，以及在鲸鱼之间游动的软体机器鱼。如果计划进行顺利，那么当你拿到这本书时，这一切都将成为现实。所有鲸鱼都将由充满慈爱的机器照看。

在与 CETI 团队的对话中，我不禁回想起阿扎的一句话：“这些人工智能工具就像是人类发明的望远镜，而新的数据集就是夜空。你将望远镜调高的那一刻，想象一下，我们将会发现什么。”[43] 如果 CETI 不是查找动物模式的哈勃望远镜，那我不知道什么才是。我几乎难以置信，在这段旅程中我见证了所有开创性的手段和技术，它们正在逐渐成熟，相互融合，清晰完善。被动声学、标签、无人机、自动驾驶车辆、机器学习和自然语言处理——全部是开源和共享的。正如一位科学家所说，这将是一次真正的跨学科合作，带来“以数据为中心的动物研究范式转变”[44]。无论 CETI 能否成功，硅谷的技术、资金和雄心都已经进入这个领域，并永远地改变了它。

这些发展之所以成为可能，是因为人类在过去 50 年里进行了艰苦而重要的研究，探索和记录了鲸类复杂的生活。在这半个世纪中，抹香鲸从世人眼中的“哑巴”，变成了地球上公认最善于交流的动物之一；在这一时期，鲸鱼和我们的海洋都遭受了可怕的破坏，人类保护鲸鱼和海洋的运动也随之兴起。

现年 87 岁的罗杰见证了这一切。他告诉我，如果 CETI 成功，我们能与另一个物种交流，那么这将“彻底地、从头到尾地、令人震惊地、使人惊奇地、出乎意料地、完完全全地——改变我们对其他生命形式的态度”[45]。他认为，正是这种改变可以拯救我们，使我们免于毁灭自然和我们自己。在过去两年新冠肺炎疫情大流行期间，他与深爱的妻子丽莎（Lisa）分隔两地，丽莎无法离开新西兰。这些年间，我们目睹了灾难性的山火、北极冰盖的大面积融化，以及亚马孙雨林遭受的不可逆转的破坏。当他向我介绍 CETI 时，我想知道，是否正是这个项目帮助他撑过了这段艰难的日子。

这些科学家和技术专家会发现什么，他们的发现会让我们重新思考与这些生物的关系吗？或许有一天，我们会“破解”抹香鲸的咔嗒声，知道其中哪些代表“母亲”“痛苦”和“你好”。这种想法是异想天开吗？答案当然是：唯有尝试，才能知晓。我认为这是一个激动人心的时刻，人们从容地将强大的工具指向黑暗的未知领域，并坚信这可能是地球上最重要的任务。正如简·古道尔（Jane Goodall）听完地球物种计划的构想时所述：“从孩提时代，我就梦想着理解动物在说什么。现在这可能要成为现实了，这是多么美好的事情。”[46]

而鲸鱼仅仅是一个开始。

2021 年春天，我和朋友特里斯特拉姆（Tristram）以及他 7 岁的女儿阿迪（Adi）在他们的花园里休息。特里斯特拉姆一直在教小阿迪认识昆虫和野花，但有些物种把他也难住了。他说，这让他想起了已故的父亲，一位渊博的博物学家。“他已经不能在我身边告诉我这些是什么了。我深深地怀念那些日子。我从来没有把他说的东西都记住。”但现在，特里斯特拉姆的口袋里装着一个人工智能昆虫识别器。“它能告诉我这种昆虫在第二龄时期是什么样子，这让我的生活变得如此美好。”至于我，现在也因为使用了一款基于人工智能的树木识别应用 PictureThis，而认识了我们本地公园里的树木。

如今，当我听到一段识别不出的鸟鸣时，我也会拿出手机，使用我的鸟鸣应用程序 Merlin（就好像鸟类版的音乐识别软件 Shazam）！ Instagram 推送给我一则广告，介绍的是一款名为“Blossom”的应用程序，它不仅能识别植物、告诉你如何养护它们，还能利用计算机视觉诊断你的植物是否生病、浇水过多或晒伤了。Instagram 上的另一则广告向我推送了一张“my.bird.buddy”的图片——上面是一款喂鸟器，它能自动拍摄到访鸟类的照片和视频，并通过声音和图像为你识别它们。广告宣称它能识别 1,000 种鸟类，这占了全球鸟类物种总数的 10%。它还能将采集的信息发送至一个开源平台，科学家们可以据此追踪鸟类的迁徙和物种数量。它的售价为 150 美元。它不是实验室或大型宠物公司开发的，而是由几个朋友在众筹平台 Kickstarter 上发布的。这是一个由公民资助、面向大众市场、由人工智能驱动、在社交媒体上优化、具有保护目的的鸟类喂食器。

这些技术，标志着我们认识和了解自然的方式发生了一场革命。诚然，正如《动物互联网》的作者亚历山大·普谢拉（Alexander Pschera）所说，我们正在重新接近大自然——通过我们的技术来了解动物和其他生物的运动、它们看到的景象、它们的生活和知识。他认为：“动物互联网有可能恢复人与动物的关系。”[47] 我拜访的生物学家们所用的笨重工具经过锻造改

白鲸“赫瓦尔基米尔”（Hvaldimir）*

良，变得更加直观好用，还装进了我的口袋。而这一切都发生在眨眼之间。

快乐鲸鱼网站的泰德·奇斯曼前不久给我发了一封电子邮件，告诉我他的系统现在几乎已经认识北太平洋现存的每一头活着的座头鲸了。

他写道：“一开始只是‘嘿，瞧瞧咱们能不能做到’，现在，靠着一种我几乎不敢相信能奏效的方式，我们实现了人工

* 赫瓦尔基米尔是一头雄性白鲸，最早发现于挪威北部，据称发现它时，它身上穿戴着相机背带和 GoPro 支架。它与人互动、捡球等行为，表明它曾被圈养，人们认为它是俄罗斯的“间谍”，在军事训练中逃脱。——译者注

智能辅助合作，而这项合作跨越海洋，还将持续数十年。”[48]

那么，有鉴于此，以及我所看到的一切——动物具有类似语言能力的蛛丝马迹，鲸鱼非凡的身体、头脑和行为，传感、记录和分析技术的革命，资金雄厚、具有历史意义的国际性合作项目及其宏伟的抱负，我们现在是否必然会发现鲸鱼和其他物种交流的内容，如果它们交流的话？我还是不确定。我发现自己还在犹豫不决，这其实很奇怪。我在调查过程中遇到的科学家，都谈到要学会更好地倾听。然而，这给我留下了一个挥之不去的问题。我们真的准备好倾听了吗？

第十一章

人类例外论

Anthropodenial

动物的存在不是为了教诲我们，但它们一直在发挥这种作用，它们教给我们的大部分东西，都是我们自以为从人类自身了解的。

——海伦·麦克唐纳《在黄昏起飞》[1]

1856 年，在杜塞尔多夫附近的尼安德山谷，采石场的工人挖出了一块颅骨碎片和一些肢骨。它们似乎来自一种类似人类的动物，这种动物长着大鼻子、粗重的眉毛和更加短粗的身体。很快，他们发现了更多属于其他个体的骨骼。这些新的原始人以发现的山谷之名，被称为“尼安德特人”（Neanderthals）。

自那时起，我们已经发现了数以千计的化石和文物，知道了他们生活在公元前 40 万年至约 4 万年前，之后就消失了。[2]

他们分布在欧洲各地，西起葡萄牙和威尔士，东抵西伯利亚的阿尔泰山脉。在了解上述这些信息之前，我们就已经认定，尼安德特人比我们和我们的人类祖先“低等”。人类叫作“智人”（*Homo sapiens*），即“有思想的人”。至于尼安德特人的学名，有人曾经给出一个提议：“蠢人”（*Homo Stupidus*）。

可是我们错了。后来，我们发现尼安德特人不仅强健、勇敢，而且很聪明。一些发现表明，他们会合作制造武器和陷阱来捕猎野牛和驯鹿。[3]18 万年前，尼安德特人在今天的泽西岛（Jersey）狩猎猛犸象。他们使用刀和斧子，其石质刃部和斧头都是从很远的地方开采的，他们随身带着未经加工的石料，需要时再磨制雕刻。[4] 考古发掘表明，尼安德特人有珠宝，或许还有艺术品。他们生火[5]、制造复杂的工具和衣服；他们似乎有某种宗教信仰[6]，能实施挽救生命的大手术[7]。在 6 万年前的西班牙，他们在钟乳石上涂抹红赭石颜料，或用吹气的方式将颜料喷溅到钟乳石上，形成一道道线条——在长达 1 万年的时间里，不同的尼安德特人族群被吸引到同一个洞穴，做了同样的事情。这些图案对他们来说一定意义非凡。

尼安德特人看来是有智力的，并且可以交流。我们以为人类的大脑在所有灵长类动物中是最大的，但对尼安德特人颅骨的扫描显示，他们的脑容量比我们还大（尽管我们知道这本身并不一定就是准确、可靠的智力指标）。他们会埋葬死者。没错，他们是与智人不同，但他们与我们的差异并没有我们想象

红赭石手形图，摄于西班牙卡斯蒂略。图中可以看出，艺术家在手上喷洒了颜料来绘制它们。尼安德特人用赭石涂抹身体和他们的物品。这些古老的绘画距今已有39,000多年的历史，因此一些科学家认为是尼安德特人创作的

的那么大。

因为尼安德特人早已消失，所以主流的假设是，我们作为占据优势的、更高级的原始人类，在竞争中击败了更原始的表亲，并消灭了他们。然而，随着更多信息浮现出来，这种理论渐渐经不住推敲。尼安德特人并不是在我们祖先居住的区域遽然消失的。事实上，双方生活的时间是重叠的，他们是逐渐消失的。这可能是因为，他们捕猎的动物和其他食物随着气候的

变化而灭绝了。

尽管如此，尼安德特人并没有完全消失——事实上直到今天，他们都还在我们体内存续。遗传学研究发现，在某些人类身上，有多达 2% 的基因来自尼安德特人祖先。[8] 我们的物种相遇、融合、交配。当采石场工人发现尼安德特人的骨骼时，他们“发现”的并不是另一种人类，而是人类自己的亲戚。我们认为尼安德特人原始、比我们低等、是我们征服了他们，这种假设影响之深，导致我们难以理解一个更加复杂的故事：我们双方是有共同点的，我们的生活交织在一起，我们从彼此身上吸收了一些特质。这些“蠢人”的骨头，可能就属于我们祖先的朋友。

认为尼安德特人比我们低等的理论，最早是由科学家提出来的，且一直顽强地延续至最近几年；但这种主张所依据的是极其不科学的东西，即我们文化中某些根深蒂固的信念。我们内心的滤镜，下意识地为我们所看到的一切都染上了颜色。

理解另一种动物的交流面临诸多挑战，我对此已经有了深入的了解。无论是学习“鲸语”、采集数据，还是查找模式、测试观察结果，都存在技术障碍，其中很多障碍在过去看来都是不可逾越的。几百年前，莫利纽克斯绘制地图时，鲸鱼还是怪物，是《圣经》中的罪魁祸首，只配以恐怖的形象在海洋图上填补空白。彼时，人类可能无法想象，十几代人以后，我们会从空中拍摄鲸鱼的照片，借助鲸鱼背上的机器观察它们眼中的世界，从鲸鱼的叫声中破译它们的“名字”。此刻，我们不是都做到了吗？我们的技术确实日新月异。但是，我们的偏见可曾改变？

人类中心主义（Anthropocentrism），或者说“人类是特殊的”这一信念，使我们一厢情愿地将尼安德特人与其他所有动物归入同一个心理范畴，尽管他们与我们有着明显的相似之处。我们刻画出一条心理鸿沟，经过将近一个世纪的求证，这条鸿沟才缩小到我们可以看清尼安德特人真实面貌的程度：他们不是比我们“更好”，也不是“更差”，而是和我们不一样。尽管取得了这些发现，但在现代称某人为“尼安德特人”仍被视作一种侮辱。当然，也会有相反的一面，那就是我们将自己的信念投射到其他动物身上，认为它们和我们一样，甚至比我们更高级。我现在认为，如果我们想尝试与鲸鱼对话，偏见才是最后的障碍。显然，偏见是双向的，它存在于我们每个人的内心，包括我。

在这场漫长的探险中，我逐渐意识到，对许多人来说，“解码”动物的交流已不再是幻想，而是一个技术问题，但有些东西一直困扰着我。虽然我个人很喜欢这个想法，喜欢它的浪漫和无尽可能，但我内心总有一块地方无法接受这一切可能会实现。这一部分是出于合乎逻辑的想法：我们现在不会说“鲸语”，鲸鱼也不会讲人话，因此这不可能实现；还有一部分是出于生物学家的本能怀疑：我们以前尝试过与其他动物交谈，或者教它们与我们对话，但都失败了。不过，除此之外还有其他原因——一些更深层次的东西，这些东西让我在情感上退缩了，认为“会说话的鲸鱼”是一个荒谬的概念：试图和鲸鱼说话是没有意义的，因为它们不会说话，它们不会产生你可能与之交流的思想。

可是，我又是怎么知道的呢？这种观念从何而来？

1649 年 2 月，法国哲学家、数学家勒内·笛卡儿（René Descartes）写信给他的朋友、哲学家亨利·莫尔（Henry More）。[9] 那是一个激进、新颖思想盛行的时代，笛卡儿是那个时代最伟大的思想家之一。他认为，我们可以通过严格运用理性思维来认识周围的世界，从而追求知识。他的思想和发现是“理性时代”或者说“启蒙运动”的支柱。在这一时期的欧洲，人类的思想和理想发生了巨大变革，当时提出的很多主张至今仍支撑着我们的生活和信仰。笛卡儿最著名的哲学命题是“我思故我在”（Cogito, ergo sum）[10]。这意味着他知道自己存在，因为他可以推理。

对笛卡儿和其他很多人来说，理性是人类特有的，是独一无二的天赋。从此，我们通过理性，对世界有了更多的了解——但笛卡儿也将人类背后的理性吊桥高高拉起，切断了我们考虑其他物种中存在理性世界的可能之路。当时，机器（或自动操作装置）的生产制造在西欧爆炸式增长。“大自然制造了它自己的自动操作装置，比人造的更加出色，这些自然的机器就是动物”，笛卡儿认为这种观点是合乎理性的。他宣称，其他物种与我们不同。它们只是生物机器。

和许多同代人一样，热衷于实验的笛卡儿观察并参与了活体解剖，如痴如醉地观看还在跳动的心脏及其他器官从活生生的动物体内取出。这位细腻、敏感的哲学家怎么会体会不到其中的残忍呢？这并不是因为他认为鱼、狗和其他可怜的动物感受不到疼痛，正如他本人所言：“我并不否认任何动物的感觉，只要这种感觉源自身体器官。”但对笛卡儿来说，感觉本身并不重要，重要的是人类独有的理性思维天赋。动物可以有感觉，但它们没有真正的思想——它们的交流无法超越生理的需要就是明证。

笛卡儿写过一只喜鹊的故事。在食物的奖励下，这只喜鹊学会了一项本领：每当女主人走近，就向她问候“你好”。在笛卡儿看来，虽然喜鹊看似在表达它自己的想法，但这解释起来要简单得多。它不过是一台机器，经过训练，会发出声音，表达它渴望进食的情绪。“同样，狗、马和猴子所做的一切事情，都只是在表达它们的恐惧、希望或喜悦而已；所以，它们不需要思想也能做这些事情。”他写道。[11]

理性是人类独有的特质[12]；语言作为理性的表达，证明了这一点。你能说话，就意味着你有重要的、与众不同的想法，而其他动物则没有这些想法，因为它们不会说话。因此，不管你如何对待它们，但永远不会用同样的方式对待一个理性的人类。

笛卡儿绝不是第一个将人类凌驾于其他物种之上的人。在西欧，基督教主导着人们的政治和思想生活。在这种文化之下，人类的角色是野兽的统治者，是牧羊人和文明人，许多关于自然的著作谈论的都是如何培育和控制自然——这是事物的自然规律。

甚至在基督教之前，“自然阶梯”（scala natura）或“存在巨链”（Great Chain of Being）就已经是一个哲学概念了。它最早由柏拉图、亚里士多德等古代思想家提出，并被后世以各种形式加以采用和改造。地球上的万事万物和每个人都有阶层，神位于顶端，其次是较低级的超自然生物（比如天使和其他），然后是凡人（国王—其他精英—普通人）。人类之下，是被认为最重要和最有用的动物，其次是被认为用处不大的动物，依此类推，最底层是无生命的实体，如矿物和岩石。接受“自然阶梯”是一种便宜办法，人们既能据此了解自己的位置，又能让其他人各司其位。

到了笛卡儿的时代，“自然阶梯”观念受到了挑战。探险家远渡重洋，抵达新大陆和冰雪覆盖的极地，一路遇到的人和动物都颠覆了他们的想象。天文学家发现了新的行星，绘制出星体的运动轨迹。一些观察结果并不符合当权者的期望——国王和教皇的合法性依赖于一个等级分明的世界，地球是宇宙的中心，而他们则处于地球的秩序之巅。于是，当乔尔丹诺·布鲁诺（Giordano Bruno）在公元1600年提出，宇宙浩瀚无边、充满其他恒星和行星、太阳才是我们太阳系的中心等观点时，他被判为异端，并被烧死在火刑柱上。不过，你可以焚炙使者，却无法隐藏太阳。

长期以来，生物学的发现一直影响着我们如何看待人类与自然的关系，以及我们如何划定自身与其他物种之间的界限。从亚里士多德的《动物志》[13]，到12世纪阿拉伯学者伊本·巴哲（Ibn Bājja）的植物学文献[14]，再到后来大阿尔伯特（Saint Albertus）的著作[15]，早期的生物学主要涉及对自然界的分类和组织。[16]这类作品寥寥无几，有机会读到它们的有文化的人更是凤毛麟角。但随着运用实验方法的人文主义者的出现，文艺复兴时期对古典文化的重新发现，以及宗教改革对天主教会发起挑战，人们逐渐有机会将理性应用于周围的自然世界。得益于新的工具、富有的赞助人和对自然更感兴趣的浓厚文化氛围，像笛卡儿这样的人士开始努力去了解动物，观察它们的运作方式，并将其与我们人类的运作方式联系起来，从而解释人类的特殊性。

这些发现逐渐削弱了欧洲、基督教和王室具有特殊性的观念，尽管他们继续依靠这些观念为其殖民和剥削“发现”之地的行径辩护。动物、植物，甚至还包括人类，从新大陆运回汉普顿宫，从马来群岛送往君士坦丁堡。一些动物被呈献给王室，并作为动植物收藏中的新品向公众展示，它们打破了人们对动物应该是什么样子的一贯设想。1500 年左右，袋鼠被首次描述，人们说它是一种“怪兽，手如人、尾似猴，拥有令人惊奇的自然特征——一个用于携带幼崽的袋子”[17]。这只可怜的袋鼠随后便遭捕获，尸体运至西班牙统治者斐迪南和伊莎贝拉的宫廷，令二人大为惊讶。

400 年后，动物学的发现继续激发人们的好奇和敬畏之心——一头活体长颈鹿运抵 19 世纪末的巴黎，掀起了一股热潮，一种高耸的新发型在巴黎市民中流行开来。在英国，实验哲学家和医生自筹资金或依靠王室赞助，取得了生物学上的发现。英国皇家学会和其他科学机构组织起来，分享他们的发现，举行演示和实验。像列文虎克这样掌握设备制造技术的商人，也开始涉足自然探索。在 19 世纪，很多形形色色的业余爱好者都加入了他们的行列。在英伦三岛，受过观察和实验教育、有大把闲暇时间的乡村教区牧师和绅士博物学家们，开始记录候鸟的迁徙、昆虫的生命周期、植物的开花和杂交、岩石的分层，以及岩层中发现的巨兽化石。他们观察、记录、预测、探究，并分享辛勤劳动的成果。用于观察和测试的设备不断推陈出新；好奇的人们探索着微观世界、原子世界、化学世界和星际空间。从地球的年龄，到宇宙的大小，再到物质的组成，他们的发现颠覆了我们对一切事物的认知。

正如揭示重力存在和大气组成的人，试图将他们的发现置于更广泛的物理和化学模型中一样，“自然哲学家”（后来被称为“生物学家”）也试图找到一种统一的原理来解释生命的运作方式。至此，来自各个科学领域的发现——如查尔斯·莱尔、查尔斯·达尔文和阿尔弗雷德·华莱士等博物学家的发现——已经从根本上改变了我们有关人类起源、地球家园及其在宇宙中所处位置的讲述。我们曾认为，地球是位于太阳系中心的一颗特殊行星，它本身就是一个小宇宙的中心；现在我们明白，事实并非如此。我们知道了，我们不是按照上帝的形象被创造出来的，而是从腥臭的海洋生物中缓慢而盲目地进化出来的，和我们亲缘关系最近的是类人猿。我们也知道了，存在其他星系、其他星球，以及规模超出我们理解范围的生物：一滴水中有其他完整的生态系统，比《圣经》还古老的树木，比我们这种地球改造者的数量还要多的蚂蚁社会。随着每一次发现，所有生命的范围和奇迹都在扩大，我们自身在其中的地位、我们的主导角色则似乎削弱了。

然而，在种种科学和知识进步之外，有一个故事经久不衰：我们讲述的关于其他动物的故事。在这方面，我们依然是特殊的。用当代哲学家梅兰妮·查林杰（Melanie Challenger）的话来说，“世界如今被一种不认为自己是动物的动物统治着”[18]。

值得一提的是，并非所有人都赞同笛卡儿的思维方式。1580年，也就是他提出假设之前的一个世纪，法国哲学家米歇尔·德·蒙田（Michel de Montaigne）就已写道：“当我和我的猫在玩耍时，我怎么知道究竟是它在和我玩耍，还是我在和它玩耍？”[19]

不过，这些观点终归是异类。直到数百年后，才有人尝试用科学的方法研究动物思维问题。即使到了 19 世纪，大部分生物学研究往往也只是一些有学问的人把动物的尸体剖开，试图弄清它们的工作原理，然后再将它们重新拼装起来，制成标本。事实上，直到 1898 年，心理学家爱德华·桑代克（Edward Thorndike）才发表了第一篇涉及非人类对象的心理学研究。到了 1911 年，情况几乎没有起色，他抱怨道，“田野的走兽、空中的飞禽和海里的游鱼”都被数不清的研究者“费尽心思地”研究过了[20]，以便弄清楚这些动物的身体是如何工作的。那么，为什么不研究一下它们的智力呢？桑代克抛出了问题。渐渐地，其他科学家纷纷效仿。他们主要在实验室中设计实验，研究老鼠、鸽子或狗等易于饲养的动物的行为。例如动物生理学家伊凡·巴甫洛夫和他著名的狗，这些狗受过训练，一听到铃声就会条件反射地流口水。

在此基础上，动物行为学（ethology，对动物行为的研究）在 20 世纪初发展起来。该领域的创始人之一尼可拉斯·廷伯根（Nikolaas Tinbergen）花了大量时间观察野生鸟类，他将这种揭示动物行为的方法称为“观察和思考”[21]。另一位科学家卡尔·冯·弗里希（Karl von Frisch）则研究蜜蜂，发现觅食归来的蜜蜂会对着蜂巢的同伴跳舞，指示出正确的食物来源方向和距离。[22] 蜜蜂这样原始的生物竟然拥有舞蹈语言，这一度令人存疑。如今，人们已经按照弗里希总结的蜜蜂舞蹈规则制造出机器蜜蜂，并成功引导真正的蜜蜂找到新的食物来源。1973 年，弗里希、康拉德·洛伦兹（Konrad Lorenz）和廷伯根共同获得了诺贝尔生理学或医学奖。动物行为学研究走向成熟。

在接下来的几十年里，我们对动物的了解将推翻我们最根深蒂固的假设。生物学家开始研究动物行为与其适应性的关系：它们生存、繁殖和延续基因的能力。行为生态学家研究了动物如何选择其行为，从而在栖息地受到限制的条件下获益。认知心理学家则试图从动物如何接收、整理和利用外界信息的角度，来解释动物的行为。很多人花了一辈子的时间，来观察狮子、海鸥、黑猩猩、大象、乌鸦、章鱼和鹦鹉的行为。今天，生物学家正慢慢接受这样一个事实：动物个体不但有复杂的学习行为，也可能具有鲜明的个性，彼此之间或存在极大差异。

加州大学戴维斯分校从事动物性格研究的贾克琳·阿里佩蒂（Jaclyn Aliperti）说，她并非看到一只动物就想到它属于某个物种，而是“更多地把它们视作个体”，解读“你是谁？你要去哪里？你在干什么？”这类问题[23]。自从开始研究动物的能力，我们已经发现它们会做很多事情，有些能力甚至远远超过我们。下面是一份粗略的清单，列出了其他动物似乎能够做到的事情——我们过去以为这些是人类的“独家本领”：

在这张照片中，诺贝尔奖获得者、动物行为学家康拉德·洛伦兹领着一群小鹅。他发现，新孵化的鸟类会表现出“印随”现象，将它们看到的第一个移动物体认作“妈妈”并跟随该物体。在本例中，他就是“鹅妈妈”

制作工具[24]

合作完成任务[25]

提前计划[26]

有更年期[27]

理解抽象概念[28]

记住数百个单词[29]

记住一长串数字序列[30]

做简单的数学运算[31]

识别人脸[32]

结交和拥有朋友[33]

舌吻[34]

患有精神疾病[35]

悲伤[36]

使用句法[37]

坠入“爱河”[38]

感到嫉妒[39]

准确模仿人类语音[40]

体验敬畏、惊奇，甚至获得“心灵”体验[41]

感到痛苦[42]

感到愉悦[43]

讲八卦[44]

为了“消遣”而杀戮（在没有食物、防御或其他原因的情

况下）[45]

玩耍[46]

显示出道德[47]

展示公平感[48]

表现出利他行为[49]

创作艺术[50]

计时[51]、随着节奏移动、跳舞[52]

大笑，包括被挠挠痒时[53]

在做决定之前权衡各种可能性[54]

情绪传染（看到他人痛苦时自己也感到痛苦）[55]

相互救助和安慰[56]

在手势和言语信号中显示出口音和文化差异[57]

拥有并传播文化[58]

预测他人的意图[59]

故意用酒精和其他物质麻醉自己[60]

操纵和欺骗他人[61]

尽管这些发现中有不少都存在争议，因为我们的用词太人性化了，以至于在许多观察者看来，将这些词的全部意义扩展到动物身上过于牵强。但是，每一个发现都有一些证据支持。即使在了解这些发现的人当中，有时也存在一种抵触情绪，他们不愿意去探究这些发现的意义，很容易就认为它们不可能是正确的。将动物的经验和能力与我们自己的经验和能力做比较，这种做法是否触动了某种更深层次的东西，某种本能？这也许不是科学家追求准确性的本能，而是人类仍在寻找自身特殊性的本能？

灵长类动物专家弗兰斯·德瓦尔（Frans de Waal）用了一个很精彩的术语，来描述我们看到动物表现出与人类相似的能力时急于否认的情景："人类例外论"（或称"否定类人论"，anthropodenial）[62]。一个有趣的例子是哀悼。虽然哀悼是人类的一种强烈冲动，我们在失去亲友后会出现一系列共同的行为和特征，但有迹象表明，它并不仅限于人类。大象会用鼻子翻动已故同伴的骨骼，嗅闻它们，将脚轻轻地放在它们的下颌和头骨上，探查同伴生前互相致意时可能碰到的象牙。有亲戚关系的大象似乎比其他大象更关心这些遗骸。有时，人们观察到它们用土壤和植物覆盖死去的大象。经过朋友死去的地方时，它们也会停下来，安安静静地站着——即使遗骨已经不在那里了。[63]

在鲸类中，我们也记录到与我们所谓的"悲伤"有关的行为。人们曾观察到虎鲸和海豚母亲推着死去的幼崽游动，短则数天，长则数周。比如，加拿大不列颠哥伦比亚省附近的南方居留鲸群中，编号 J35 的虎鲸母亲塔勒夸（Tahlequah）[64]，将死去的幼崽带在身边整整 17 天。这让全球关注它的人们被深深触动，心碎不已。追踪塔勒夸的研究人员担心它瘦弱的身

24 岁的虎鲸母亲（编号 L72）驮着夭折的新生幼崽离开圣胡安岛

体；鲸群的其他成员似乎也很关心，它们轮流托举死去的幼崽，好让“悲恸”的母亲能休息片刻。就这样游了 1,000 英里（约 1,609 公里）后，母亲放下了已经腐烂的幼崽。事实上，研究者最近发现，“死后关怀行为”在 20 种不同的鲸类物种中都有记录。正如鲸豚类神经科学家洛瑞·马里诺所说：“没有理由认为悲伤仅限于人类。”[65]

当然，我们也可以往相反的方向，即“人类例外论”的反面倾斜。我们会把动物人格化，常常将我们自己的内心世界和动机投射到并不具备这些特质的动物身上。有时，我们甚至更进一步，为动物赋予人类自身都不具备的能力。我在夏威夷遇到琼·欧森（Joan Ocean）时，便对此有了亲身体会。

琼是“海豚之乡”的创始人之一。这是一个松散的组织自封的名号，由大约200名来自世界各地的人组成。他们来到科纳（Kona）西南海岸生活，与在此居留的长吻原海豚（spinner dolphin）一起游泳，亲近它们。琼笑容灿烂，皮肤晒得黝黑，在20世纪70年代与备受争议的传奇人物、研究海豚的约翰·里利结识后，她就对鲸豚动物产生了浓厚的兴趣，并参加了早期的物种间交流团，前往温哥华岛（Vancouver Island）。她告诉我，在那里，一头鲸鱼曾经与她“对话”。琼觉得她被选作了某种“鲸类大使”，将它们的指导以一种“确保能被接受”的方式传达给人类。从那时起，她将自己的一生都献给了这项“使命”，与海豚同游长达33年，她与野生旋海豚共度的时光可能比任何人都长。她向我解释道，海豚向她介绍了遥远的星星、我们人类看不见的宇宙、等离子船、金字塔和变形技术。归根结底，琼的信念就是，海豚和其他鲸类不是地球上的物种。

但——这与我们所见恐怕相去甚远吧？我心中疑问。那些看上去在玩弄猎物[66]、慢慢杀死它们然后再丢弃的虎鲸，该怎么解释？许多鲸类物种跨越海洋，在我们船头和船尾的波浪中驰骋[67]，叽叽喳喳、冲来撞去，又怎么解释？我们最合理的猜测是，它们这么做单纯是为了取乐。我们观察到宽吻海豚攻击港湾鼠海豚（harbor porpoise）致其死亡[68]的景象，这该如何解释？它们照顾病弱和残疾同类[69]的证据，又怎么说？还有直布罗陀附近那些奇怪的虎鲸，它们一直在破坏帆船的舵，导致许多船只漂走，以至于政府禁止小型船只进入它们的地盘[70]，这有什么说法？或者那些被录下来“说梦话”[71]、模仿座头鲸叫声的海豚？太空生物怎么会来地球鼓捣出这些事呢？

我欣赏琼，敬佩她毕生奉献的精神，也尊重她的信仰。然而，我认为海豚崇拜存在同样的缺陷——人格化和人类例外论不过是半斤八两。这两种观点都过于简单，缺乏证据，也都依赖于将人类或海豚视为例外的心理投射。自然作家卡尔·萨菲纳（Carl Safina）曾写道，人类是“最富有同情心同时又最残忍，最友好同时又最具破坏性的动物”；他说，我们人类是一个“复杂的案例”[72]。这无疑是我们如此有趣的原因，或许也同样适用于其他动物。

与其基于我们与特定动物个体之间的情感纽带而过高估计它们的能力，或者出于我们在文化上的“条件反射”而低估它们的能力，或许，对它们的能力保持开放的态度、允许我们对它们的能力感到惊讶，才是最好的方式。假设动物能够思考和感受，然后寻找证据，这样做有错吗？相比之下，假设动物不能思考和感受，然后要求证据来证明它们有这些能力，这样合理吗？

我们就这样走到21世纪初，拥有了一个建立在“自然阶梯”之上的世界和文化，但越来越多的证据表明，这个阶梯并不自然。尽管如此，无论是通过宗教还是文化，我们仍然将动物视为被统治的生物。在英国的法律体系中，动物被界定为“物品”；一些法律规定了喂养、饲养和屠杀动物的方式，但它们并不像人类一样享有生命权等法定权利。在我居住的伦敦，食用动物、用它们制作衣物、通过它们获得情感寄托，乃至用它们装饰家具都很常见。也许，这就是我们的“人类例外论”留下的遗产。

我曾问过罗杰·佩恩，人类过了这么久才尝试与动物对话，就他认为，是什么阻碍了我们。他说：“这和白人至上主义如出一辙，只不过这是人类至上主义；和白人至上主义一样，它完全建立在恐惧之上。”[73] 我认为他说的没错。我们害怕我们发现的东西可能是对的。放弃自己享有的特权是一种令人感到害怕的想法，与其他物种交流则将迫使我们反思，自己是如何对待这些动物的。

纵然如此，我也觉得这些迅速积累起来的动物发现正在影响我们的文化和决策，这种影响是逐渐的、不规律的。用科幻作家威廉·吉布森（William Gibson）的话说：“未来已来，只是分布不均。”[74] 事实上，针对“人类例外论”顽守的最后一块阵地——动物意识领域，科学界也逐步形成了共识。例如，2012 年，来自不同学科的科学家在剑桥大学举行会议，发表了《剑桥意识宣言》（The Cambridge Declaration of Consciousness）。[75] 宣言中称：“大量证据表明，人类并非唯一拥有产生意识的神经基质的物种。非人类动物，包括所有的哺乳动物和鸟类，以及包括章鱼在内的其他多种生物，也拥有这些神经基质。”[76]

五年后，欧洲食品安全局的一份报告（17位专家为此审读了659篇科学论文）指出，“家畜中存在更高层次意识的例子”[77]。报告所引用的研究表明，母鸡能够判断它们自己的知识状态，这说明它们能意识到自己知道什么、不知道什么。猪能记住它们在何时、何地经历过的事件。绵羊和牛能识别不同的个体。至于最复杂的能力，有证据显示动物了解自己的状态，具备了解和处理其知识的能力，并且能够评估同类的心理状态，而这可能导致某种形式的共情。报告称：“总体而言，这些研究……明确支持家畜物种具备复杂意识处理能力的假设。”

在公众中，关于动物及其感知能力的类似观念已经深入人心，以至于在2017年，英国最热门的一条政治新闻是：保守党投票否决了一项法律，该法律规定动物是“有知觉的生物”，能感受到痛苦或情感。[78]这则新闻被分享了50万次[79]，舆论哗然，负责环境、食品和农村事务的环境大臣迈克尔·戈夫被迫发布视频向民众保证，保守党希望“确保英国脱欧不仅造福英国人民，也造福动物”。放在十几二十年前，很难想象这样的新闻会获得如此大的关注。四年后，保守党政府将《动物感知法案》（Animal Sentience Bill）[80]提交上议院表决；该法案承认脊椎动物能够感受到疼痛，应受到保护。一些为动物游说的保守党议员走得更远，将章鱼、龙虾等无脊椎动物也纳入其中。电视节目《早安英国》简洁地发了一条推文："动物正式被认定具有知觉。是时候停止食用它们了吗？"[81]

2017 年，纽约最高法院受理了一起案件，案件的"当事人"是两只被圈养的黑猩猩。这两只灵长类动物的律师向法院申请人身保护令，要求将它们从不幸的监禁环境中解救出来。虽然法院驳回了这一申请，但做出裁决的法官之一尤金·费伊（Eugene Fahey）后来在法官意见书中写道，他"一直在苦苦思索这究竟是不是正确的裁决"。他认为，这件"意义深远"的事情还没有结束。非人类动物在法律上应该被视为生命体，还是像现在这样被视为财产，这个问题必须解决。被视为物品，则没有自由权或其他权利。费伊法官写道："（这）关系到我们与周围所有生命的关系。在提升我们人类物种地位的同时，我们不应降低其他具有较高智慧物种的地位。"[82]

将此案提交法庭的律师史蒂文·怀斯（Steven Wise）来自动物权益组织"非人类权利计划"（Nonhuman Rights Project），他下一步将寻求为西海岸一家海豚馆圈养的虎鲸担任代理律师。他告诉我，如果他的"当事人"能通过某种办法表达它们自己，以及它们的感受、苦难和对自由的渴望，那该有多好。[83] 从法律角度来说，这将是一次革命。

法院将考虑这些问题——素食主义和纯素食主义的兴起、

将宠物作为伴侣而不是工具饲养，以及更广泛的环保运动。这些事实都表明，我们对其他物种的同情与日俱增——人类中心主义正在缓慢而稳步地消退。我们对其他动物了解得越多，发现它们具备多种能力的证据越丰富，我们就越关心它们，这也将转变我们对待它们的方式。随着座头鲸的歌声逐年演变，我们的文化也在发生变化。

在这次探寻之旅结束时，我认为我们要做一个选择：是继续固执己见，相信我们对鲸豚和其他物种的内心世界、交流方式所抱持的一贯看法，并将这些看法投射到它们身上，还是努力去找出真相。这很重要，因为说话是人类例外论的最后一个绝对支撑点，是我们依然相信只有人类才能做到的为数不多的事情之一；这很重要，因为人类例外论对我们自身而言也是危险的。当我们认为自己凌驾于其他生物世界之上，或是超越于其他生命世界之外，不珍视其他生态系统和生命形式时，我们会把它们当作理所当然的存在，心安理得地将它们消耗殆尽。这很重要，归根结底，这关乎我们人类的自我保全：在很大程度上，我们在这个星球上的生存，取决于重新调整我们对人类与地球上其他生命之间关系的理解。

2021 年，阿里的同事们分析了放置在南极洲须鲸身上的 321 个标签，发现它们采食的磷虾（一种类似小虾的动物）数量远远超出我们之前的估计。[84] 这一发现让他们了解到，在捕鲸时代以前，仅南极洲周围海域的须鲸每年就会吃掉 4.3 亿吨南极磷虾。这是我们人类每年捕捞的海产总量的两倍。鲸鱼吞食猎物、消化，再排泄废物，在此过程中它们会将有机物散布到海洋中，就像园丁在菜园里撒播肥料一样，推动了整个海洋的养分循环。这意义重大：鲸鱼是海洋生态系统的关键。

然而，由于当前鲸鱼的数量尚未从捕鲸活动中恢复过来，此项研究的作者估计，目前以鲸鱼粪便形式再循环的铁含量只有过去的十分之一——这种循环对于吸收大气中的碳，并将其沉入海洋深处至关重要。鲸鱼的生长速度比树木快；当一头鲸鱼死亡并沉入深海时，它会带走大约 33 吨碳。我们曾以为我们只是杀死了鲸鱼，其实我们同时也在杀害海洋和天空。

根据国际货币基金组织（International Monetary Fund，简称 IMF）的估计，以对人类有用的服务为依据，一头须鲸的平均终身价值至少为 200 万美元[85]，因此当前全球鲸鱼的总价值达到 1 万亿美元。然而，自人类文明兴起以来，80% 的野生海洋哺乳动物已经消失。[86] 每年，我们还在杀害数十亿只动物，使它们的思维永远沉寂。随着我们进一步加速这一大规模物种灭绝的过程，每失去一个物种，我们也永远失去了它感知和应对世界的独特方式。人类例外论让我们自己付出了沉重的代价。

当我想起发现尼安德特人的场景时，我为他们的消失感到难过。我不禁想到，如果在不久的将来鲸鱼也灭绝了，我们是否也会为它们感到悲痛，然后才后知后觉地意识到我们失去了什么：与地球上的生命旅伴交谈的机会。这是一个连接思维的机会，看看我们人类是如何被截然不同的感官和大脑所感知的。正如罗伯特·彭斯的诗句所说：“啊，但愿上天赋予我们一项本领，让我们像别人看待我们一样看待自己！”[87]

但我已经厌倦了科学哲学和推测。我想再次感受与这些生物共处的时光，用最原始的方式与它们交流。我想和座头鲸一起游泳。

第十二章

与鲸共舞

Dances with Whales

我们将不停止探索

而我们一切探索的终点

将是到达我们出发的地方

并且是生平第一遭知道这地方

……

并没有去寻找

而只是听到，隐约听到，

在大海两次潮汐之间的寂静里。

——T. S. 艾略特《小吉丁》[1]（汤永宽译本）

清晨，大海微泛波澜，炽热的阳光照在水面上，闪耀夺目。我坐上小艇，检查装备：脚蹼、面镜、配重、腰带和呼吸管。这艘小摩托艇上坐了我们九个人，其中包括两名向导。我们离开母船“海洋猎人号”（MV *Sea Hunter*），驶向开阔的海域。这艘船可比摩托艇大得多，我们刚在船上过了一夜。我们距离最近的陆地有 60 英里（约 97 公里），停在一片巨大的珊瑚礁上方。这处珊瑚礁位于多米尼加共和国一个名为“银岸”（Silver Bank）的海底高原顶部，银岸海域是北大西洋座头鲸的繁殖地。

我们的领队是吉恩 · 弗利普斯船长（Captain Gene Flipse），他站在驾驶船员旁边。小艇驶过一艘 20 世纪 70 年代沉船的残骸；吉恩告诉我们，据说这是一艘毒品走私船，在逃避追捕途中搁浅了。我们扫视地平线，寻找座头鲸喷出的气柱。我们要找的是静止不动的、平静的鲸鱼，不介意人类靠近的鲸鱼。吉恩说，只有这样才能接近鲸鱼，因为它们甩一下尾巴，就比奥林匹克游泳冠军游得还快。有意义的相遇总要慢慢来，它发生在鲸鱼知道我们的存在，且不会因此改变行为的时候。

我们已经在海上待了好几个小时，在阳光和海面刺眼的反光中眯着眼睛。就在此时，我们看到它们在珊瑚礁岬突出的顶部换气。若不是独特的“通风设备”暴露了它们，我们几乎找不到这些巨兽的任何踪迹。空气从它们热烘烘的肺部喷出，遇冷凝结，形成水雾；对我们这种在空气中生存的生物来说，这种水汽好几英里外都能看得见。它们离我们的右舷约 500 码（约 457 米）远，船轻轻地穿过珊瑚礁，驶向它们出现的位置。

座头鲸和潜水员

甲板上的每个人都满怀期待，等待它们的下一次喷气。这片海域没有其他种类的鲸鱼，所以这些肯定是座头鲸。潜水服紧紧贴在身上，我感觉心都快蹦出喉咙了，靠近颈动脉的地方怦怦直跳。自从“头号嫌疑犯”落在我们身上以来，我又见过很多鲸鱼，但都是在船上或皮艇上观察。

我朝同舱室友、来自明尼苏达州的放射科医生肖恩（Sean）转过身。他瞪大了眼睛，定定地看着远处座头鲸的蛛丝马迹。他问我为什么到这里来，我告诉他，我对人工智能和模式识别在生物学中的应用前景有了一些发现。他说他也在使用机器学习，还介绍了人工智能现在如何帮助他在乳腺X光片中发现肿瘤。他们掌握这项技术才几年时间。他说，这些机器有时会发现他忽略的细微癌症指征，这些关乎生死的指征都隐藏在图片的模式之中。肖恩说他喜欢这些机器，它们有效。

我们的船缓慢地靠近座头鲸。它们有两头，正一起休息，准备浮上来换气，再沉入水柱之下。在最后一次换气结束时，它们消失在水下，留下了两片涟漪渐退的平静水面。这些就是它们的“足迹”。

吉恩下了船，向一个“足迹”悄悄游去。他游到那里，手臂一挥，示意他能看到鲸鱼。几分钟后，他打手势要船靠过去，这意味着座头鲸处于放松状态。肖恩、另外五个鲸鱼发烧友——还有我，在船边做好准备。我涮了涮面罩，坐在水上，注视着吉恩的手势，等待最后的信号。终于，他再次向我们招手。我小心翼翼地离开船，尽量不激起水花。一瞬短暂而美丽的眩晕感之后，我俯视着无尽的蔚蓝。我蹬腿游向他，呼吸急促，使劲转动身体，以免蹬腿激起的波澜传到水面。我游到吉恩身边，从他长长的脚蹼旁望下去，它们就在那里。水下能见度不高，但它们明亮的白色胸鳍在深海中犹如飞蛾的翅膀般闪耀夺目，比它们的太平洋表亲黑色和深蓝色的鳍颜色要浅得多。

这种感觉是如此不真实，却又如此简单。这里有座头鲸，而我就在这里，在海面漂浮颠簸中凝视着它们。我感到一阵阵恐惧，内心一闪而过的想法是，这样做太愚蠢了。我仿佛都能看到新闻的标题："在鲸鱼跃水中幸存的男子被另一头座头鲸杀害。"何必自找麻烦？然而，焦虑很快就被一种敬畏感所淹没。我被深深迷住，不能自拔。这些座头鲸从它们位于北大西洋的觅食场来到这里，其中许多来自缅因湾和芬迪湾，还有一些来自更远的地方：纽芬兰、新斯科舍、冰岛和挪威。如今，随着北极冰雪融化，这些座头鲸正在向俄罗斯北部扩散。我想到了它们来到这里的漫长旅途，以及我通过了解它们的思维和生活而试图融入它们的漫长旅程。

这对座头鲸包括一头正在休息的雌鲸和守护它的雄性护卫。雌鲸在繁殖地常常有"护卫"，雄鲸会随护左右，并竭力驱赶其他同性。一开始，要分辨座头鲸的性别简直太难了；要想确定，只能查看它的生殖器位置。吉恩指着其中一头座头鲸，它的位置比另一头低，背部有草皮一样的东西，那是白色的疤痕组织。吉恩的理论是，这是分娩时留下的伤痕。雌鲸要产下重达一吨的幼崽，生产过程中有时会被挤压在水下的地形构造上，在这里就是锋利的珊瑚岬。这些伤痕标志着一次分娩，座头鲸分娩是人类尚未完整目睹过的谜团，尽管它们是所有鲸类中人类研究最多的物种之一。[2] 我漂浮着，凝视这只座头鲸，想象着这个画面，想象着它在黑暗的海下怀胎一年，然后生下孩子，浑身发抖地紧贴着礁石。

吉恩看了看表。他说，它们已经下潜十分钟了。不知不觉，我也在它们身边停留五分钟了。我在鲸鱼上面盘旋，仿佛一只风筝拴在两艘齐柏林飞艇上方。我听着自己的呼吸声，想起了它们的呼吸声，想到它们过去也曾是陆地动物，这是多么奇特。然后，我又想到我们和它们的祖先都是海洋生物，这又是多么奇妙。我开始闭气，想和它们比一比。我注视着那两头座头鲸停在我下方的一片深蓝之中，就像停在夜间车库的两辆公共汽车，在水流中一动不动。也许我们并没有表面看起来这般不同。我憋不住了，呼了一口气。它们没动，还停在那里。

我脸朝下游着，阳光晒在我的后脑勺上。我贪婪地盯着它们的身体，细细观察，不放过一个细节。伤痕、划痕、尾部被虎鲸咬过留下的疤痕，斑驳的浅色和深色斑点。我勉强能看见它们凸起的眼睛。但它们一定能看见我们，我想它们知道我们在这儿。我时而陷入大小尺寸的错觉之中，大脑一遍又一遍地思考它们到底有多大，并试图计算出来。整整 28 分钟，我们悬浮在鲸鱼上方，不停地吸气、呼气，而它们一次都没换气。

雄鲸似乎已经平静下来，但开始微微变换位置，游到雌鲸上方。它在雌鲸上方盘旋了几分钟，然后胸鳍突然一动，就飞入了黑暗之中。（就这样一头庞然大物来说，这听起来很奇怪，但它确实这么做了！）我们之前见过这种情况，这通常意味着来了另外一头雄鲸。但这一次，我们没看到其他鲸鱼接近它们。接下来发生的事情更加令人担忧。被它抛下的雌鲸将鼻子转向水面，弓起背，就像准备做前空翻的运动员那样。然后，它猛甩尾叶，将自己推向海面。她一下子就冲出了十码，然后再次扬起尾巴上下摆动。整个过程不超过两秒。

我感到一种陌生又熟悉的抽离感。不会又来一次吧，我心想。它要跃水了。雌鲸向上推进，现在离我们有两个身长的距离。意识到它正在远离我们，我松了口气。从完全静止到迅猛冲刺，这种瞬间转变爆发的力量简直强大得不真实——“飞艇”就这样变身成了“生物学拉力赛车手”。只见它收回胸鳍，用身体来了一个手刹过弯，攻角*变为垂直。有那么一瞬间，我回想起前往佛罗里达的沼泽地观看航天飞机发射的情景。点火时的巨大冲击力，让停机坪上的一块金属变成了令人猝不及防的导弹。这头雌鲸也是如此。它的尾部最后一次剧烈摆动，尾叶巨大的软骨“螺旋桨”在水中劈过，然后它就冲了上去。

我看着它冲出水面，在空中划出一道弧线。阳光洒在它的皮肤上，闪闪发亮，海水从它身体两侧倾泻而下——就像美国航空航天局（NASA）的老录像中，土星5号火箭升空时，表面凝结的水汽一泻而下。它在飞行中翻身旋转，用30吨的体重完成了一次反向后空翻转体。它落下时，我再次探入水下，看到它着水时激起的白浪，听到水浪撞击在我耳边形成的轰鸣声：

* 攻角，也称迎角，是一个流体力学概念，指一个物体与流体的相对运动方向之间的夹角。——编者注

这是世界上最美动物运动的巅峰。这也是力量的展现。倘若当时在蒙特雷湾，从我们的皮艇下面看去，画面一定也是这样的。思维火花一闪，生命创造出的最强肌肉随即启动，然后——看啊，鲸鱼飞起来了。虽然只是片刻。

水从呼吸管灌进嘴里，我这才意识到我一直在咧着嘴大笑。我难道是为此而来？它唤起了我突然陷入黑暗、濒临死亡的记忆，但事情没这么复杂。我感到了敬畏，也感到了喜悦。我绕了半个地球来到这片偏远的海域，感受自己的渺小和无知，而这感觉简直太棒了。

每个人都在欢呼呐喊，而这头鲸鱼还在跃水，又跃出两次，离我们越来越远。小船和焦急的驾驶员迅速靠近，把我们“捞”了上去。向导杰夫和鲸鱼在一起泡了半辈子。30 年来，他每年有四五个月每天都要与座头鲸一起游泳两次。他告诉我，他只见过五次跃水，还是在海里看的。他斜睨着我：“你可有点邪门儿。”

据阿里·弗里德兰德估计，一头座头鲸完全跃出水面需要消耗 9.8 兆焦耳能量[3]，而它在全速状态下能产生 50 千瓦的功率，足以为一个家庭提供一天的电力[4]。鲸鱼会一次又一次地跃出水面。我们至今还不知道，为什么世界上最大的动物会这样做——为了交流、炫耀、清除寄生虫，以上皆有可能还是以上皆非——这恰好说明了我们对生命世界的无知。这头雌性鲸鱼是不是甩掉了追求者，又吸引了另一头鲸鱼？它是不是在表

一头座头鲸游过来观察作者

达对海中漂浮的讨厌人类的不满？这次跃水是不是为了回应某种我听不到的召唤？

我的感觉说来非常简单，就是幸运。不仅上一回幸运地躲过了鲸鱼的冲击，这回还幸运地站在了鲸鱼正确的一侧，而且幸运地活在一个跃水的巨型鲸鱼依然存活的时代。当其他游客脱下脚蹼和腰带爬上船时，我静静地仰面躺在水中。肾上腺素让我浑身颤抖，感觉就像在看迈克尔·乔丹扣篮一样，看到有人做得如此出色时感受到的那种纯粹的兴奋感，而这件事是他们天生就要做的。也许我应该为再次近距离地看到鲸鱼跃水而感到意外，但我没有。我感到真相越来越清晰：你观察得越多，看到的惊奇事物就越多。如果你观察一些不太受关注的事物，那么看到的一切都会出乎你的意料，因为我们的想象力无法完全理解这些动物的生活。唯一令我意外的是，竟然是一头跃水砸在我身上的鲸鱼唤醒了我观察的双眼。这并不是我“致命邂逅”的结束，而是一种延续，一次回归，一种以全新的眼光再次审视它的方式。

银岸是一片多石的大陆架，位于多米尼加共和国北部海岸65海里处。它从深海海床升起，顶部距海面仅100英尺（约30米）。在一些地方，珊瑚礁从水面冒出来。银岸是水手的噩梦，这里布满了沉船残骸，它的名字本身就来自350年前在此沉没的一艘西班牙大帆船。这艘船满载白银，迷失在人类从新大陆向旧大陆运送财富的航路上。20世纪70年代，富有远见的多米尼加共和国政府在伊斯帕尼奥拉岛（Hispaniola，又称海地岛，分属多米尼加和海地）北部建立了一个巨大的海洋保护区。为了保护鲸鱼，同时支持观鲸旅游业，只有三艘船拿到了许可证，有资格带领游客前往银岸与鲸鱼一起游泳。一到银岸，游客就必须遵守严格的规定，只能在不足保护区面积1%的范围内活动。这种生态旅游为鲸鱼保护提供了资金，同时也将干扰降到最低。

终其一生，这些鲸鱼每年都会往返于寒冷的北方海域和这片珊瑚礁，有些甚至是从北极游过来的。它们的父辈和祖先也是如此，这样的洄游或许已经持续了几十万年。在过去数十年间，它们在繁殖地和觅食场都被一些奇怪的“新生物”跟踪：

人类。数以万计像我这样的观鲸者到此聚集，数量往往比鲸鱼本身还多。许多人跋涉的距离甚至比鲸鱼游的更远，他们去往南极、夏威夷、斯特勒威根海岸、蒙特雷湾、阿拉斯加、澳大利亚、俄罗斯、墨西哥、挪威、斯里兰卡和南非。作为繁殖地，银岸是大西洋中座头鲸数量最集中的地方。它们来到这里歌唱、产崽、繁殖。

我对前来亲眼见证这一切的人——我的同船伙伴——也产生了兴趣。肖恩和我同住一间舱房，他是来自“獾州”（威斯康星州）的放射科医生，50岁，人看着很年轻。他以前来过一次，但上一次旅行因为异常恶劣的天气而受阻，他们被迫在港口待了四天才出发；他的妻子晕船晕得厉害，发誓再也不来了。肖恩则兴奋得不行，当即又预订了一次行程。船上还有一个闹哄哄的英国大家庭，他们决定所有的假期都用来冒险；还有一对来自旧金山湾区的恩爱夫妻，两人都是50多岁；一位来自新泽西的女士和她的姨妈；一位孤独、内向的德国女士，在一堆说英语的游客中显得形单影只；还有我的朋友乔迪·弗雷迪亚尼（Jodi Frediani），她70多岁了，是我在蒙特雷湾观鲸船上拍摄时认识的朋友。乔迪也在这艘船上，这看似是一个根本不可能发生的巧合，直到我问她参加了多少次观鲸旅行——这已经是她第40次来了。“我不喝酒，也不喝咖啡，”她笑眯眯地说道，“而观鲸是我上瘾的东西。”要过这种瘾可不便宜——我已经花掉了一大部分积蓄——但是天哪，太值了！

是什么驱使他们来的？吉恩告诉我，有一次他在海上遇到六头成年抹香鲸。就在他观察它们时，其中一头雌性抹香鲸周围的海水被大量血液染成了深红色。他不知道发生了什么，随即就看到一头新生的小鲸鱼从“红色的花朵”中露出来。抹香鲸的妊娠期是所有动物中最长的，甚至比座头鲸还长：怀胎十八个月，以一次极度痛苦的分娩告终。他说，鲸鱼妈妈放平身体恢复时，鲸群中的一头雄鲸在照管幼崽。鲸鱼是有意识的呼吸者，意思是它们必须思考如何将呼吸孔露出水面并吸气，这是新生鲸鱼必须迅速学会的一课，否则就会淹死。吉恩告诉我，巨大的雄鲸温柔地照顾着小鲸鱼，将它轻轻推到水面上，完成了它生平第一次呼吸。也许这头雄鲸是它的舅舅或哥哥。

吉恩观察了 20 分钟，判断这群鲸鱼并不介意他所乘坐的小船，于是他悄然下水。他独自游过去，那头雄鲸转身查看，用声呐扫描这位人类访客。声呐在吉恩的肺部回响，他说那种感觉就像有人用手指轻弹你的胸口。从此以后，吉恩就一直在海中与巨兽一起游泳。他与鲸共舞，人与鲸轮流模仿彼此的动作。有时，这种舞蹈镜像互动会持续一个小时。他说，如果要抹去他的记忆而只能保留一次邂逅，那一定是他与照料幼崽的雄性抹香鲸一同游泳的那次。

探险期间，我正在读罗伯特·麦克法伦的《心事如山》（*Mountains of the Mind* by Robert Macfarlane）。他在书中写到了 18 世纪挑战极限的人们如何穿越欧洲，去面对他们称为“崇高”

一头座头鲸的眼睛

的事物。[5] 山峦、火山和冰川，广袤无垠的地貌，以及足以抹去人类生命的严酷天气。与深时（deep time）* 的其他发现相比，这些近年才被发现的地质特征本身是脆弱而短暂的，新生的山脉在“短短”几亿年里就被碾成了尘土和淤泥。这些景观虽然雄浑壮阔，但转瞬即逝，使人类的存在更显得渺小而可怜。正是在这些地方，人们感受到自己有限的生命在原始地质面前是何等不堪一击，就像你用柔软的拇指抵住刀刃去感受它的锋利。早期的登山探险家发现，他们无法用言语来表达这些景观的样

* 深时（deep time）是地质学上的时间概念，是一种更大尺度的、地球漫长的历史时间，其计量单位是百万年、千万年、亿万年。——编者注

子。它们看起来像什么，感觉又像什么，他们找不到任何可以与之比拟的对象，这对从未离开过平原的读者来说很难产生共鸣。麦克法伦写道，即使在今天，这些景观仍然“挑战着我们那自以为是的观念——我们很容易就深陷其中——这个世界由人类而造，为人类而造……我想，它们使我们变得谦逊”。

他的话引起了我的共鸣。来到这里观鲸的人，就像那些曾痴迷于崇高景象的逝者一样，也会感到一种言语都无法形容的渺小。然而，他们来这里不仅仅是为了观赏鲸鱼，他们也希望自己被注视。与群山不同，鲸鱼可以回望我们。被如此巨大的动物凝视，而你又对它充满敬意，对许多人来说是一种超凡的体验，值得他们跋山涉水，倾尽毕生积蓄。

有一天，我和一头鲸鱼幼崽一起游泳，它一次又一次地掉头回来，似乎在和这个人类访客玩耍（在它下面休息的母亲一直密切观察着）。然后，我转头看了看其他人。肖恩欣喜若狂：“你看见了吗？它看着我。它的眼睛直勾勾地看着我，它看到我了。”乔迪划过我身边，像抱小孩一样将装了防水玻璃罩的相机紧紧护在胸前，眼神悠远，说道：“明白了吧，汤姆，这就是我一直跑回来的原因。”我们被一种庞大的、超出认知范围的存在注意到了。它是崇高的。正如麦克法伦在谈论群山时所写的那样：“没错，你会意识到，自己在宇宙大计划中只是一个眨眼间就消失的微小存在。但你也会得到回报，那就是意识到一个事实：你真的存在——尽管看起来不太可能，但你确实存在。”[6]

有一种相遇是我此行最期待的。就在一个清晨，它真的实现了。我们发现了一位“歌手”。我们悄悄翻下船，我游到吉恩旁边，发现自己正被歌声围绕。起风了，能见度往常总在30码（约27.4米）以上，这会儿却格外地差。在吉恩下方浑浊的蓝色中，我勉强能看到那头雄性鲸鱼白色的胸鳍。它身体垂直，尾鳍朝上，头朝下，就像暴风雪中的食人巨妖。它唱了。

座头鲸的歌声在它们的身体正前方更响亮。于是我们调整位置，让自己完全融入歌声的流动中。这感觉就像在狂欢舞会上，把自己贴在扬声器上。我的肺、胸腔和四肢都在振动，我感到自己成了它用来传声的媒介。我两腿发麻，想起了它们的下颌。正如乔伊·雷登伯格告诉我的那样，它们用下颌来捕捉歌曲的声波，并将其传导至耳朵里。我多希望自己能像鲸鱼那样聆听这首歌。这是一种近乎宗教般的体验，但同时又有些荒诞，这头巨兽发出的咕哝声和细微的尖叫声，就像由海豹和风笛、吱吱作响的门和号叫的幽灵合奏的爵士乐。有些片段听起来很像洞穴尽头兴高采烈的人们发出的呼喊声，有些像是消化不良发出的咕噜声，还有一些就像哀号。我突然发现，自己在面罩下也快活地哼出了声。

鲸鱼浮上水面换气，歌声暂歇。待到它下潜并回到原位后，又重新唱起了同一首歌，唱了半个小时。然后，它再次升起、下落，又唱了一遍。我待得越久，越能辨别出歌曲的模式。最明显的是结尾：这首歌有一个独特的结尾，每次都一样。它游了那么远，就是为了唱这首歌，到了明年这首歌就变了，这是一场不可复制的表演。这意味着什么呢？

我想到了在我出生以前，人们已经走过的路——从大规模屠杀鲸鱼到知道鲸鱼会唱歌，再到把它们的歌放在航天器上；我还想到了在我有生之年，我们可能会发现更多东西。作为一个相信鲸类有可能会“说话”的人，我想知道我们在它们的声音中可能会发现什么样的模式。座头鲸是否像海豚一样拥有指代自己和所在群体的“词语”？当量子人工智能在十年后成熟时，它会从茱莉·奥斯瓦尔德的海豚数据中读出什么？“鲸类翻译计划”的抹香鲸考察活动将会揭示什么，又将绘制出怎样的咔嗒声短语星系图？乔伊·雷登伯格、帕特里克·霍夫以及他们的扫描仪，将在鲸鱼柔软的大脑中发掘出哪些证据证明它们的能力？随着人类对这些问题的兴趣越来越浓厚，记录鲸目动物的设备越来越先进，泰德·奇斯曼和像朴镇模这样的程序员又将从共享的大数据中得到什么启示？如果我们在这么短的时间内就学到了这么多，而我们的能力又增长得这么快，那么我们是不是可以大胆猜测，有一天该怎么用北大西洋座头鲸的方言打招呼？

我悬在海中，耳畔回荡着由骨肉和谜团组成的巨兽的声音。我不禁好奇，接下来谁又将改变我们对这些动物的看法，以及我们与它们互动的方式。不过，在那一刻，我在海中感受到的只有：无论鲸鱼是否具有心灵感应能力，无论它们有没有具备霍凯特所定义的自然语言的全部要素，无论大脑是否为它们赋予了像我们一样的意识，这都不重要；重要的是，它们就在那里。

* * *

地球上的生命根据编码运行。你、我，以及所有曾经存在过的人类都是由遗传指令构建而成，也都可以被简化为用蛋白质链凝练写就的遗传指令——脱氧核糖核酸（DNA）。

要表现一个人的存在，方式有很多种。你可以为爱人拍一张照片，用 0 和 1 组成的二进制编码捕捉光线如何在他身上反射，显示出他的特征。没有一个人类能读取这些数字，但打印机可以[7]，它们还能利用这个编码告诉来回移动的墨头什么时候在纸上喷涂墨水，从而打印出你所爱之人的二维图像。任何见过他的人都能从图像中认出他来：这就是一张肖像。多年后你看着这张照片，依然能从中看出爱人的心情、年龄、健康状况和步态。但他也能被其他方式编码。你可以拿一根他的头发或取一些皮肤细胞，提取出他的 DNA。你可以使用机器将 DNA 转录成一串字母（ATCG），它们代表构成人类编码的基本单位——碱基对。[8] 你可以将用碱基对表示的人类编码打印出来，然后装订成册，不过没人能读懂它。你也可以将它放入一个分子机器，例如人类的卵子，DNA 编码将告诉卵子如何分裂并进行自我改变，从而克隆出你的爱人[9]。我们皆由编码构成；我们的身体依靠编码来表达自己，我们的科技也是如此。

我们也依靠编码与他人进行信号传递：细菌、树木、人、珊瑚礁、猕猴和蚯蚓都通过闪烁的电信号、释放的信息素、声音、动作和肉眼看不见的化学痕迹发送编码。我们都在以某些人可以读懂而其他人无法阅读的形式发送重要的信息。

1990 年，一个雄心勃勃的国际科学考察项目启动了。它的目标不是星辰，也不是深海，而是向内看，探索我们人类自身 DNA 的未知领域。这项壮举就是"人类基因组计划"（Human Genome Project，简称 HGP），其目标是绘制我们这个物种——智人——的所有基因图谱。[10]20 世纪 50 年代，我们才刚刚了解 DNA 的结构。此后，科学家发现其中似乎存在着由简单重复单元构成的结构式。这些单元的排列和序列就是构成一个人的编码。起初，我们通过逐个测序的方式来探索这个遗传编码，寻找特别激动人心或易于获取的 DNA 片段，并对它们进行绘制和描述。我们摘的是"唾手可得"的果实。

人类基因组计划的目标是绘制全部编码图谱，即 30 亿个碱基，也就是完整的基因组。掌握了全貌，我们就拥有了创造人类的编码，这个编码也将供全人类探索。这个跨学科的项目汇集了化学、生物学、物理学、伦理学、工程学和信息学等领域的团队，是迄今为止规模最大的生物学合作项目。人类基因组计划历时 13 年，耗资 50 亿美元，取得了成功。它彻底改变了每个人尝试理解和操纵人类遗传密码的方式，鼓励和连接了一代科学家追求共同的目标，降低了遗传学研究的成本，并提高了其实用性。如今，绘制一个完整人类基因组图谱仅需 1,000 美元。[11]

两百年前，你的远祖母或许曾看着她的孩子，疑惑是什么决定了他们头发、皮肤和骨骼的特征，但茫然无所知。如果她生在今天，得益于遗传学领域的发展，她就能探索自己和孩子的家族血统，甚至早在孩子出生之前半年就看到他的模样了。但如果你观察一群乌鸦的聚集、鸣叫模式和反应动作，恐怕你对它们的意义了解甚少，甚至比你的祖先还要少。事实上，你的远祖母可能比你更关注它们，解读它们编码的能力也远胜于你。

想象一下，如果对动物间的交流进行类似人类基因组计划的研究，我们将揭示怎样的信息。像我们的基因一样，我们的交流也是进化的结果：相同的生存压力塑造了我们的交流，而且我们很可能与动物表亲有很多共同之处。2005 年，通过对黑猩猩基因组进行测序，我们将其基因表达模式与我们自己的做了比较。我们发现，我们与近亲黑猩猩的基因相似性达到 99%。[12] 此外，我们与老鼠有 85% 的相似性，与猫有 90%，与果蝇有 61%，与香蕉也有 40%。通过观察我们在基因上与其他物种的相似性，我们更好地理解了自己的位置，以及我们与其他物种之间真正的差异和相似之处，而不是沉溺于那些我们希望自己不同而投射出的想象。我们的基因指令竟然与黑猩猩如此相似，这个发现引起了轩然大波，许多人对此提出质疑并予以驳斥。如果你认为自己与野兽有云泥之别，那么与野兽共享基因的消息可能会让你感到不舒服。如今，借助人类基因组计划，我们可以添加其他基因组，进行比较，看看我们的差异在哪里，又共有哪些机制。我们可以找出这些差异的意义和作用。

试想一下，除了相互较劲的富豪重新点燃的太空竞赛，同样的实力和财力、同样的国际合作和竞争精神，也能倾注在解码地球上其他有知觉生命的信息上，而据我们所知，它们是宇宙中除我们外唯一的有知觉生命，这将是什么景象？想象一下，花费 50 亿美元来绘制另一种物种的交流图，并将它与人类的图谱进行比较；想象一下，与地球上的另一种具有感知力的物种进行首次接触；如果你愿意，再想象一下不朽的盛誉。目前，动物交流研究者就像人类基因组计划诞生之前的遗传学家，在许多互不连通的小型团队中各自为战，被迫专注于“解码”动物交流中最简单或最容易拿到资金的部分。我们不掌握研究的全貌，也没有地图。从事研究的人只知道，他们正在绘制的是动物信号编码宇宙中最近、最明亮、最容易接触到的那几颗星星，而大多数人甚至根本不知道那里有星星。

人类基因组计划、曼哈顿计划和阿波罗计划。这些项目汇

另一头座头鲸

集了最杰出的人才和天文数字的预算，旨在实现突破性的“登月”时刻，以前所未有的方式了解我们自身、自然力量，以及我们在宇宙中所处的位置。“阿波罗号”的宇航员飞向月球，在那里发现了干燥、古老、灰色的月尘，然后就飞回来了。想象一下，如果他们知道月球上有一个伟大文明的残存，他们可能很快就会永远消失，也许是我们在生命之路上唯一的旅伴，并且现在还存在一丝与他们交流的机会——无论多么渺茫，这又会是何种景象？但我们不需要登上月球去尝试。我们已经忘记了与我们生活在一起的其他动物的奇妙，因为它们就在我们身边；我们已经习惯于将它们视为我们可以随意取用的资源。当然，并不是每个列文虎克在窥视那一滴池水时都会发现其中充满了生机勃勃的微生物。也并非每架哈勃望远镜都能发现一片空旷的太空区域中其实充满星系。但是，在决定探索之前你无法知道答案。

这么多年过去了，自从开始相信动物交流的可能性，我一直在向布里特和阿扎提出一个无法回答的问题——这或许也是你在读完本书后会问的问题：那么，我们什么时候才能和动物交谈？他们两人以及在这个领域耕耘的其他人一时还没有答案。我换了一个更长的时间尺度来提问：在我即将出世的女儿到我们这个年龄，即2055年时，他们猜测，世界上可能合理地存在什么？以下是他们的回答：

自然纪录片加上了动物对白字幕。船只能够与鲸鱼、海豚、虎鲸及其他海洋哺乳动物交流，让它们知道我们在靠近，从而将致命的船只撞击事故降到最低。对于什么是生命、什么是爱、什么是在这个共同的星球上生活的意义，我们获得了新的视角，并将其融入人类文化，改变了我们对自己和我们作为一个物种的看法。我们知道了我们在宇宙中并不孤单。我们对意识的多元性有了深刻的新认识。[13]

读到这段文字时，我想起了文豪马克·吐温的一句话："对我们大多数人来说，过去是一种遗憾，未来是一场实验。”[14]我们与这些巨型动物的过去确实令人遗憾，我希望我们能让未来成为一次充满希望和抱负的实验。

也许很快就会出现一项突破，而我们之后将把它视为重大的里程碑。一款分析狗狗面容的应用程序将成为“爆款”，而宠物产业（现在与军火产业规模[15]不相上下）的庞大收入[16]将推动动物“解码”技术的革命。DeepMind 或 Open AI 会将与海豚进行双向对话作为下一个目标，为此调动其强大的人类专业知识和算力。一套对用户友好的通用人工智能工具包将供生物学家和公民使用，并在全球范围内传播，以前所未有的规模从我们周遭的世界中采集模式。共同参与这项事业的人类能顶得住压力，对他们的发现秘而不宣、将他们的数据保密、囤占资金、独揽荣誉吗？在我们“解码”自然的过程中，我们天性中的善良天使会引导我们吗？

可以肯定的是，我们将继续发现自然界的规律，也将继续惊奇地发现其他物种具有我们之前认为的“人类独家本领”。但是，当我们的技术不断发展、观察的意愿逐步加深，当我们越发意识到我们所知是多么有限，所见越多而问题也不断增加之时，我们研究的速度能跟上我们的研究对象被破坏的速度吗？生存并探索自然，就像在燃烧的图书馆火光下阅读。我们的发现能促使我们扑灭火焰吗？事实是，你、我、这代人，会看到答案。

我凝望大海的方式，已经不同于踏上这本书的旅程之前了。从前，我只会欣赏风景。然而现在，我的目光在海面上游移，仔细观察水花的形状，寻找没有岩石也没有风的地方出现的白色碎浪。地平线上突然出现一道闪光，那是鳍在反射太阳的光芒；海面的每一道涟漪都被我审视，希望那就是鲸鱼潜藏在海面之下的线索。一天下午，我望着大海，我的妻子安妮坐在我旁边。她怀着六个月的身孕——我们的女儿暂时还是母体中的一个水生生物，尚未接触空气。我扫视海浪，再三确认没有鲸类藏在海面下。然后我想到：如果这里根本就没有鲸鱼了呢？如果每一朵水花都只是水花，根本没有鳍状物探出水面呢？我的胃里顿时翻江倒海。它们未来堪忧。就在此时此刻，一些鲸类物种正在灭绝。我希望我女儿能生活在这样一个世界：在那里，这些生物繁衍生息，整个海洋中处处有它们的身影；在那里，它们的文化不断进化、转变和融合，它们奇特的声音响彻深海。我渴望这样一个世界，属于它们，也属于她，渴望她从它们野性的影响中有所收获，也从我们即将了解的有关它们的事情中获益。

我的女儿必将长大，我也必将老去。无论是因为另一头跃起的鲸鱼砸在我身上，还是在楼梯上绊倒，我终将死去，而她也不得不学会永远失去一样东西意味着什么。这是不可避免的。但是，有些损失是我们不必学会接受的，我们可以选择制止。鲸鱼和海豚的命运掌握在人类手中，而这种损失是我不愿她承受的。我希望当她垂垂老矣，眺望大海时，还能瞥见跃起的飞旋海豚或座头鲸；也许当她像我一样探头到海浪之下，听到它们的哨叫声和歌声时，它们对她来说已经有了意义。也许——只是也许，她能够回应它们。“我在这里，”她会说，“你在这里，我也在这里。”

致 谢

Acknowledgments

和许多鲸鱼一样，我也是一个社会性动物。就像座头鲸的歌声一样，这本书得以面世，完全归功于我一众动物伙伴的唱和。借此机会，我想向帮助我完成这项艰巨任务的你们表示感谢。

感谢你们，按（大致）出场顺序

感谢你们，鲸目动物，没有你们壮美的存在，我将没什么可写。

我尤其要感谢你，座头鲸 CRC-12564。谢谢你没有把我们压扁，而是给了我一生难忘的故事和一个方便的写作平台（让我在写作和交流中获得了更多的关注和机会）。我不知道在座头鲸语中你的名字怎么说，很抱歉我们叫你“头号嫌疑人”。

海浪中的一场海豚鸡尾酒会

感谢夏洛特·金洛克（Charlotte Kinloch），感谢你的幽默、耐心、勇气和神奇的蹼趾。很高兴我们差点儿一起罹难。

感谢书中的所有科学家和鲸鱼爱好者，他们给了我很多时间和帮助，信任我，向我讲述他们的故事。希望我没有辜负他们。也感谢受访的其他科学家和鲸鱼爱好者，他们为我提供了同样的帮助，但碍于篇幅，我无法一一写入本书。我尽全力了，动笔时我以为我能做到，但后来我的初稿就有 14 万字长，麻烦就来了。我向你们致敬，感谢你们不遗余力地帮助我：塔妮亚·霍华德（Tania Howard）、米歇尔·尤（Michelle You）、萨贝娜·希迪基（Sabena Siddiqui）、哈森·科姆劳斯（Hazen Komraus）、鲁·马霍尼（Ru Mahoney）、戴夫·阿勒比和帕特·阿勒比夫妇（Dave and Pat Allbee）、南希·罗森塔尔（Nancy Rosenthal）、哈特姆特·内文（Hartmut Neven）、霍莉·鲁特–古特里奇、茱莉·奥斯瓦尔德、约翰·瑞安（John Ryan）、乔伊·雷登伯格和布鲁斯·雷登伯格夫妇（Joy and Bruce Reidenberg）、史蒂文·怀斯、乔迪·弗雷迪亚尼、彼得·里德（Peter Read）、科林·伯罗斯（Colin Burrows）、韦斯利·韦伯、麦克·布鲁克（Mike Brooke）、玛丽·菲利普斯（Marie Phillips）、吉恩·弗利普斯、罗杰·佩恩，以及其他许许多多被我那漏洞百出的记忆遗忘的人。没有你们的善意为我张帆，这艘船无法启航。

向所有默默隐身的科学家致歉，他们创造了本书介绍的所有发现。如果我把你们的名字都写在正文中，那么整本书都写不完，也无法阅读；但不提到你们，确实是不公平的。我向你们致敬；没有你们的工作，书中提到的知识都不存在。

感谢我的经纪人凯莉·格伦科斯（Kerry Glencorse）。她在担任我的经纪人之前就认为这个古怪的想法听起来像一本好书，鼓励我尝试写点什么。我找不到比她更好的指导了。还要感谢苏珊娜·里亚（Susanna Lea），一位既能自如地与抹香鲸共舞，又在美国出版界的巨兽间游走自如的女性。

感谢我在威廉柯林斯出版社出色（又帅气）的编辑肖伊布·罗卡迪亚（Shoaib Rokadiya），他对这本书的热情和远见，从我们初次见面直到现在都丝毫不减。他一直支持着我，我们结下了如在冰冷刺骨的大海中锻铸的友谊。阿肖就像一群虎鲸啃食海豹那样津津有味地咀嚼我臃肿的初稿。至于我企图偷偷塞进太多额外的想法、章节和细碎的事实，我对此（不）感到抱歉（并且还在努力）。

感谢格兰德中央出版公司杰出的编辑柯林·迪克曼（Collin Dickerman），他像海豚妈妈对待新生的小海豚一样对我充满关爱，细致地审阅了我自认为无懈可击的书稿；也像海豚妈妈一样，把我这个摇摇晃晃的作家稳稳地托到水面上，让我呼吸到第一口气。柯林，我向你的严谨致敬，还有——我不知道你回复邮件这么快是怎么做到的。

感谢目光敏锐的文字编辑：玛德琳·费尼（Madeleine Feeny）和马克·朗（Mark Long）。天知道我给你们制造了多少工作。在哈珀·柯林斯出版社（从他们伦敦办公室可以看到狩猎的游隼！），我受到了亚历克斯·金杰尔（Alex Gingell，项目经理）、杰西卡·巴恩菲尔德（Jessica Barnfield，负责音频）、海伦·厄普顿（Helen Upton，宣传）和马特·克拉彻（Matt Clacher，营销）的照顾。希望你们在这个过程中都或多或少染上了“鲸热”。乔·汤姆森（Jo Thomson）为本书英国版设计了迷人的封面。在阿歇特出版社，感谢瑞秋·凯利（Rachael

Kelly，编辑）、斯泰西·瑞德（Stacey Reid，印制）、克里斯汀·莱米尔（Kristen Lemire，高级编辑）、特里·亚伯拉罕（Tree Abraham，美术）和马修·博拉斯特（Matthew Ballast，宣传）。感谢克塞妮娅·杜加耶娃（Ksenia Dugaeva）清理图片版权，以及安迪·尼克松对事实进行核查。原来，我一直把“anthropodenial”这个词拼错了。真是要多尴尬就有多尴尬。

感谢没有参与本书但一路上给予我热情和支持的人。探海伙伴山姆·曼斯菲尔德（Sam Mansfield），感谢你带我和海豹一起游泳。大卫，感谢你那不寻常的智慧成果。史蒂夫·弗洛伊德（Steve Floyd），感谢你对海参的好奇。山姆·李、格兰特·贾维斯和利尔斯一家（Sam Lee, Grant Jarvis, and the Lears），感谢你们带给我的森林和歌声。切里·多雷特（Cherry Dorrett），感谢你明智的建议。大克里斯·雷蒙德（Big Chris Raymond），感谢你的比萨、飞盘和生活的快乐。好兄弟奥利（Ollie），感谢你的网络技术。我的岳母詹妮·肖（Jenny Shaw），感谢你始终如一的鼓励，以及那幅与鲸鱼一同置身海中的画作。我的岳父、畅销书作家理查德·威尔金森（Richard Wilkinson），感谢你和蔼地询问这本书的进展，尽管这些询问总是碰巧与书的进度不一致！萨布丽娜（Sabrina），我的“闺蜜”，表情包女王，感谢你鼓励我尝试写这本书，哪怕这可能意味着我得放弃与你一起制作影片；汉普斯（Hampus），虽然我和你一点也不熟，但你一直给我发电子邮件，告诉我该写这本书，甚至给我寄了一本关于如何写书的书，谢谢你。感谢我的朋友伊恩·霍加斯，多谢你在伴郎致辞中告诉这个世界上所有我关心的人这本书一定非常精彩，那时我还没动笔，真是吓出一身冷汗。感谢哈里·伯特维斯尔（Harry Birtwistle），我的教父。还好我及时完成了这本书，让你有时间读一读。你亲切的话语就是你给我的最后一份礼物。我很想你，哈里。

我之前根本不知道怎么写书，但很幸运，我在电视台实习时，我的“电视台家人”就教会了我怎么讲故事。大卫·杜根（David Dugan）、安德鲁-格雷厄姆·布朗（Andrew-Graham Brown）和休·刘易斯（Hugh Lewis），谢谢你们在我沉迷于图片和事实时教会我叙述故事和表达情感。

感谢大气层。很抱歉，在制作这本书的过程中，我又给你增加了二氧化碳，而这正是你最不需要的。我努力将碳排放降到最低。我已经花钱请了 Supercritical 公司移除本书的碳足迹。

“舌头法则”必须得到尊重。这本书利润的 10% 将用于鲸鱼保护。每头鲸鱼一生能移除 33 吨碳，而这本书有助于保护它们，希望鲸鱼和气候都能从中受益。

我在书中经常使用“我们”一词。我指代的不是全人类，而是在我出生和成长的文化中生活的人们。在一些文化和社会中，传统生态知识已经教会了人们很多东西，而“我们”在我的家乡却迟迟没有听闻这些知识，我为此向你们道歉。

谢谢你，德米特里·格拉日丹金（Dmitri Grazhdankin），你像鲸鱼一样改变了我的人生轨迹。迪马（Dima），感谢你让我领略了斯坦尼斯瓦夫·莱姆（Stanisław Lem）、直升机和红茶的乐趣，你在西伯利亚篝火旁向我讲授的科学发现过程，比我在剑桥大学三年学到的还要多。

谢谢你，爸爸，是你教会了我把复杂事物表达清楚的重要性，是你鼓励我勇往直前。你现在不会读到这些话了，但你的思想贯穿了这一切。谢谢你，妈妈！我十岁那年写了一篇短篇小说，你很喜欢它；每当我感到写作困难时，我都会想起这件事。我爱你。

谢谢你，斯黛拉（Stella）。你给了这本书一个结局，也给了我的人生一个新开始。你真是太棒了。

谢谢你，我聪明又了不起的妻子安妮，谢谢你为这个世界带来了斯黛拉，谢谢你一直在每一件事上帮助我，包括这本书的写作。谢谢你总是和我一起下海，一起欢笑，哪怕是有鲨鱼的时候。

拒不感谢：

SARS-CoV-2。你这坨可恶的RNA。赶快消失。

注　释

引　言

[1] Rachel Carson, *The Sense of Wonder: A Celebration of Nature for Parents and Children* (New York: Harper Perennial, 1998), 59.

[2] Paul Falkowski, "Leeuwenhoek's Lucky Break," *Discover Magazine*, April 30, 2015, https://www.discovermagazine.com/planet-earth/leeuwenhoeks-lucky-break.

[3] Felicity Henderson, "Small Wonders: The Invention of Microscopy," Catalyst, February 2010, https://www.stem.org.uk/system/files/elibrary-resources/legacy_files_migrated/8500–catalyst_20_3_447.pdf.

[4] Nick Lane, "The Unseen World: Reflections on Leeuwenhoek (1677) 'Concerning Little Animals,' " *Philosophical Transactions of the Royal Society B: Biological Sciences* 370, no. 1666 (2015): 20140344.

[5] Michael W. Davidson, "Pioneers in Optics: Antonie van Leeuwenhoek and James Clerk Maxwell," *Microscopy Today* 20, no. 6 (2012): 50– 52.

[6] Antony van Leewenhoek, "Observations, Communicated to the Publisher by Mr. Antony van Leewenhoek, in a Dutch Letter of the 9th of Octob. 1676. 该信英

文版参见 : Concerning Little Animals by Him Observed in RainWell- Sea. and Snow Water; as Also in Water Wherein Pepper Had Lain Infused," *Philosophical Transactions (1665–1678)* 12 (1677): 821– 831.

[7] Antonie van Leeuwenhoek, letter to H. Oldenburg, October 9, 1676, in Th e Collected Letters of Antoni van Leeuwenhoek, ed. C. G. Heringa, vol. 2 (Swets and Zeitlinger, 1941), 115.

[8] Samuel Pepys, *The Diary of Samuel Pepys*, edited with additions by Henry B. Wheatley (London: Cambridge Deighton Bell, 1893), entry for Saturday, January 21, 1664. https://www.gutenberg.org/ebooks/4200.

[9] "The Unseen World: Reflections on Leeuwenhoek (1677) 'Concerning Little Animals.' "

[10] Letter from Leeuwenhoek to Hooke, November 12, 1680, in Clifford Dobell, trans. and ed., *Antony van Leeuwenhoek and His "Little Animals,"* (New York: Russell and Russell, 1958), 200.

[11] "Hooke's Three Tries," Lens on Leeuwenhoek.

[12] David L. Chandler, "Is That Smile Real or Fake?" *MIT News*, May 25, 2012, news. mit.edu/2012/smile-detector-0525.

第一章

[1] 引自 Captain James T. Kirk in *Star Trek IV: The Voyage Home* (Hollywood: Paramount Pictures, 1986). Quoted from D. H. Lawrence, " Whales Weep Not!"

[2] "Monterey Canyon: A Grand Canyon Beneath the Waves," Monterey Bay Aquarium Research Institute.

[3] Tierney Thys, "Why Monterey Bay Is the Serengeti of Marine Life," *National Geographic*, August 12, 2021, https://www.nationalgeographic.com/travel/article/explorers-guide-8.

[4] Christian Ramp, Wilhelm Hagen, Per Palsbøll et al., "Age-Related Multi-Year Associations in Female Humpback Whales (Megaptera novaeangliae)," *Behavioral Ecology and Sociobiology* 64, no. 10 (2010): 1563–1576.

[5] Paolo S. Segre, Jean Potvin, David E. Cade et al., "Energetic and Physical

Limitations on the Breaching Performance of Large Whales," *Elife* 9 (2020): e51760.

[6] Jeremy A. Goldbogen, John Calambokidis, Robert E. Shadwick et al., "Kinematics of Foraging Dives and Lunge- Feeding in Fin Whales," *Journal of Experimental Biology* 209, no. 7 (2006): 1231–1244.

[7] Sanctuary Cruises, "Humpback Whale Breaches on Top of Kayakers," YouTube, video, September 13, 2015.

[8] Joy Reidenberg, email, September 18, 2015.

[9] Megan McCluskey, "Th is Humpback Whale Almost Crushed Kayakers," *Time*, September 15, 2015.

[10] BBC Breakfast , BBC One, TV broadcast, February 9, 2019.

[11] Manta Ray Advocates Hawaii, "Dolphin Rescue in Kona, Hawaii," YouTube, video, January 14, 2013.

[12] BBC News, "Whale 'Saves' Biologist from Shark— BBC News," YouTube, video, January 13, 2018.

[13] Simon Houston, "Whale of a Time," *Scottish Sun*, November 8, 2018.

[14] Matthew Weaver, "Beluga Whale Sighted in Thames Estuary off Gravesend," *Guardian*, September 25, 2018.

[15] *Natural World*, season 37, episode 7, "Humpback Whales: A Detective Story," Gripping Films, TV broadcast, first aired February 8, 2019, on BBC Two.

[16] Douglas Main, "Mysterious New Orca Species Likely Identified?" *National Geographic*, March 7, 2019, https://www.nationalgeographic.com/animals/article/new-killer-whale-species-discovered.

[17] Natali Anderson, "Marine Biologists Identify New Species of Beaked Whale," *Science News,* October 27, 2021.

[18] Patricia E. Rosel, Lynsey A. Wilcox, Tadasu K. Yamada, and Keith D. Mullin, "A New Species of Baleen Whale (*Balaenoptera*) from the Gulf of Mexico, with a Review of Its Geographic Distribution," *Marine Mammal Science* 37, no. 2 (2021): 577–610.

[19] Sherry Landow, "New Population of Pygmy Blue Whales Discovered with Help of Bomb Detectors," ScienceDaily , June 8, 2021, https://www.sciencedaily.com/releases/2021/06/210608113226.htm.

第二章

[1] Lidija Haas, "Barbara Kingsolver: 'It Feels as Though We're Living Through the End of the World,' " *Guardian,* October 8, 2018.

[2] 出自作者对罗杰·佩恩博士的采访。

[3] Roger Payne, liner notes to *Songs of the Humpback Whale*, CRM Records SWR 11, 1970, LP.

[4] 出自作者对罗杰·佩恩博士的采访。

[5] Bill McQuay and Christopher Joyce, "It Took a Musician's Ear to Decode the Complex Song in Whale Calls," NPR, August 6, 2015.

[6] Robert C. Rocha, Jr., Phillip J. Clapham, and Yulia V. Ivashchenko, "Emptying the Oceans: A Summary of Industrial Whaling Catches in the 20th Century," *Marine Fisheries Review* 76, no. 4 (2015): 37–48.

[7] 同上。

[8] Roger S. Payne and Scott McVay, "Songs of Humpback Whales: Humpbacks Emit Sounds in Long, Predictable Patterns Ranging over Frequencies Audible to Humans," *Science* 173, no. 3997 (1971): 585– 597, https://doi.org/10.1126/science.173.3997.585.

[9] 出自作者对罗杰·佩恩博士的采访。

[10] "It Took a Musician's Ear to Decode the Complex Song in Whale Calls."

[11] Ellen C. Garland, Luke Rendell, Luca Lamoni et al., "Song Hybridization Events During Revolutionary Song Change Provide Insights into Cultural Transmission in Humpback Whales," *Proceedings of the National Academy of Sciences of the United States of America* 114, no. 30 (2017): 7822–7829.

[12] Katy Payne and Ann Warde, "Humpback Whales: Composers of the Sea [Video]," Cornell Lab of Ornithology, All About Birds, May 21, 2014, https://www.allaboutbirds.org/news/humpback-whales-composers-of-the-sea-video/.

[13] Edward Sapir, *Language: An Introduction to the Study of Speech* (San Diego: Harcourt Brace, 2008), 1–4, 11, 150, 192, 218.

[14] *Washington Post* , "The Jazz-like Sounds of Bowhead Whales," YouTube, video, April 4, 2018.

[15] "Emptying the Oceans."

[16] Invisibilia, "Two Heartbeats a Minute," Apple Podcasts, April 2020, https://one.npr.org/?sharedMediaId=809336135:812623193.

[17] Roger Payne, interview by Library of Congress, transcript, March 31, 2017, https://www.loc.gov/static/programs/national-recording-preservation-board/documents/RogerPayneInterview.pdf.

[18] Monique Grooten and Rosamunde E. A. Almond, eds., *Living Planet Report 2018: Aiming Higher* (Gland, Switzerland: WWF, 2018).

[19] Damian Carrington, "Humans Just 0.01% of All Life but Have Destroyed 83% of Wild Mammals— Study," *Guardian*, May 21, 2018.

[20] 摘自：Cornelius Tacitus, *Tacitus: Agricola*, ed. A. J. Woodman with C. S. Kraus (Cambridge, UK: Cambridge University Press, 2014).

[21] Tom Phillips, "How Many Birds Are Chickens?" Full Fact, February 27, 2020, https://fullfact.org/environment/how-many-birds-are-chickens/.

[22] World Economic Forum, Ellen MacArthur Foundation, and McKinsey & Company, "Th e New Plastics Economy: Rethinking the Future of Plastics," Ellen MacArthur Foundation, 2016, https://www.ellenmacarthurfoundation.org/the-new-plastics-economy-rethinking-the-future-of-plastics.

[23] Daniel Cressey, "World's Whaling Slaughter Tallied," *Nature* 519, no. 7542 (2015): 140.

[24] Arthur C. Clarke, *Profiles of the Future: An Inquiry into the Limits of the Possible*, Millennium ed. (London: Phoenix Press, 2000).

[25] Dr. Kirsten Thompson, "Humpback Whales Have Made a Remarkable Recovery, Giving Us Hope for the Planet," *Time*, May 16, 2020.

[26] Alexandre N. Zerbini, Grant Adams, John Best et al., "Assessing the Recovery of an Antarctic Predator from Historical Exploitation," *Royal Society Open Science* 6, no. 10 (2019): 190368.

[27] British Antarctic Survey, "Blue Whales Return to Sub-Antarctic Island of South Georgia After Near Local Extinction," *ScienceDaily*, November 19, 2020, https://www.sciencedaily.com/releases/2020/11/201119103058.htm.

[28] *The Golden Record. Greetings and Sounds of the Earth*, NASA Voyager Golden Record, NetFilmMusic, 2013, Track 3, 1:13, Spotify:track:5SnnD9Eac06j4O6Tq

Br3s2.

[29] K.-P. Schröder and Robert Connon Smith, "Distant Future of the Sun and Earth Revisited," *Monthly Notices of the Royal Astronomical Society* 386, no. 1 (2008): 155–163, https://doi.org/10.1111/j.1365-2966.2008.13022.x.

第三章

[1] Robin Wall Kimmerer, *Braiding Sweetgrass: Indigenous Wisdom, Scientific Knowledge and the Teachings of Plants* (London: Penguin Books, 2020), 58.

[2] Jennifer M. Lang and M. Eric Benbow, "Species Interactions and Competition," *Nature Education Knowledge* 4, no. 4 (2013): 8.

[3] Ed Yong, "How This Fish Survives in a Sea Cucumber's Bum," *National Geographic*, May 10, 2016, https://www.nationalgeographic.com/science/article/how-this-fish-survives-in-a-sea-cucumbers-bum.

[4] Dr. Chris Mah, "When Fish Live in Your Cloaca & How Anal Teeth Are Important!! The Pearlfish–Sea Cucumber Relationship!" *The Echinoblog* (blog), May 11, 2010.

[5] Mara Grunbaum, "What Whale Barnacles Know," *Hakai Magazine*, November 9, 2021, https://hakaimagazine.com/features/what-whale-barnacles-know/.

[6] Jonathan Kingdon, *East African Mammals: An Atlas of Evolution in Africa* (Chicago: University of Chicago Press, 1988), 89.

[7] 同上。

[8] J. Lynn Preston, "Communication Systems and Social Interactions in a Goby-Shrimp Symbiosis," *Animal Behaviour* 26 (1978): 791– 802.

[9] David Hill, "The Succession of Lichens on Gravestones: A Preliminary Investigation," *Cryptogamic Botany* 4 (1994): 179–186.

[10] Derek Madden and Truman P. Young, "Symbiotic Ants as an Alternative Defense Against Giraffe Herbivory in Spinescent *Acacia drepanolobium*," *Oecologia* 91, no. 2 (1992): 235–238.

[11] Sam Ramirez and Jaclyn Calkins, "Symbiosis in Goby Fish and Alpheus Shrimp," Reed College, 2014, https://www.reed.edu/biology/courses/BIO342/2015_syllabus/2014_WEBSITES/sr_jc_website%202/index.html.

[12] Linda J. Keeling, Liv Jonare, and Lovisa Lanneborn, "Investigating Horse–Human Interactions: The Effect of a Nervous Human," *Veterinary Journal* 181, no. 1 (2009): 70– 71.

[13] Tom Phillips, "Police Seize 'Super Obedient' Lookout Parrot Trained by Brazilian Drug Dealers," *Guardian*, April 24, 2019.

[14] Simon Conway Morris, *Life's Solution: Inevitable Humans in a Lonely Universe* (Cambridge, UK: Cambridge University Press, 2003), 242.

[15] "A Unique Signalman," *Railway Signal: Or, Lights Along the Line*, vol. 8 (London: Th e Railway Mission, 1890), 185.

[16] Dorothy L. Cheney and Robert M. Seyfarth, *Baboon Metaphysics: The Evolution of a Social Mind* (Chicago: University of Chicago Press, 2007), 31.

[17] 同上，33.

[18] Victor R. Rodríguez, "Will Exporting Farmed Totoaba Fix the Big Mess Pushing the World's Most Endangered Porpoise to Extinction?" *Hakai Magazine*, February 22, 2022, https://hakaimagazine.com/features/will-exporting-farmed-totoaba-fix-the-big-mess-pushing-the-worlds-most-endangered-porpoise-to-extinction/.

[19] Fran Dorey, "When Did Modern Humans Get to Australia?" Australian Museum, December 9, 2021, https://australian.museum/learn/science/human-evolution/the-spread-of-people-to-australia/.

[20] John Upton, "Ancient Sea Rise Tale Told Accurately for 10,000 Years," *Scientific American*, January 26, 2015.

[21] "Whaling in Eden," Eden Community Access Centre, https://eden.nsw.au/whaling-in-eden.

[22] "'King of Killers' Dead Body Washed Ashore: Whalers Ally for 100 Years," *Sydney Morning Herald*, September 18, 1930, 9.

[23] Fred Cahir, Ian Clark, and Philip Clarke, *Aboriginal Biocultural Knowledge in South-Eastern Australia: Perspectives of Early Colonists* (Collingwood, Victoria: CSIRO Publishing, 2018), 91.

[24] "Eden Killer Whale Museum: Old Tom's Skeleton," Bega Shire's Hidden Heritage, https://killerwhalemuseum.com.au/old-tom/.

[25] "Becoming Beowa," Bundian Way, https://www.bundianway.com.au/.

[26] *Aboriginal Biocultural Knowledge*, 90.

[27] Danielle Clode, "Cooperative Killers Helped Hunt Whales," *Afloat*, December 2011, 3.

[28] Clode, *Killers in Eden: The True Story of Killer Whales and Their Remarkable Partnership with the Whalers of Twofold Bay* (Crows Nest, NSW: Allen and Unwin, 2002).

[29] Killers of Eden, http://web.archive.org/web/*/www.killersofeden.com/. 这个社区网站上刊登了家谱和大量资料，现已下线，但可以通过 Wayback Machined 完整访问。

[30] *Killers in Eden.*

[31] "Meet the Whales of L-Pod from the Southern Resident Orca Population!" *Captain's Blog*, Orca Spirit Adventures, March 4, 2019, updated September 2020, https://orcaspirit.com/the-captains-blog/meet-the-whales-of-l-pod-in-2019–from-the-southern-resident-killer-whale-population/.

[32] "King of the Killers" , *Sydney Morning Herald*, September 18, 1930.

[33] *Killers in Eden*, directed by Greg McKee, Australian Broadcasting Corporation, Vimeo, video, 2004.

[34] *Killers in Eden.*

[35] Bill Brown, "The Aboriginal Whalers of Eden," Australian Broadcast Corporation Local, audio, July 4, 2014.

[36] "Eden Killer Whale Museum: Old Tom's Skeleton."

[37] *Killers in Eden.*

[38] Blake Foden, "Old Tom: Anniversary of the Death of a Legend," *Eden Magnet* , September 16, 2014.

[39] "The King of the Killers," *Hawkesbury Gazette*, September 17, 2010.

[40] *U.S. Navy Diving Manual*, 1973. NAVSHIPS 0994–001–9010 (Washington, DC: Navy Department, 1973).

[41] Elizabeth Preston, "Dolphins Th at Work with Humans to Catch Fish Have Unique Accent," *New Scientist*, October 2, 2017.

[42] Giovanni Torre, "Dolphins Lavish Humans with Gifts During Lockdown on Australia's Cooloola Coast," *Telegraph*, May 21, 2020, https://www.telegraph.co.uk/news/2020/05/21/dolphins-lavish-humans-gifts-lockdown-australias-cooloola-coast/.

[43] Charlotte Curé, Ricardo Antunes, Filipa Samarra et al., "Pilot Whales Attracted to Killer Whale Sounds: Acoustically- Mediated Interspecific Interactions in Cetaceans," *PLoS One* 7, no. 12 (2012): e52201.

[44] Associated Press, "Dolphin Appears to Rescue Stranded Whales," NBC News, March 12, 2008.

[45] Robert L. Pitman et al., "Humpback Whales Interfering When Mammal-Eating Killer Whales Attack Other Species: Mobbing Behavior and Interspecific Altruism?" *Marine Mammal Science* 33, no. 1 (2017): 7–58, https://doi.org/10.1111/mms.12343.

[46] Jody Frediani, "Humpback Intervenes at Crime Scene, Returns Next Day with Friend," *Blog*, The Safina Center, January 20, 2021, https://www.safinacenter.org/blog/humpback-intervenes-at-crime-scene-returns-next-day-with-friend.

[47] Brown, "The Aboriginal Whalers of Eden."

第四章

[1] 2018 年 6 月 6 日对乔伊・雷登伯格教授的采访。

[2] Jason Daley, "Archeologists Discover Where Julius Caesar Landed in Britain," *Smithsonian Magazine*, November 30, 2017, https://www.smithsonianmag.com/smart-news/archaeologists-discover-where-julius-caesar-landed-britain-180967359/.

[3] MSNBC.com Staff, "Thar She Blows! Dead Whale Explodes," NBC News, January 29, 2004.

[4] Katie Shepherd, "Fifty Years Ago, Oregon Exploded a Whale in a Burst That 'Blasted Blubber Beyond All Believable Bounds,'" *Washington Post*, November 13, 2020.

[5] Herbert L. Aldrich, "Whaling," *Outing*, vol. 15, October 1899–March 1890, 113, Internet Archive.

[6] "Malcolm Clarke," obituary, *Telegraph*, July 30, 2013, https://www.telegraph.co.uk/news/obituaries/10211615/Malcolm-Clarke.html.

[7] E. C. M. Parsons, "Impacts of Navy Sonar on Whales and Dolphins: Now Beyond a Smoking Gun?" *Frontiers in Marine Science* 4 (2017): 295, https://www.frontiersin.org/journals/marine-science/articles/10.3389/fmars.2017.00295/full.

[8] Mindy Weisberger, "Sonar Can Literally Scare Whales to Death, Study Finds," LiveScience, January 30, 2019, https://www.livescience.com/64635-sonar-beaked-whales-deaths.html.

[9] Dorothee Kremers, Juliana López Marulanda, Martine Hausberger, and Alban Lemasson, "Behavioural Evidence of Magnetoreception in Dolphins: Detection of Experimental Magnetic Fields," *Naturwissenschaften* 101, no. 11 (2014): 907–911, https://doi.org/10.1007/s00114-014-1231-x.

[10] Darlene R. Ketten, "The Marine Mammal Ear: Specializations for Aquatic Audition and Echolocation," in *The Evolutionary Biology of Hearing*, ed. Douglas B. Webster, Richard R. Fay, and Arthur N. Popper (New York: Springer-Verlag, 1992), 717–750.

[11] Ketten, "Structure and Function in Whale Ears," *Bioacoustics* 8, no. 1–2 (1997): 103–135.

[12] Sam H. Ridgway and Whitlow Au, "Hearing and Echolocation in Dolphins," *Encyclopedia of Neuroscience* 4 (2009): 1031–1039.

[13] "Sperm Whale," *Encyclopaedia Britannica*, updated March 30, 2021, https://www.britannica.com/animal/sperm-whale.

[14] Thomas Beale, T*he Natural History of the Sperm Whale: To Which Is Added a Sketch of a South-Sea Whaling Voyage, in Which the Author Was Personally Engaged* (London: J. Van Voorst, 1839).

[15] "Noise Sources and Their Effects," Purdue University Department of Chemistry, https://www.chem.purdue.edu/chemsafety/Training/PPETrain/dblevels.htm.

[16] Eduardo Mercado III, "The Sonar Model for Humpback Whale Song Revised," *Frontiers in Psychology* 9 (2018): 1156, https://doi.org/10.3389/fpsyg.2018.01156.

[17] Rendell and Hal Whitehead, "Vocal Clans in Sperm Whales (*Physeter macrocephalus*)," *Proceedings of the Royal Society B: Biological Sciences* 270, no. 1512 (2003): 225–231.

[18] Whitehead, *Sperm Whales: Social Evolution in the Ocean* (Chicago: University of Chicago Press, 2003)

[19] "The Marine Mammal Ear."

[20] Shane Gero, Dan Engelhaupt, Rendell, and Whitehead, "Who Cares? Between-Group Variation in Alloparental Caregiving in Sperm Whales," *Behavioral Ecology*

20, no. 4 (2009): 838–843.

[21] Pitman, Lisa T. Ballance, Sarah I. Mesnick, and Susan J. Chivers, "Killer Whale Predation on Sperm Whales: Observations and Implications," *Marine Mammal Science* 17, no. 3 (2001): 494–507, https://doi.org/10.1111/j.1748-7692.2001.tb01000.x.

[22] Kerry Lotzof, "Life in the Pod: The Social Lives of Whales," Natural History Museum, https://www.nhm.ac.uk/discover/social-lives-of-whales.html.

[23] Rendell and Whitehead, "Vocal Clans in Sperm Whales."

[24] Rendell and Whitehead, "Culture in Whales and Dolphins," *Behavioral and Brain Sciences* 24, no. 2 (2001): 309– 324.

第五章

[1] Richard P. Feynman, *The Pleasure of Finding Things Out: The Best Short Works of Richard Feynman*, ed. Jeffrey Robbins (New York: Basic Books, 1999), 144.

[2] Ridgway, Dorian Houser, James Finneran et al., "Functional Imaging of Dolphin Brain Metabolism and Blood Flow," *Journal of Experimental Biology* 209 (Pt. 15) (2006): 2902–2910.

[3] Mind Matters, "Are Whales Smarter Than We Are?" *News Blog , Scientific American*, January 15, 2008, https://www.scientificamerican.com/blog/news-blog/are-whales-smarter-than-we-are/.

[4] Ursula Dicke and Gerhard Roth, "Neuronal Factors Determining High Intelligence," *Philosophical Transactions of the Royal Society B: Biological Sciences* 371, no. 1685 (2016): 20150180.

[5] R. Douglas Fields, "The Other Half of the Brain," *Scientific American*, April 2004, https://www.scientificamerican.com/article/the-other-half-of-the-bra/.

[6] Dicke and Roth, "Neuronal Factors."

[7] David Grimm, "Are Dolphins Too Smart for Captivity?" *Science* 332, no. 6029 (2011): 526– 529, https://doi.org/10.1126/science.332.6029.526.

[8] Lynn Smith, "My Take: Dumb and Dumber," *Holland Sentinel*, November 20, 2020.

[9] 作者 2018 年 6 月 8 日对帕特里克·R. 霍夫教授的采访。

[10] Patrick R. Hof and Estel Van der Gucht, "Structure of the Cerebral Cortex of the Humpback Whale, *Megaptera novaeangliae* (*Cetacea, Mysticeti, Balaenopteridae*)," *Anatomical Record* 290, no. 1 (Hoboken, NJ, 2007): 1– 31.

[11] Esther A. Nimchinsky, Emmanuel Gilissen, John M. Allman et al., "A Neuronal Morphologic Type Unique to Humans and Great Apes," *Proceedings of the National Academy of Sciences of the United States of America* 96, no. 9 (1999): 5268–5273.

[12] Maureen A. O' Leary, Jonathan I. Bloch, John J. Flynn et al., "The Placental Mammal Ancestor and the Post–K-Pg Radiation of Placentals," *Science* 339, no. 6120 (2013): 662–667.

[13] Andy Coghlan, "Whales Boast the Brain Cells That 'Make Us Human,'" *New Scientist*, November 27, 2006, https://www.newscientist.com/article/dn10661–whales-boast-the-brain-cells-that-make-us-human/.

[14] Mary Ann Raghanti, Linda B. Spurlock, F. Robert Treichler et al., "An Analysis of von Economo Neurons in the Cerebral Cortex of Cetaceans, Artiodactyls, and Perissodactyls," *Brain Structure & Function 220*, no. 4 (2015): 2303– 2314, https://doi.org/10.1007/s00429–014–0792–y.

[15] Rachel Tompa, "5 Unsolved Mysteries About The Brain," Allen Institute, March 14, 2019, https://alleninstitute.org/news/5–unsolved-mysteries-about-the-brain/.

[16] Lori Marino, Richard C. Connor, R. Ewan Fordyce et al., "Cetaceans Have Complex Brains for Complex Cognition," *PLoS Biology* 5, no. 5 (2007): e139.

[17] G. G. Mascetti, "Unihemispheric Sleep and Asymmetrical Sleep: Behavioral, Neurophysiological, and Functional Perspectives," *Nature and Science of Sleep*, vol. 8 (2016): 221–238.

[18] 作者 2019 年 11 月 20 日在特克斯和凯科斯群岛对邓肯·布雷克（Duncan Brake）的采访。

第六章

[1] *Deep Voices: The Second Whale Record*, Capitol Records ST-11598, 1977, LP.

[2] Ewa Dąbrowska, "What Exactly Is Universal Grammar, and Has Anyone Seen It?" *Frontiers in Psychology* 6 (2015): 852, https://doi.org/10.3389/fpsyg.2015.00852.

[3] B. F. Skinner, *Verbal Behavior* (New York: AppletonCentury-Crofts, 1957).

[4] Noam Chomsky, *Knowledge of Language: Its Nature, Origin and Use* (New York: Praeger, 1986).

[5] Steven Pinker, *The Language Instinct: How the Mind Creates Language* (London: Penguin Books, 2003).

[6] Philip Lieberman, *Human Language and Our Reptilian Brain: The Subcortical Bases of Speech, Syntax, and Thought* (Cambridge, MA: Harvard University Press, 2000).

[7] Daniel Everett, *Don't Sleep, There Are Snakes!* (London: Profile Books, 2009), 243.

[8] Lieberman, "Human Language and Our Reptilian Brain: The Subcortical Bases of Speech, Syntax, and Thought," *Perspectives in Biology and Medicine* 44 (2001): 32–51.

[9] Marc D. Hauser, Chomsky, and W. Tecumseh Fitch, "The Faculty of Language: What Is It, Who Has It, and How Did It Evolve?" *Science* 298, no. 5598 (November 22, 2002): 1569–1579.

[10] John L. Locke and Barry Bogin, "Language and Life History: A New Perspective on the Development and Evolution of Human Language," *Behavioural and Brain Sciences* 29, no. 3 (2006): 259–325.

[11] Sławomir Wacewicz and Przemysław Żywiczyński, "Language Evolution: Why Hockett's Design Features are a NonStarter, Biosemiotics 8, no. 1 (2015): 29–46.

[12] Edmund West, "William Stokoe—American Sign Language scholar," *British Deaf News*, January 30, 2020, https://www.britishdeafnews.co.uk/william-stokoe/.

[13] Con Slobodchikoff, *Chasing Doctor Dolittle: Learning the Language of Animals* (New York: St. Martin's Press, 2012).

[14] Frans de Waal, "The Brains of the Animal Kingdom," *Wall Street Journal*, March 22, 2013.

[15] Kate Douglas, "Six 'Uniquely Human' Traits Now Found in Animals," *New Scientist*, May 22, 2008, https://www.newscientist.com/article/dn13860–six-uniquely-human-traits-now-found-in-animals/.

[16] James P. Higham and Eileen A. Hebets, "An Introduction to Multimodal Communication," *Behavioral Ecology and Sociobiology* 67, no. 9 (2013): 1381–

1388.

[17] Laura Bortolotti and Cecilia Costa, "Chemical Communication in the Honey Bee Society," in *Neurobiology of Chemical Communication*, ed. Carla Mucignat-Caretta (Boca Raton, FL: Taylor & Francis, 2014).

[18] Meredith C. Miles and Matthew J. Fuxjager, "Synergistic Selection Regimens Drive the Evolution of Display Complexity in Birds of Paradise," *Journal of Animal Ecology* 87, no. 4 (2018): 1149– 1159.

[19] Alejandra López Galán, Wen-Sung Chung, and N. Justin Marshall, "Dynamic Courtship Signals and Mate Preferences in *Sepia plangon*," *Frontiers in Physiology* 11 (2020): 845.

[20] Richard E. Berg, "Infrasonics," *Encyclopaedia Britannica*, https://www.britannica.com/science/infrasonics.

[21] Ashwini J. Parsana, Nanxin Li, and Thomas H. Brown, "Positive and Negative Ultrasonic Social Signals Elicit Opposing Firing Patterns in Rat Amygdala," *Behavioural Brain Research* 226, no. 1 (2012): 77–86.

[22] Charles F. Hockett, *A Course in Modern Linguistics* (New York: Macmillan, 1958), section 64, 569–586.

[23] Hockett, "The Origin of Speech," *Scientific American* 203, no. 3 (1960): 88–97.

[24] Guy Cook, *Applied Linguistics* (Oxford: Oxford University Press, 2003).

[25] Bart de Boer, Neil Mathur, and Asif A. Ghazanfar, "Monkey Vocal Tracts Are Speech-Ready," *Science Advances* 2, no. 12 (2016): e1600723.

[26] Michael Price, "Why Monkeys Can't Talk—and What They Would Sound Like If They Could," *Science*, December 9, 2016, https://www.science.org/content/article/why-monkeys-can-t-talk-and-what-they-would-sound-if-they-could-rev2.

[27] Pedro Tiago Martins and Cedric Boeckx, "Vocal Learning: Beyond the Continuum," *PLoS Biology* 18, no. 3 (2020): e3000672.

[28] Andreas Nieder and Richard Mooney, "The Neurobiology of Innate, Volitional and Learned Vocalizations in Mammals and Birds," *Philosophical Transactions of the Royal Society B: Biological Sciences* 375, no. 1789 (2020): 20190054.

[29] Ben Panko, "Listen to Ripper the Duck Say 'You Bloody Fool!'" *Smithsonian Magazine*, September 9, 2021, https://www.smithsonianmag.com/smart-news/listen-ripper-duck-say-you-bloody-fool-180978613/.

[30] Russell Goldman, “Korean Words, Straight from the Elephant’s Mouth,” *New York Times*, May 26, 2016.

[31] New England Aquarium, “Hoover the Talking Seal,” YouTube, video, November 28, 2007.

[32] 作者与罗杰·佩恩的电子邮件，2022 年 1 月。

[33] Tobias Riede and Franz Goller, “Functional Morphology of the Sound-Generating Labia in the Syrinx of Two Songbird Species,” *Journal of Anatomy* 216, no. 1 (2010): 23– 36.

[34] Ewen Callaway, “The Whale That Talked,” *Nature*, 2012, https://doi.org/10.1038/nature.2012.11635.

[35] Charles Siebert, “The Story of One Whale Who Tried to Bridge the Linguistic Divide Between Animals and Humans,” Smithsonian Magazine, June 2014, https://www.smithsonianmag.com/science-nature/story-one-whale-who-tried-bridge-linguistic-divide-between-animals-humans-180951437/.

[36] R. Allen Gardner and Beatrice T. Gardner, “Teaching Sign Language to a Chimpanzee,” *Science* 165, no. 3894 (1969): 664–672.

[37] David Premack, “On the Assessment of Language Competence in the Chimpanzee,” in *Behavior of Nonhuman Primates*, vol. 4, ed. Allan M. Schrier and Fred Stollnitz (New York: Academic Press, 1971), 186–228.

[38] Duane M. Rumbaugh, Timothy V. Gill, Josephine V. Brown et al., “A Computer-Controlled Language Training System for Investigating the Language Skills of Young Apes,” *Behavior Research Methods & Instrumentation* 5, no. 5 (1973): 385–392.

[39] Raphaela Heesen et al., “Linguistic Laws in Chimpanzee Gestural Communication,” *Proceedings of the Royal Society B: Biological Sciences* 286, no. 1896 (2019), https://doi.org/10.1098/rspb.2018.2900.

[40] Verena Kersken et al, “A gestural repertoire of 1– to 2–year-old human children: in search of the ape gestures,” *Animal Cognition* 22 (2019): 577–595.

[41] 艾琳·佩珀伯格 2022 年 4 月写给作者的电子邮件。

[42] Steven M. Wise, *Drawing the Line* (Cambridge, MA: Perseus Books, 2002), 107.

[43] Irene M. Pepperberg, “Animal Language Studies: What Happened?” *Psychonomic Bulletin & Review* 24 (2017): 181–185, https://doi.org/10.3758/s13423–016–

1101–y.

[44] Roger S. Fouts, "Language: Origins, Definitions and Chimpanzees, *Journal of Human Evolution* 3, no. 6 (1974): 475–482.

[45] "Ask the Scientists: Irene Pepperberg," Scientific American Frontiers Archives, PBS, Internet Archive Wayback Machine.

[46] Thori, "Koko the Gorilla Cries over the Loss of a Kitten," YouTube, video, December 8, 2011.

[47] Slobodchikoff , *Chasing Doctor Dolittle*.

[48] Seyfarth, Cheney, and Peter Marler, "Vervet Monkey Alarm Calls: Semantic Communication in a Free-Ranging Primate," *Animal Behaviour* 28, no. 4 (1980): 1070–1094.

[49] Klaus Zuberbühler, "Survivor Signals:The Biology and Psychology of Animal Alarm Calling," *Advances in the Study of Behavior* 40 (2009): 277–322.

[50] Nicholas E. Collias, "The Vocal Repertoire of the Red Junglefowl: A Spectrographic Classification and the Code of Communication," *Condor* 89, no. 3 (1987): 510–524.

[51] Christopher S. Evans, Linda Evans, and Marler, "On the Meaning of Alarm Calls: Functional Reference in an Avian Vocal System," *Animal Behaviour* 46, no. 1 (1993): 23–38.

[52] Claudia Fichtel, "Reciprocal Recognition of Sifaka (*Propithecus verreauxi verreauxi*) and Redfronted Lemur (*Eulemur fulvus rufus*) Alarm Calls," *Animal Cognition* 7, no. 1 (2004): 45–52.

[53] BBC, "Alan!.. Alan!.. Steve! Walk on the Wild Side— BBC," YouTube, video, March 19, 2009.

[54] Slobodchikoff , Andrea Paseka, and Jennifer L. Verdolin, "Prairie Dog Alarm Calls Encode Labels About Predator Colors," Animal Cognition 12, no. 3 (2009): 435–439.

[55] 阿康 2022 年 4 月写给作者的电子邮件。

[56] Sabrina Engesser, Jennifer L. Holub, Louis G. O' Neill et al., "Chestnut-Crowned Babbler Calls Are Composed of Meaningless Shared Building Blocks," *Proceedings of the National Academy of Sciences of the United States of America* 116, no. 39 (2019): 19579–19584.

[57] Engesser et al., "Internal acoustic structuring in pied babbler recruitment cries specifies the form of recruitment," *Behavioral Ecology* 29, no. 5 (2018): 1021–1030.

[58] Engesser et al., "Meaningful call combinations and compositional processing in the southern pied babbler." *Proceedings of the National Academy of Sciences* 113, no. 21 (2016): 5976–5981.

[59] T. N. Suzuki et al., "Experimental evidence for compositional syntax in bird calls," *Nature Communication* 7 (2016): 10986.

[60] 作者 2019 年 9 月 1 日对霍莉・鲁特–古特里奇的采访。

[61] Slobodchikoff, *Chasing Doctor Dolittle*.

第七章

[1] Terry Pratchett, Pyramids (London: Corgi, 2012), 207.

[2] Harvest Books, "The Dolphin in the Mirror: Keyboards," YouTube, video, July 8, 2011.

[3] Virginia Morell, "Why Dolphins Wear Sponges," *Science*, July 20, 2011, https://www.science.org/content/article/why-dolphins-wear-sponges.

[4] Bjorn Carey, "How Killer Whales Trap Gullible Gulls," NBC News, February 3, 2006.

[5] Joe Noonan, "Wild Dolphins Playing w/Seaweed & Snorkeler: Slomo—Very Touching," YouTube, video, April 28, 2017.

[6] Capt. Dave's Dana Point Dolphin & Whale Watching Safari, "Dolphins 'Bow Riding' with Blue Whales off Dana Point," YouTube, video, July 27, 2012.

[7] BBC, "Glorious Dolphins Surf the Waves Just for Fun: Planet Earth: A Celebration— BBC," YouTube, video, September 1, 2020.

[8] Dylan Brayshaw, "Orcas Approaching Swimmer FULL VERSION (Unedited)," YouTube, video, December 16, 2019.

[9] *Wall Street Journal*, "Orca and Kayaker Encounter Caught on Drone Video," YouTube, video, September 9, 2016.

[10] Stan A. Kuczaj II and Rachel T. Walker, "Dolphin Problem Solving," in *The*

Oxford Handbook of Comparative Cognition, ed. Thomas R. Zentall and Edward A. Wasserman (New York: Oxford University Press, 2012), 736–756.

[11] Brenda McCowan, Marino, Erik Vance et al., "Bubble Ring Play of Bottlenose Dolphins (Tursiops truncatus): Implications for Cognition," *Journal of Comparative Psychology* 114, no. 1 (2000): 98.

[12] Adam A. Pack and Louis M. Herman, "Bottlenosed Dolphins (*Tursiops truncatus*) Comprehend the Referent of Both Static and Dynamic Human Gazing and Pointing in an Object- Choice Task," *Journal of Comparative Psychology* 118, no. 2 (2004): 160.

[13] Justin Gregg, *Are Dolphins Really Smart? The Mammal Behind the Myth* (Oxford: Oxford University Press, 2013).

[14] Mark J. Xitco, John D. Gory, and Kuczaj, "Spontaneous Pointing by Bottlenose Dolphins (Tursiops truncatus)," *Animal Cognition* 4, no. 2 (2001): 115–123.

[15] K. M. Dudzinski, M. Saki, K. Masaki et al., "Behavioural Observations of Bottlenose Dolphins Towards Two Dead Conspecifics," *Aquatic Mammals* 29, no. 1 (2003): 108–116.

[16] Morell, "Dolphins Can Call Each Other, Not by Name, but by Whistle," Science, February 20, 2013, https://www.science.org/content/article/dolphins-can-call-each-other-not-name-whistle.

[17] Stephanie L. King, Heidi E. Harley, and Vincent M. Janik, "The Role of Signature Whistle Matching in Bottlenose Dolphins, *Tursiops truncatus*," *Animal Behaviour* 96 (2014): 79–86.

[18] Jason N.Bruck, "Decades-Long Social Memory in Bottlenose Dolphins," *Proceedings of the Royal Society B: Biological Sciences* 280, no. 1768 (2013): 20131726.

[19] Mary Bates, "Dolphins Speaking Whale?" American Association for the Advancement of Science, February 6, 2012, https://www.aaas.org/taxonomy/term/9/dolphins-speaking-whale.

[20] Laura J. May-Collado, "Changes in Whistle Structure of Two Dolphin Species During Interspecific Associations," *Ethology* 116, no. 11 (2010): 1065–1074.

[21] John K. B. Ford, "Vocal Traditions Among Resident Killer Whales (*Orcinus orca*) in Coastal Waters of British Columbia," *Canadian Journal of Zoology* 69, no. 6

(1991): 1454–1483.

[22] Andrew D. Foote, Rachael M. Griffin, David Howitt et al., "Killer Whales Are Capable of Vocal Learning," *Biology Letters* 2, no. 4 (2006): 509–512.

[23] Christopher Riley, "The Dolphin Who Loved Me: Th e NASA-Funded Project Th at Went Wrong," *Guardian*, June 8, 2014.

[24] Gregg, *Are Dolphins Really Smart?*

[25] Sy Montgomery, *Birdology: Adventures with a Pack of Hens, a Peck of Pigeons, Cantankerous Crows, Fierce Falcons, Hip Hop Parrots, Baby Hummingbirds, and One Murderously Big Living Dinosaur* (Riverside, CA: Atria Books, 2010), 197.

[26] Benedict Carey, "Washoe, a Chimp of Many Words, Dies at 42," *New York Times*, November 1, 2007.

[27] Crispin Boyer, "Secret Language of Dolphins," *National Geographic Kids*, https:// kids.nationalgeographic.com/nature/article/secret-language-of-dolphins.

[28] Herman, Sheila L. Abichandani, Ali N. Elhajj et al., "Dolphins (*Tursiops truncatus*) Comprehend the Referential Character of the Human Pointing Gesture," *Journal of Comparative Psychology* 113, no. 4 (1999): 347.

[29] Gregg, *Are Dolphins Really Smart?*

[30] Kelly Jaakkola, Wendi Fellner, Linda Erb et al., "Understanding of the Concept of Numerically 'Less' by Bottlenose Dolphins (*Tursiops truncatus*)," *Journal of Comparative Psychology* 119, no. 3 (2005): 296.

[31] Annette Kilian, Sevgi Yaman, Lorenzo von Fersen, and Onur Güntürkün, "A Bottlenose Dolphin Discriminates Visual Stimuli Differing in Numerosity," *Animal Learning & Behavior* 31, no. 2 (2003): 133–142.

[32] Mercado III, Deirdre A. Killebrew, Pack et al., "Generalization of 'Same–Different' Classification Abilities in Bottlenosed Dolphins," *Behavioural Processes* 50, no. 2–3 (2000): 79–94.

[33] Gregg, *Are Dolphins Really Smart?*

[34] Charles J. Meliska, Janice A. Meliska, and Harman V. S. Peeke, "Threat Displays and Combat Aggression in *Betta splendens* Following Visual Exposure to Conspecifics and One-Way Mirrors," *Behavioral and Neural Biology* 28, no. 4 (1980): 473–486.

[35] Diana Reiss and Marino, "Mirror SelfRecognition in the Bottlenose Dolphin: A

Case of Cognitive Convergence," *Proceedings of the National Academy of Sciences of the United States of America* 98, no. 10 (2001): 5937–5942.

[36] 莱斯 2021 年 12 月 20 日写给作者的电子邮件。

[37] Rachel Morrison and Reiss, "Precocious Development of Self-Awareness in Dolphins," *PLoS One* 13, no. 1 (2018): e0189813.

[38] James Gorman, "Dolphins Show Self-Recognition Earlier Than Children," *New York Times*, January 10, 2018.

[39] Fabienne Delfour and Ken Marten, "Mirror Image Processing in Three Marine Mammal Species: Killer Whales (Orcinus orca), False Killer Whales (Pseudorca crassidens) and California Sea Lions (Zalophus californianus)," *Behavioural Processes* 53, no. 3 (2001): 181–190.

[40] Carolyn Wilkie, "The Mirror Test Peers into the Workings of Animal Minds" *Scientist*, February 21, 2019, https://www.the-scientist.com/news-opinion/the-mirror-test-peers-into-the-workings-of-animal-minds-65497.

[41] Herman, "Body and Self in Dolphins," *Consciousness and Cognition* 21, no. 1 (2012): 526–545.

[42] Herman, "Vocal, Social, and Self- Imitation by Bottlenosed Dolphins," in *Imitation in Animals and Artifacts*, ed. Kerstin Dautenhahn and Chrystopher L. Nehaniv (Cambridge, MA: MIT Press, 2002), 63– 108.

[43] José Z. Abramson, Victoria Hernández- Lloreda, Josep Call, and Fernando Colmenares, "Experimental Evidence for Action Imitation in Killer Whales (*Orcinus orca*)," *Animal Cognition* 16, no. 1 (2013): 11–22.

[44] Mercado, Scott O. Murray, Robert K. Uyeyama et al., "Memory for Recent Actions in the Bottlenosed Dolphin (Tursiops truncatus): Repetition of Arbitrary Behaviors Using an Abstract Rule," *Animal Learning & Behavior* 26, no. 2 (1998): 210–218.

[45] Reiss and Marino, "Mirror Self-Recognition in the Bottlenose Dolphin."

[46] Grimm, "Are Dolphins Too Smart for Captivity?"

[47] Katherine Bishop, "Flotilla Drives Errant Whale into Salt Water," *New York Times*, November 4, 1985.

[48] Eric A. Ramos and Diana Reiss, 2014, "Foraging-related calls produced by bottlenose dolphins." Paper presented at the 51st Annual Conference of the Animal Behaviour Society, Princeton NJ, Aug 9–14, 2014.

第八章

[1] Mary Kawena Pukui, ed. *'Olelo No'eau: Hawaiian Proverbs & Poetical Sayings*, Bernice P. Bishop Museum special publication no. 71 (Honolulu: Bishop Museum Press, 1983).

[2] Richard Brautigan, *All Watched Over by Machines of Loving Grace* (San Francisco: Communication Company, 1967).

[3] Christine Hitt, "The Sacred History of Maunakea," *Honolulu*, August 5, 2019.

[4] Christie Wilcox, "Lonely George the tree snail dies, and a species goes extinct," *National Geographic*, January 9, 2019, https://www.nationalgeographic.com/animals/article/george-the-lonely-snail-dies-in-hawaii-extinction.

[5] Brian Hires, "U.S. Fish and Wildlife Service Proposes Delisting 23 Species from Endangered Species Act Due to Extinction," press release, U.S. Fish and Wildlife Service (website), September 29, 2021, https://www.fws.gov/press-release/2021–09/us-fish-and-wildlife-service-proposes-delisting-23–species-endangered-species.

[6] Kristina L. Paxton, Esther Sebastián-González, Justin M. Hite et al., "Loss of Cultural Song Diversity and the Convergence of Songs in a Declining Hawaiian Forest Bird Community," *Royal Society Open Science* 6, no. 8 (2019): 190719.

[7] Anke Kügler, Marc O. Lammers, Eden J. Zang et al., "Fluctuations in Hawaii's Humpback Whale Megaptera novaeangliae Population Inferred from Male Song Chorusing off Maui," *Endangered Species Research* 43 (2020): 421–434, https://doi.org/10.3354/esr01080.

[8] Eli Kintisch, " 'The Blob' Invades Pacific, Flummoxing Climate Experts," *Science* 348, no. 6230 (April 3, 2015): 17–18, https://www.science.org/doi/10.1126/science.348.6230.17.

第九章

[1] A. M. Turing, "Computing Machinery and Intelligence," *Mind* (New Series) 59, no. 236 (1950): 433–460.

[2] Thomas A. Edison, "The Talking Phonograph," *Scientific American* 37, no. 25 (1877): 384–385.

[3] Arthur A. Allen and Peter Paul Kellogg, "Song Sparrow," audio, Macaulay Library, The Cornell Lab of Ornithology, May 18, 1929, digitized December 12, 2001, https://macaulaylibrary.org/asset/16737.

[4] Chelsea Steinauer-Scudder, "The Lord God Bird: Apocalyptic Prophecy & the Vanishing of Avifauna," *Emergence Magazine*, July 1, 2020, https://emergencemagazine.org/essay/the-lord-god-bird/.

[5] International Bioacoustics Society (IBAC) website, https://www.ibac.info.

[6] Examples from IBAC presentations can be found at "Programme IBAC 2019," IBAC, https://2019.ibac.info/programme.html.

[7] Katharina Riebel, Karan J. Odom,Naomi E. Langmore, and Michelle L. Hall, "New Insights from Female Bird Song: Towards an Integrated Approach to Studying Male and Female Communication Roles," *Biology Letters* 15, no. 4 (2019): 20190059, https://doi.org/10.1098/rsbl.2019.0059.

[8] Bates, "Why Do Female Birds Sing?" Animal Minds (blog), *Psychology Today*, August 26, 2019, https://www.psychologytoday.com/us/blog/animal-minds/201908/why-do-female-birds-sing.

[9] Whitney Bauck, "Mythos and Mycology," *Atmos*, June 14, 2021.

[10] Wesley H. Webb, M. M. Roper, Matthew D. M. Pawley, Yukio Fukuzawa, A. M. T. Harmer, and D. H. Brunton, "Sexually distinct song cultures across a songbird metapopulation," *Frontiers in Ecology and Evolution*, 9, 2021, https://www.frontiersin.org/article/10.3389/fevo.2021.755633.

[11] Fukuzawa, Webb, Pawley et al., "Koe: Web-Based Software to Classify Acoustic Units and Analyse Sequence Structure in Animal Vocalizations," Methods in Ecology and Evolution 11, no. 3 (2020): 431–441.

[12] Steven K. Katona and Whitehead, "Identifying Humpback Whales Using Their

Natural Markings," *Polar Record* 20, no. 128 (1981): 439–444.

[13] 泰德・奇斯曼 2021 年 11 月 28 日写给作者的电子邮件。

[14] Cheeseman et al., "Advanced Image Recognition: A Fully Automated, High-Accuracy Photo-Identification Matching System for Humpback Whales," *Mammalian Biology* (2021), http://doi.org/10.1007/s42991-021-00180-9.

[15] "Prime Suspect," Humpback Whale CRC-12564,Happywhale, https://happywhale.com/individual/1437.

[16] Jonathan Chabout, Abhra Sarkar, David B.Dunson, and Erich D. Jarvis, "Male Mice Song Syntax Depends on Social Contexts and Influences Female Preferences," *Frontiers in Behavioral Neuroscience* 9 (April 1, 2015): 76, http://doi.org/10.3389/fnbeh.2015.00076.

[17] Nate Dolensek, Daniel A. Gehrlach, Alexandra S. Klein, and Nadine Gogolla, "Facial Expressions of Emotion States and Their Neuronal Correlates in Mice," *Science* 368, no. 6486 (April 3, 2020): 89–94, https://doi.org/10.1126/science.aaz9468.

[18] Graeme Green, "How a Hi-Tech Search for Genghis Khan Is Helping Polar Bears," *Guardian*, April 27, 2021.

[19] Nicola Davis, "Bat Chat: Machine Learning Algorithms Provide Translations for Bat Squeaks," *Guardian*, December 22, 2016.

[20] Amy Fleming, "One, Two, Tree: How AI Helped Find Millions of Trees in the Sahara," *Guardian*, January 15, 2021.

[21] Australian Associated Press, "New Zealand Scientists Invent Volcano Warning System," *Guardian*, July 19, 2020.

[22] Wild Me website, https://www.wildme.org/#/.

[23] "FathomNet," Monterey Bay Aquarium Research Institute.

[24] Max Cal- laghan, Carl-Friedrich Schleussner, Shruti Nath et al., "Machine-Learning-Based Evidence and Attribution Mapping of 100,000 Climate Impact Studies," *Nature Climate Change* 11 (2021): 966–972, https://doi.org/10.1038/s41558-021-01168-6.

[25] Andrew W. Senior, Richard Evans, John Jumper et al., "Improved Protein Structure Prediction Using Potentials from Deep Learning," *Nature* 577, no. 7792 (2020): 706–710.

[26] Tom Simonite, "How Google Plans to Solve Artificial Intelligence," *MIT Technology Review*, March 31, 2016, https://www.technologyreview.com/2016/03/31/161234/how-google-plans-to-solve-artificial-intelligence/.
[27] Callaway, "It Will Change Everything' : DeepMind's AI Makes Gigantic Leap in Solving Protein Structures," *Nature* 588, no. 7837 (2020): 203–204.
[28] 同上。
[29] 同上。
[30] 伊恩・霍加斯与作者的谈话，2020 年 5 月 4 日。
[31] J. Fearey, S. H. Elwen, B. S. James, and T. Gridley, "Identification of Potential Signature Whistles from Free-Ranging Common Dolphins (*Delphinus delphis*) in South Africa," *Animal Cognition* 22, no. 5 (2019): 777–789.
[32] Julie N. Oswald, "Bottlenose Dolphin Whistle Repertoires: Size and Stability over Time," presentation at IBAC, University of St. Andrews, UK, September 5, 2019.
[33] 茱莉・奥斯瓦尔德 2021 年 11 月 23 日与作者的电子邮件交流。
[34] Dudzinski, K., and Ribic, C. "Pectoral fin contact as a mechanism for social bonding among dolphins," February 2017, *Animal Behavior and Cognition*, 4(1):30–48.
[35] 作者 2020 年 7 月 29 日对奇斯曼的采访。

第十章

[1] Edward O. Wilson, *The Diversity of Life* (Cambridge, MA: Belknap Press of Harvard University Press, 1992), 5.
[2] Lane, "The Unseen World: Reflections on Leeuwenhoek."
[3] Nadia Drake, "When Hubble Stared at Nothing for 100 Hours," *National Geographic*, April 24, 2015, https://www.nationalgeographic.com/science/article/when-hubble-stared-at-nothing-for-100–hours.
[4] "Discoveries: Hubble's Deep Fields," National Aeronautics and Space Administration, updated October 29, 2021, https://www.nasa.gov/content/discoveries-hubbles-deep-fields.
[5] Hubble explores the origins of modern galaxies, ESA Hubble Media Newsletter,

Press Release, August 15, 2013, https://esahubble.org/news/heic1315/.

[6] Danielle Cohen, "He Created Your Phone's Most Addic-tive Feature. Now He Wants to Build a Rosetta Stone for Animal Language," *GQ*, July 6, 2021, https://www.gq-magazine.co.uk/culture/article/aza-raskin-interview.

[7] 阿扎·拉斯金 2022 年 1 月 3 日写给作者的电子邮件。

[8] John P. Ryan, Danelle E. Cline, John E. Joseph et al., "Humpback Whale Song Occurrence Reflects Ecosystem Variability in Feeding and Migratory Habitat of the Northeast Pacific," *PLoS One* 14, no. 9 (2019): e0222456, https://doi.org/10.1371/journal.pone.0222456.

[9] Tomas Mikolov, Kai Chen, Greg Corrado, and Jeffrey Dean, "Efficient Estimation of Word Representations in Vector Space," arXiv preprint, arXiv:1301.3781 (2013).

[10] John R. Firth, "A Synopsis of Linguistic Theory, 1930–1955," in *Studies in Linguistic Analysis* (Oxford: Blackwell, 1957).

[11] "Earth Species Project: Research Direction," GitHub, last modified June 10, 2020.

[12] Mikel Artetxe, Gorka Labaka, Eneko Agirre, and Kyunghyun Cho, "Unsupervised Neural Machine Translation," arXiv:1710.1141 (2017), http://arxiv.org/abs/1710.11041.

[13] Yu-An Chung, Wei-Hung Weng, Schrasing Tong, and James Glass, "Unsupervised Cross-Modal Alignment of Speech and Text Embedding Spaces," arXiv: 1805.07467 (2018), http://arxiv.org/abs/1805.07467.

[14] Britt Selvitelle, *Earth Species Project: Research Direction*, Github, June 10, 2020.

[15] 这句话最初说的是比尔·乔伊（Bill Joy），参见 Brent Schlender, "Whose Internet Is It, Anyway?" *Fortune*, December 11, 1995, 120, cited in "The Smartest People in the World Don' t All Work for Us. Most of Them Work for Someone Else," Quote Investigator, January 28, 2018, https://quoteinvestigator.com/2018/01/28/smartest/.

[16] Barry Arons, "A Review of the Cocktail Party Effect," *Journal of the American Voice I/O Society* 12, no. 7 (1992): 35–50.

[17] Peter C. Bermant, "BioCPPNet: Automatic Bioacoustic Source Separation with Deep Neural Networks," *Scientific Reports* 11 (2021): 23502, https://doi.org/10.1038/s41598-021-02790-2.

[18] Stuart Thornton, "Incredible Journey," *National Geographic*, October 29, 2010,

https://education.nationalgeographic.org/resource/incredible-journey/.
[19] David Wiley, Colin Ware, Alessandro Bocconcelli et al., "Underwater Components of Hump- back Whale Bubble-Net Feeding Behaviour," *Behaviour* 148, no. 5/6 (2011): 575–602.
[20] 同上。http://www.jstor.org/stable/23034261.
[21] 阿里 2021 年 11 月 22 日和作者的通信。
[22] Daniel Kohlsdorf, Scott Gilliland, Peter Presti et al., "An Underwater Wearable Computer for Two Way Human- Dolphin Communication Experimentation," in *Proceedings of the 2013 International Symposium on Wearable Computers* (New York: Association for Computing Machinery, 2013), 147–148, https://doi.org/10.1145/2493988.2494346.
[23] "Our Mission," Interspecies Internet, updated April 21, 2021, https://www.interspecies.io/about.
[24] 与作者进行的视频采访，2022 年 4 月 11 日。
[25] Danny Lewis, "Scientists Just Found a Sea Turtle That Glows," *Smithsonian Magazine*, October 1, 2015, https://www.smithsonianmag.com/smart-news/scientists-discover-glowing-sea-turtle-180956789/.
[26] Kevin C. Galloway, Kaitlyn P. Becker, Brennan Phillips et al., "Soft Robotic Grippers for Biological Sampling on Deep Reefs," *Soft Robotics* 3, no. 1 (March 17, 2016): 23–33, https://doi.org/10.1089/soro.2015.0019.
[27] Project CETI, https://www.projectceti.org.
[28] 大卫・格鲁伯与作者的电子邮件，2021 年 12 月 27 日。
[29] 同上。
[30] Gero, Jonathan Gordon, and Whitehead, "Individualized Social Preferences and Long-Term Social Fidelity Between Social Units of Sperm Whales," *Animal Behaviour* 102 (2015): 15–23, https:/doi.org/10.1016/j.anbehav.2015.01.008.
[31] "Project Ceti," The Audacious Project Impact 2020.
[32] Robert K. Katzschmann, Joseph DelPreto, Robert MacCurdy, and Daniela Rus, "Exploration of Underwater Life with an Acoustically Controlled Soft Robotic Fish," *Science Robotics* 3, no. 16 (March 28, 2018): eaar3449, https://doi.org/10.1126/scirobotics.aar3449.
[33] Jacob Andreas, Gašper Beguš, Michael M. Bronstein et al., "Cetacean Translation

Initiative: A Roadmap to Deciphering the Communication of Sperm Whales," arXiv preprint, arXiv:2104.08614 (2021).
[34] 同上。
[35] 同上。
[36] 同上。
[37] "Project Ceti," The Audacious Project.
[38] Gero, Whitehead, and Rendell, "Individual, Unit and Vocal Clan Level Identity Cues in Sperm Whale Codas," *Royal Society Open Science* 3, no. 1 (2016): 150372.
[39] Bermant, Bron- stein, Robert J. Wood et al., "Deep Machine Learning Techniques for the Detection and Classification of Sperm Whale Bioacoustics," *Scientific Reports* 9 (2019): 12588, https:/doi.org/10.1038/s41598–019–48909–4.
[40] Andreas, Beguš, Bronstein et al., "Cetacean Translation Initiative."
[41] 格鲁伯 2021 年 12 月 27 日写给作者的电子邮件。
[42] 作者 2022 年 4 月 28 日收到的邮件。
[43] 2021 年 12 月 17 日对拉斯金的采访。
[44] Andreas, Beguš, Bronstein et al., "Cetacean Translation Initiative."
[45] 作者 2021 年 12 月 24 日与罗杰 · 佩恩的通话。
[46] 简 · 古道尔 2020 年 8 月 23 日写给拉斯金的电子邮件。
[47] Alexander Pschera, *Animal Internet: Nature and the Digital Revolution*, trans. Elisabeth Lauffer (New York: New Vessel Press, 2016), 11.
[48] 奇斯曼与作者的电子邮件交流，2021 年 6 月 30 日。

第十一章

[1] Helen Macdonald, *Vesper Flights* (New York: Vintage/Penguin Random House, 2021), 255.
[2] Tom Higham, Katerina Douka, Rachel Wood et al., "The Timing and Spatiotemporal Patterning of Neanderthal Disappearance," *Nature* 512, no. 7514 (2014): 306–309.
[3] Kate Britton, Vaughan Grimes, Laura Niven et al., "Strontium Isotope Evidence for Migration in Late Pleistocene Rangifer: Implications for Neanderthal Hunting

Strategies at the Middle Palaeolithic Site of Jonzac, France," *Journal of Human Evolution* 61, no. 2 (2011): 176–185.

[4] Marie-Hélène Moncel, Paul Fernandes, Malte Willmes et al., "Rocks, Teeth, and Tools: New Insights into Early Neanderthal Mobility Strategies in South-Eastern France from Lithic Reconstructions and Strontium Isotope Analysis," *PLoS One* 14, no. 4 (2019): e0214925.

[5] Rosa M. Albert, Francesco Berna, and Paul Goldberg, "Insights on Neanderthal Fire Use at Kebara Cave (Israel) Through High Resolution Study of Prehistoric Combustion Features: Evidence from Phytoliths and Thin Sections," *Quaternary International* 247 (2012): 278–293.

[6] Tim Appenzeller, "Neanderthal Culture: Old Masters," *Nature* 497, no. 7449 (2013): 302.

[7] Erik Trinkaus and Sébastien Villotte. "External Auditory Exostoses and Hearing Loss in the Shanidar 1 Neandertal," *PLoS One* 12, no. 10 (2017): e0186684.

[8] Qiaomei Fu, Mateja Hajdinjak, Oana Teodora Moldo- van et al., "An Early Modern Human from Romania with a Recent Neanderthal Ancestor," *Nature* 524, no. 7564 (2015): 216–219.

[9] René Descartes, "To More, 5.ii.1649," in *Selected Correspondence of Descartes*, trans. Jonathan Bennett, Some Texts from Early Modern Philosophy, 2017, https://www.earlymoderntexts.com/assets/pdfs/descartes1619_4.pdf (p. 216).

[10] Descartes, *Discourse on the Method of Rightly Conducting One's Reason and of Seeking Truth in the Sciences*, 1637.

[11] Descartes, "To Cavendish, 23.xi.1646," in *Selected Correspondence of Descartes*, 189.

[12] Colin Allen and Michael Trestman, "Animal Consciousness," *Stanford Encyclopedia of Philosophy Archive*, Winter 2020 edition, ed. Edward N. Zalta, Center for the Study of Language and Information, Stanford University,https://plato.stanford.edu/archives/win2020/entries/consciousness-animal/.

[13] *Aristotle's History of Animals: In Ten Books*, trans. Richard Cresswell (London: Henry G. Bohn, 1862).

[14] Abū ḥanīfah Aḥmad ibn Dāwūd Dīnawarī, *Kitab al-nabat—The Book of Plants*, ed. Bernhard Lewin (Wiesbaden: Franz Steiner, 1974).

[15] Saint Albertus Magnus, *On Animals: A Medieval Summa Zoologica*, 2 vols., trans. Kenneth M. Kitchell (Baltimore: Johns Hopkins University Press, 1999).

[16] Paul S. Agutter and Denys N. Wheatley, *Thinking About Life: The History and Philosophy of Biology and Other Sciences* (Dordrecht, Netherlands: Springer, 2008), 43.

[17] Tad Estreicher, "The First Description of a Kangaroo," *Nature* 93, no. 2316 (1914): 60.

[18] Melanie Challenger, *How to Be Animal: A New History of What It Means to Be Human* (Edinburgh: Canongate, 2021).

[19] "Apology for Raimond Sebond," chap. 12 in *The Essays of Montaigne, Complete*, trans. Charles Cotton (1887).

[20] Edward L. Thorndike, "The Evolution of the Human Intellect," chap. 7 in *Animal Intelligence* (New York: Macmillan, 1911).

[21] Nikolaas Tinbergen, "Ethology and Stress Diseases," Nobel Prize in Physiology or Medicine lecture, December 12, 1973, The Nobel Prize, https://www.nobelprize.org/uploads/2018/06/tinbergen-lecture.pdf.

[22] David R. Tarpy, "The Honey Bee Dance Language," NC State Extension, February 23, 2016, https://content.ces.ncsu.edu/honey-bee-dance-language.

[23] Kat Kerlin, "Personality Matters, Even for Squirrels," News and Information, University of Califonia, Davis, September 10, 2021, https://www.ucdavis.edu/curiosity/news/personality-matters-even-squirrels-0.

[24] Gavin R. Hunt, "Manufacture and Use of Hook-Tools by New Caledonian Crows," *Nature* 379, no. 6562 (1996): 249–251. Robert W. Shumaker, Kristina R. Walkup, and Benjamin B. Beck, *Animal Tool Behavior: The Use and Manufacture of Tools by Animals* (Baltimore: Johns Hopkins University Press, 2011). Vicki Bentley-Condit and E. O. Smith, "Animal Tool Use: Current Definitions and an Updated Comprehensive Catalog," *Behaviour* 147, no. 2 (2010): 185–221.

[25] Tui De Roy, Eduardo R. Espinoza, and Fritz Trillmich, "Cooperation and Opportunism in Galapagos Sea Lion Hunting for Shoaling Fish," *Ecology and Evolution* 11, no. 14 (2021): 9206–9216. Alicia P. Melis, Brian Hare, and Michael Tomasello, "Engineering Cooperation in Chimpanzees: Tolerance Constraints on Cooperation," *Animal Behaviour* 72, no. 2 (2006): 275–286.

[26] Nicola S. Clayton, Timothy J. Bussey, and Anthony Dickinson, "Can Animals Recall the Past and Plan for the Future?" *Nature Reviews Neuroscience* 4, no. 8 (2003): 685–691. William A. Roberts, "Mental Time Travel: Animals Anticipate the Future," *Current Biology* 17, no. 11 (2007): R418–R420.

[27] Margaret L. Walker and James G. Herndon, "Menopause in Nonhuman Primates?" *Biology of Reproduction* 79, no. 3 (2008): 398–406. Rufus A. Johnstone and Michael A. Cant, "The Evolution of Menopause in Cetaceans and Humans: The Role of Demography," *Proceedings of the Royal Society B: Biological Sciences* 277, no. 1701 (2010): 3765–3771, https://doi.org/10.1098/rspb.2010.0988.

[28] Jennifer Vonk, "Matching Based on Biological Categories in Orangutans (*Pongo abelii*) and a Gorilla (Gorilla gorilla gorilla)," PeerJ 1 (2013): e158. Pepperberg, "Abstract Concepts: Data from a Grey Parrot," *Behavioural Processes* 93 (2013): 82–90, https://doi.org/10.1016/j.beproc.2012.09.016. Herman, Adam A. Pack, and Amy M. Wood, "Bottlenose Dolphins Can Generalize Rules and Develop Abstract Concepts," *Marine Mammal Science* 10, no. 1 (1994): 70–80, https://doi.org/10.1111/j.1748-7692.1994.tb00390.x.

[29] John W. Pilley and Alliston K. Reid, "Border Collie Comprehends Object Names as Verbal Referents," *Behavioural Processes* 86, no. 2 (2011): 184–195, https://doi.org/10.1016/j.beproc.2010.11.007. Pepperberg, "Cognitive and Communicative Abilities of Grey Parrots," *Current Directions in Psychological Science* 11, no. 3 (2002): 83–87. R. Allen Gardner and Beatrice T. Gardner, "Teaching Sign Language to a Chimpanzee," *Science* 165, no. 3894 (August 15, 1969): 664–672. Francine G. Patterson, "The Gestures of a Gorilla: Language Acquisition in Another Pongid," *Brain and Language* 5, no. 1 (1978): 72–97.

[30] Nobuyuki Kawai and Tetsuro Matsuzawa, "Numerical Memory Span in a Chimpanzee," *Nature* 403, no. 6765 (2000): 39–40.

[31] Pepperberg, "Grey Parrot Numerical Competence: A Review," *Animal Cognition* 9, no. 4 (2006): 377–391. Sara Inoue and Matsuzawa, "Working Memory of Numerals in Chimpanzees," *Current Biology* 17, no. 23 (2007): R1004–R1005.

[32] Cait Newport, Guy Wallis, Yarema Reshitnyk, and Ulrike E. Siebeck, "Discrimination of Human Faces by Archerfish (*Toxotes chatareus*)," *Scientific Reports* 6, no. 1 (2016): 1–7. Franziska Knolle, Rita P. Goncalves, and A. Jennifer

Morton, "Sheep Recognize Familiar and Unfamiliar Human Faces from Two-Dimensional Images," *Royal Society Open Science* 4, no. 11 (2017): 171228. Anaïs Racca, Eleonora Amadei, Séverine Ligout et al., "Discrimination of Human and Dog Faces and Inversion Responses in Domestic Dogs (Canis familiaris)," *Animal Cognition* 13, no. 3 (2010): 525–533.

[33] Jorg J. M. Massen and Sonja E. Koski, "Chimps of a Feather Sit Together: Chimpanzee Friendships Are Based on Homophily in Personality," *Evolution and Human Behavior* 35, no. 1 (2014): 1–8. Robin Dunbar, "Do Animals Have Friends, Too?" *New Scientist*, May 21, 2014, https://www.newscientist.com/article/mg22229700–400–friendship-do-animals-have-friends-too/. Michael N. Weiss, Daniel Wayne Franks, Deborah A. Giles et al., "Age and Sex Influence Social Interactions, but Not Associations, Within a Killer Whale Pod," *Proceedings of the Royal Society B: Biological Sciences* 288, no. 1953 (2021): 1–28.

[34] Joseph H. Manson, Susan Perry, and Amy R. Parish, "Nonconceptive Sexual Behavior in Bonobos and Capuchins," *International Journal of Primatology* 18, no. 5 (1997): 767–786. Benjamin Lecorps, Daniel M. Weary, and Marina A. G. von Keyserlingk, "Captivity-Induced Depression in Animals," *Trends in Cognitive Sciences* 25, no. 7 (2021): 539–541.

[35] Jaime Figueroa, David Solà–Oriol, Xavier Man-teca et al., "Anhedonia in Pigs? Effects of Social Stress and Restraint Stress on Sucrose Preference," *Physiology & Behavior* 151 (2015): 509–515.

[36] Teja Brooks Pribac, "Animal Grief," Animal Studies Journal 2, no. 2 (2013): 67–90. Carl Safina, "The Depths of Animal Grief," *Nova*, PBS, July 8, 2015.

[37] Zuberbühler, "Syntax and Compositionality in Animal Communication," *Philosophical Transactions of the Royal Society B: Biological Sciences* 375, no. 1789 (2020): 20190062. Suzuki, David Wheatcroft, and Michael Griesser, "The Syntax–Semantics Interface in Animal Vocal Communica- tion," *Philosophical Transactions of the Royal Society B: Biological Sciences* 375, no. 1789 (2020): 20180405. Robert C. Berwick, Kazuo Okanoya, Gabriel J. L. Beckers, and Johan J. Bolhuis, "Songs to Syntax: The Linguistics of Birdsong," *Trends in Cognitive Sciences* 15, no. 3 (2011):113–121, https://doi.org/10.1016/j.tics.2011.01.002, PMID: 21296608.

[38] Marc Bekoff, "Animal Emotions: Exploring Passionate Natures: Current

Interdisciplinary Research Provides Compelling Evidence That Many Animals Experience Such Emotions as Joy, Fear, Love, Despair, and Grief—We Are Not Alone," *BioScience* 50, no. 10 (2000): 861–870. Pepperberg, "Functional Vocalizations by an African Grey Parrot (Psittacus erithacus)," *Zeitschrift für Tierpsychologie* 55, no. 2 (1981): 139–160.

[39] Amalia P. M. Bastos, Patrick D. Neilands, Rebecca S. Hassall et al., "Dogs Mentally Represent Jealousy-Inducing Social Interactions," *Psychological Science* 32, no. 5 (2021): 646–654.

[40] Pepperberg, "Vocal Learning in Grey Parrots: A Brief Review of Perception, Production, and Cross-Species Com- parisons," Brain and Language 115, no. 1 (2010): 81–91. Abramson, Hernández- Lloreda, Lino García et al., "Imitation of Novel Conspecific and Human Speech Sounds in the Killer Whale (Orcinus orca)," Proceedings of the Royal Society B: Biological Sciences 285, no. 1871 (2018): 20172171, https://doi.org/10.1098/rspb.2017.2171; erratum in Proceedings of the Royal Society B: Biological Sciences 285, no. 1873 (2018): 20180297, https://doi.org/10.1098/rspb.2018.0287. Angela S. Stoeger et al., "An Asian Elephant Imitates Human Speech," Current Biology 22, no. 22 (2012): P2144–P2148, https://doi.org/10.1016/j.cub.2012.09.022.

[41] Kevin Nelson, *The Spiritual Doorway in the Brain: A Neurologist's Search for the God Experience* (New York: Dutton/Penguin, 2011). Barbara J. King, "Seeing Spirituality in Chimpanzees," *Atlantic*, March 29, 2016.

[42] T. C. Danbury, C. A. Weeks, A. E. Waterman-Pearson et al., "Self- Selection of the Analgesic Drug Carprofen by Lame Broiler Chickens," Veterinary Record 146, no. 11 (2000): 307–311. Earl Carstens and Gary P. Moberg, "Recog- nizing Pain and Distress in Laboratory Animals," ILAR Journal 41, no. 2 (2000): 62–71. Liz Langley, "The Surprisingly Humanlike Ways Animals Feel Pain," National Geographic, December 3, 2016, https://www.nationalgeographic.com/animals/article/animals-science-medical-pain.

[43] Michel Cabanac, "Emotion and Phylogeny," *Journal of Consciousness Studies* 6, no. 6–7 (1999): 176–190. Jonathan Balcombe, "Animal Pleasure and Its Moral Significance," *Applied Animal Behaviour Science* 118,no. 3–4 (2009): 208–216.

[44] Ipek G. Kulahci, Daniel I. Rubenstein, and Ghazanfar, "Lemurs Groom-at-a-

Distance Through Vocal Networks," *Animal Behaviour* 110 (2015): 179–186. Kieran C. R. Fox, Michael Muthukrishna, and Susanne Shultz, "The Social and Cultural Roots of Whale and Dolphin Brains," *Nature Ecology* & *Evo- lution 1*, no. 11 (2017): 1699–1705.

[45] Kimberley Hickock, "Rare Footage Shows Beautiful Orcas Toying with Helpless Sea Turtles," Live Science, September 20, 2018, https://www.livescience.com/63622–orca-spins-sea-turtle.html.

[46] Fox et al., "The Social and Cultural Roots of Whale and Dolphin Brains." Gordon M. Burghardt, *The Genesis of Animal Play: Testing the Limits* (Cambridge, MA: MIT Press, 2006).

[47] De Waal, *The Age of Empathy: Nature's Lessons for a Kinder Society* (London: Souvenir Press, 2010). Susana Monsó, Judith Benz-Schwarzburg, and Annika Bremhorst, "Animal Morality: What It Means and Why It Mat- ters," *Journal of Ethics* 22, no. 3 (2018), 283–310, https://doi.org/10.1007/s10892–018–9275–3.

[48] Sarah F. Brosnan and de Waal, "Evolution of Responses to (Un)fairness," *Science* 346, no. 6207 (September 18, 2014), https://doi.org/10.1126/science.1251776. Claudia Wascher, "Animals Know When They Are Being Treated Unfairly (and They Don' t Like It)," The Conversation, Phys .org, February 22, 2017, https://phys.org/news/2017–02–animals-unfairly-dont.html.

[49] Indrikis Krams, Tatjana Krama, Kristine Igaune, and Raivo Mänd, "Experimental Evidence of Reciprocal Altruism in the Pied Flycatcher," *Behavioral Ecology and Sociobiology* 62, no. 4 (2008): 599–605. De Waal, "Putting the Altruism Back into Altruism: The Evolution of Empathy," *Annual Review of Psychology* 59 (2008): 279–300.

[50] Lesley J. Rogers and Gisela Kaplan, "Elephants That Paint, Birds That Make Music: Do Animals Have an Aesthetic Sense?" *Cerebrum 2006: Emerging Ideas in Brain Science* (2006): 1–14. Jason G. Goldman, "Creativity: The Weird and Wonderful Art of Animals," BBC, July 23, 2014.

[51] Ferris Jabr, "The Beasts That Keep the Beat," *Quanta Magazine*, March 22, 2016, https://www.quantamagazine.org/the-beasts-that-keep-the-beat-20160322/.

[52] Russell A. Ligon, Christopher D. Diaz, Janelle L. Morano et al., "Evolution of Correlated Complexity in the Radically Different Courtship Signals of Birds-of-

Paradise," PLoS Biology 16, no. 11 (2018): e2006962. Emily Osterloff, "Best Foot Forward: Eight Animals That Dance to Impress," Natural History Museum (London), March 12, 2020.

[53] Jaak Panksepp and Jeffrey Burgdorf, "50–kHz Chirping (Laughter?) in Response to Conditioned and Unconditioned Tickle-Induced Reward in Rats: Effects of Social Housing and Genetic Variables," *Behavioural Brain Research* 115, no. 1 (2000): 25–38.

[54] James A. R. Marshall, Gavin Brown, and An- drew N. Radford, "Individual Confidence-Weighting and Group Decision-Making," *Trends in Ecology & Evolution* 32, no. 9 (2017): 636–645. Davis and Eleanor Ainge Roy, "Study Finds Parrots Weigh Up Probabilities to Make Decisions," Guardian, March 3, 2020.

[55] Ana Pérez-Manrique and Antoni Gomila, "Emotional Contagion in Nonhuman Animals: A Review," *Wiley Interdisciplinary Reviews: Cognitive Science* 13, no. 1 (2022): e1560. Julen Hernandez-Lallement, Paula Gómez-Sotres, and Maria Carrillo, "Towards a Unified Theory of Emotional Contagion in Rodents—A Meta-analysis," *Neuroscience & Biobehavioral Reviews* (2020).

[56] A. Roulin, B. Des Monstiers, E. Ifrid et al., "Reciprocal Preening and Food Sharing in Colour-Polymorphic Nestling Barn Owls," *Journal of Evolutionary Biology* 29, no. 2 (2016): 380–394. Pitman, Volker B. Deecke, Christine M. Gabriele et al., "Humpback Whales Interfering When Mammal-Eating Killer Whales Attack Other Species: Mobbing Behavior and Interspecific Altruism?" *Marine Mammal Science* 33, no. 1 (2017): 7–58.

[57] Philip Hunter, "Birds of a Feather Speak Together: Understanding the Different Dialects of Animals Can Help to Decipher Their Communication," *EMBO Reports* 22, no. 9 (2021): e53682. Antunes, Tyler Schulz, Gero et al., "Individually Distinctive Acoustic Features in Sperm Whale Codas," *Animal Behaviour* 81, no. 4 (2011): 723–730, https://doi.org/10.1016/j.anbehav.2010.12.019.

[58] Bennett G. Galef, "The Question of Animal Culture," *Human Nature* 3, no. 2 (1992): 157–178. Andrew Whiten, Goodall, William C. McGrew et al., "Cultures in Chimpanzees," *Nature* 399, no. 6737 (1999): 682–685. Michael Krützen, Erik P. Willems, and Carel P. van Schaik, "Culture and Geographic Variation in Orangutan Behavior," *Current Biology* 21, no. 21 (2011): 1808–1812. Whitehead

and Rendell, *The Cultural Lives of Whales and Dolphins* (Chicago: University of Chicago Press, 2015).

[59] Fumihiro Kano, Christopher Krupenye, Satoshi Hirata et al., "Great Apes Use Self-Experience to Anticipate an Agent's Action in a False-Belief Test," *Proceedings of the National Academy of Sciences of the United States of America* 116, no. 42 (2019): 20904–20909.

[60] Jorge Juarez, Carlos Guzman-Flores, Frank R. Ervin, and Roberta M. Palmour, "Voluntary Alcohol Consumption in Vervet Monkeys: Individual, Sex, and Age Differences," *Pharmacology, Biochemistry, and Behavior* 46, no. 4 (1993): 985–988. Christie Wilcox, "Do Stoned Dolphins Give 'Puff Puff Pass' A Whole New Meaning?" *Discover*, December 30, 2013, https://www.discovermagazine.com/planet-earth/do-stoned-dolphins-give-puff-puff-pass-a-whole-new-meaning#.VIHlOWTF_OZ.

[61] Hare, Call, and Tomasello, "Chimpanzees Deceive a Human Competitor by Hiding," *Cognition* 101, no. 3 (2006): 495–514. Kazuo Fujita, Hika Kuroshima, and Saori Asai, "How Do Tufted Capuchin Mon- keys (*Cebus apella*) Understand Causality Involved in Tool Use?" *Journal of Experimental Psychology: Animal Behavior Processes* 29, no. 3 (2003): 233.

[62] De Waal, "Are We in Anthropodenial?" *Discover*, July 1997.

[63] Karen McComb, Lucy Baker, and Cynthia Moss, "African Elephants Show High Levels of Interest in the Skulls and Ivory of Their Own Species," *Biology Letters* 2, no. 1 (2006): 26–28.

[64] Bopha Phorn, "Researchers Found Orca Whale Still Holding On to Her Dead Calf 9 Days Later," ABC News, August 1, 2018, https://abcnews.go.com/US/researchers-found-orca-whale-holding-dead-calf-days/story?id=56965753.

[65] Colin Allen and Trestman, "Animal Consciousness."

[66] Hickock, "Rare Footage Shows Beautiful Orcas Toying with Helpless Sea Turtles."

[67] Bernd Würsig, "Bow-Riding," in *Encyclopedia of Marine Mammals*, 2nd ed., ed. William F. Perrin, Würsig, and J. G. M. Thewissen (Lon- don: Academic Press, 2009).

[68] Peter Fimrite, " 'Porpicide' : Bottlenose Dolphins Killing Porpoises," *SFGate*, September 17, 2011, https://www.sfgate.com/news/article/Porpicide-

Bottlenosedolphins-killing-porpoises-2309298.php.
[69] Justine Sullivan, "Disabled Killer Whale Survives with Help from Its Pod," Oceana, May 21, 2013, https://usa.oceana.org/blog/disabled-killer-whale-survives-help-its-pod/.
[70] Aimee Gabay, "Why Are Orcas 'Attacking' Fishing Boats off the Coast of Gibraltar?" *New Scientist*, September 15, 2021.
[71] Sara Reardon, "Do Dolphins Speak Whale in Their Sleep?" *Science*, January 20, 2012, https://www.science.org/content/article/do-dolphins-speak-whale-their-sleep.
[72] Oliver Milman, "Anthropomorphism: How Much Humans and Animals Share Is Still Contested," *Guardian*, January 15, 2016.
[73] 作者 2019 年 4 月 7 日在纽约对罗杰·佩恩的采访。
[74] "The Future Has Arrived—It's Just Not Evenly Distributed Yet," Quote Investigator, https://quoteinvestigator.com/2012/01/24 /future-has-arrived/.
[75] Bekoff, "Scientists Conclude Nonhuman Animals Are Conscious Beings," *Psychology Today*, August 10, 2012.
[76] "The Cambridge Declaration on Consciousness," Francis Crick Memorial Conference, July 7, 2012, http://fcmconference.org/img/CambridgeDeclarationOnConsciousness.pdf.
[77] Pierre Le Neindre, Emilie Ber- nard, Alain Boissy et al., "Animal Consciousness," *EFSA Supporting Publications* 14, no. 4 (2017): 1196E.
[78] Jim Waterson, "How a Misleading Story About Animal Sentience Became the Most Viral Politics Article of 2017 and Left Downing Street Scrambling," *BuzzFeed News*, November 25, 2017, https://www.buzzfeed.com/jimwaterson/independent-animal-sentience.
[79] Yas Necati, "The Tories Have Voted That Animals Can' t Feel Pain as Part of the EU Bill, Marking the Beginning of our Anti-science Brexit," Independent, November 20, 2017.
[80] Animal Welfare (Sentience) Bill [HL], Government Bill, Originated in the House of Lords, Session 2021–22, UK Parliament (website), https://bills.parliament.uk/bills/2867.
[81] Good Morning Britain (@GMB), "Animals officially have feelings. Is it time to stop eating them?" Twitter, May 13, 2021.

[82] Motion No. 2018– 268, In the Matter of Nonhuman Rights Project, Inc., on Behalf of Tommy, Appel- lant, v. Patrick C. Lavery, & c., et al., Respondents and In the Matter of Nonhuman Rights Project, Inc., on Behalf of Kiko, Appellant, v. Carmen Presti et al., Respon- dents, State of New York Court of Appeals, decided May 8, 2018, https://www.nycourts.gov/ctapps/Decisions/2018/May18/M2018–268opn18–Decision.pdf.

[83] 作者 2019 年 4 月 28 日对史蒂文 · 怀斯的采访。

[84] Matthew S. Savoca et al., "Baleen Whale Prey Consumption Based on High-Resolution Foraging Measurements," *Nature* 599 (2021): 85–90, https://www.nature.com/articles/s41586–021–03991–5.

[85] Ralph Chami, Thomas Cosimano, Connel Fullenkamp, and Sena Oztosun, "Nature's Solution to Climate Change," Finance & Development 56, no. 4 (December 2019), https://www.imf.org/external/pubs/ft/fandd/2019/12/pdf/natures-solution-to-climate-change-chami.pdf.

[86] Carrington, "Humans Just 0.01% of All Life."

[87] Robert Burns, "To a Louse," 1786, Complete Works, Burns Country, http://www.robertburns.org/works/.

第十二章

[1] Thomas Stearns Eliot, "Little Gidding," in *Four Quartets* (New York: Harcourt, Brace, 1943).

[2] Nicola Ransome, Lars Bejder, Micheline Jenner et al., "Observations of Parturition in Humpback Whales (*Megaptera novaeangliae*) and Occurrence of Escorting and Competitive Behavior Around Birthing Females," *Marine Mammal Science*, epub September 7, 2021, https://doi.org/10.1111/mms.12864.

[3] Segre et al., "Energetic and Physical Limitations on the Breaching Performance of Large Whales."

[4] "Average Gas & Electricity Usage in the UK— 2020," Smarter Business, https://smarterbusiness.co.uk/blogs/average-gas-electricity-usage-uk/.

[5] Robert Macfarlane, *Mountains of the Mind: A History of a Fascination* (London: Granta

Books, 2009), 75.

[6] 同上。

[7] Shubham Agrawal, "How Does a Printer Work?— Part I," Medium, March 18, 2020.

[8] "Base Pair," National Human Genome Research Institute, https://www.genome.gov/genetics-glossary/Base-Pair.

[9] Francisco J. Ayala, "Cloning Humans? Biological, Ethical, and Social Considerations," *Proceedings of the National Academy of Sciences of the United States of America* 112, no. 29 (2015): 8879–8886.

[10] Judith L.Fridovich-Keil, "Human Genome Project," Encyclopaedia Britannica, February 27, 2020, https://www.britannica.com/event/Human-Genome-Project.

[11] "DNA Sequencing Fact Sheet," National Human Genome Research Institute, https://www.genome.gov/about-genomics/fact-sheets/DNA-Sequencing-Fact-Sheet.

[12] The Chimpanzee Sequencing and Analysis Consortium (Tarjei Mikkelsen, LaDeana Hillier, Evan Eichler et al.), "Initial Sequence of the Chimpanzee Genome and Comparison with the Human Genome," *Nature* 437, no. 7055 (2005): 69–87.

[13] 摘自"地球物种计划"2020 年 10 月 16 日发给作者的电子邮件。

[14] Stephen Brennan, ed., *Mark Twain on Common Sense: Timeless Advice and Words of Wisdom from America's Most-Revered Humorist* (New York: Skyhorse Publishing, 2014), 6.

[15] "Financial Value of the Global Arms Trade," Stockholm International Peace Research Institute, https://www.sipri.org/databases/financial-value-global-arms-trade.（"例如，2019 年全球武器贸易的财务价值据估计至少为 1180 亿美元。"）

[16] "Pet Care Market Size, Share and COVID-19 Impact Analysis, by Product Type (Pet Food Products, Veterinary Care, and Others), Pet Type (Dog, Cat, and Others), Distribution Channel (Online and Offline), and Regional Forecast, 2021–2028," Fortune Business Insights, February 2021.（"2020 年全球宠物护理市场规模达 2079 亿美元。"）

后　记

2021年底本书收尾时，我其实写了一个关于AI伦理及“学说鲸语”重要意义的章节。但这本书已经很长了，我的团队认为，让读者意识到“我们有可能解码动物交流，这不是天方夜谭”已经很不容易，更不用说介绍如何驾驭这种能力了！

但是，这世界日异月殊。罗杰病倒了，本书平装本即将面市，我觉得这是一个绝佳的时机，可以写一篇后记谈谈他，以及关于伦理和动物人工智能的若干想法。这篇后记已于2023年春季（随平装本）出版，我也将它贴在我的网站上，这样购买了本书更早版本的读者也能读到它（当然其他人也可以读，不过可能会对文中提到的一些人物、鲸鱼和项目感到有些费解）。

侧耳倾听

短短几个月可以改变很多东西。自从本书出版以来，人工智能领域、动物翻译领域，以及我的个人世界，都发生了翻天覆地的变化。其中有欣喜若狂，也有艰难险阻，更有令我难以分享的痛苦时刻。

我回到了罗杰·佩恩位于佛蒙特州的住所。林中的积雪已经融尽，枯槁的枝丫突然间长出了绿色嫩芽。山谷外，罗杰的儿子约翰（John）一直在沼泽边缘记录铺天盖地的蛙鸣，当地人叫它们“小蛙”（peeper）。约翰也是生物学家，从小在巴塔哥尼亚海岸长大。我们为罗杰播放蛙鸣的录音时，约翰说它们的叫声奇响无比，以至于他走近时感觉耳朵为了保护自己都不由自主地缩紧了。罗杰发出低沉而醇厚的笑声：“哎呀，好极了。”

这会儿，罗杰在楼下睡着了。他得了癌症。医生之前说他还有三到六个月的生命，现在已经过去三个月了。我上次来看他是在冬天，我们还一起在湖边散步。如今，他只能躺在床上，再也无法起身。他的性格一如既往，不许任何人为此而伤心。他说，伤感只会白白浪费时间，他和丽莎更愿意把这么宝贵的时光用在其他事情上。于是，大家都围在他床边（他的床现在就摆在厨房边）一起吃饭。罗杰用遥控器调节病床升降，迎接从世界各地赶来的亲朋好友。他逐一告知每一位客人，他的生命即将终结。

笑声中当然也不乏泪水。我之前没有意识到，原来有这么多人被罗杰触动，有这么多人将他视作自己生命中父亲一般的长者。丽莎告诉我，罗杰的好友、鲸类翻译计划的同事大卫·格鲁伯每次来访，都是面带欣慰的笑容走出罗杰房间的。但一走出房门，他又会为罗杰的日益衰弱而悲痛欲绝，和丽莎一起落泪。

我将在这里和罗杰一起生活六天。他曾是我大部分工作的重心，也是让世界了解鲸鱼的灵魂人物。我想和他讨论最新的消息，让他把最后要讲的话讲完。

当然，还有一些重要的进展需要总结。

离鲸语再近些

踏上前往罗杰家的漫长旅程之前，我先去波士顿拜访了大卫·格鲁伯。我们在水族馆附近的中央码头边谈论起大卫最初的研究兴趣——水母。然后，他掏出笔记本电脑，向我介绍鲸类翻译计划的进展情况，这是解码抹香鲸交流的一项大工程。大卫说得很谨慎，一开始似乎还有些不好意思。项目曾遭遇一次重大挫折：尽管观测阵列经受住了热带风暴的考验，但在多米尼加附近海图上未标示的深海区域，突如其来的强大海流运动导致监听站的粗大电缆与基座发生摩擦。如此磨损一个月后，电缆最终断成两截。大卫向我讲述这个噩耗时，神情满是痛楚，就好像海上有人失踪一样。这让我想起了“双子座”航天计划，在任务完成之前经历了那么多次的火箭故障或爆炸。在新的环境中实现复杂的技术，很少有旗开得胜的。损失第一个设备阵列令人遗憾且代价高昂，但好在其他阵列经过改良，已经能够抵御住洋流的力量。

大卫也热情地向我介绍了其他进展。他给我看视频：无人机将内置多向水听器的小型柔软标签投在鲸鱼背上。这种标签的柔软吸盘是他们以亚口鱼（suckerfish，吸盘状的口是其显著特征）为模型开发的。事实证明，它们惊人地耐用——吸附在鲸鱼身上的时间比之前的标签长出数倍，甚至能承受住鲸鱼俯冲时的巨大水压。他还播放了一段无人机拍摄的视频，视频中一群鲸鱼在海面附近互动，画面与水下收到的各种声音同步。于是，我看到了一群鲸鱼发声时，其他鲸鱼改变了路线，游过来与它们轮流“讲话”的情形。这让我享受到一种“上帝视角”，就像在《模拟人生》里观察角色互动一样。我意识到，我以前从来没有在观看水下动物互动的画面时听到它们的声音。我们以往观看的海洋影片一直是“默片”。

鲸类翻译计划的鲸鱼监听工作总体上进展顺利。短短一个月内，监听阵列记录到的抹香鲸“鲸语”是从前所有记录的两倍还多。有了这些数据，团队便可以利用人工智能将不同鲸鱼的声音区分开来，哪怕它们聚集在一起，研究者也能追踪到不同鲸鱼发声的动态变化。他们发现，鲸鱼似乎和我们人类一样是轮流说话的，而不是同时开口叽叽喳喳；它们会先听对方在说什么，再做出回应。这意味着鲸鱼可能在进行“对话”，也就是交换有意义的信息。由于标签能够长时间黏附在庞大的鲸鱼身上，即便它们潜入一千多米深的深海也不会脱落，因此研究人员能够观察到鲸鱼在狩猎时保持沉默、返回海面时又开始你一言我一语的行为模式。

此外，鲸类翻译计划团队认为，他们可能已经破译了抹香鲸的第一个“单词”——它们启动俯冲的声音信号。最令人瞩目的是，由普拉秋沙·莎尔玛（Pratyusha Sharma）领导的鲸类翻译计划人工智能科学家团队认为，他们甚至已经勾勒出完整的抹香鲸语音字母表。目前，我们认为抹香鲸的交流是由 30 多种咔嗒声组合而成的；他们的初步分析则表明，这种看法实在太粗糙了。他们认为，这些咔嗒声的内部还存在更小、更多样的单元。在人类的自然语言中，这一点可是关键特征——我们将没有意义的小单元（音素）组合成近乎无限的、有意义的较大单元（语素 / 词），从而让我们拥有广阔的描述能力和灵活性。鲸类翻译计划目前的分析结果可能会使抹香鲸在语言上比以往任何动物都更接近人类。

此外，通过监测，鲸类翻译计划团队也注意到鲸鱼发出的其他非咔嗒声（咕噜声和其他声音）的重要性。从早期测试来看，这些声音呈现出复杂的模式，这与人们认为鲸鱼的交流方式简单且不像语言的预期不符。当你读到这篇后记时，完整的监测阵列应该已经就位，预计在未来三到五年里会提供 40 亿条以上的录音——如此庞大的数据集，足够研究人员调集最强大的机器学习语言模式工具来投入工作了。我和大卫见面时，上述内容正在接受同行评审。正如大卫提醒我的，他们或许想错了——分析过程可能存在缺陷，他们的推测可能有偏差。但即使如此，天啊，这一切也仍然令人兴奋。

我们谈得太过投入，一直到太阳快落山了我才全速奔向市中心，再晚我就赶不上去佛蒙特州的巴士了。我望着新英格兰的风景，内心激动，思绪飘往遥远的深海和咔嗒咔嗒的“对话声”。

到了那一周稍晚些时候的一天早上，丽莎为罗杰准备好早餐，将他照顾妥当。然后，我们就坐在他的床边，接听大卫从温哥华打来的电话。“我们原先面临的风险之一，就是鲸鱼有可能无聊透顶，”大卫说，“至少现在我们已经排除这个风险了！”罗杰哈哈大笑。之后他坦承，起初他对选择追踪抹香鲸而不是座头鲸这一决定持怀疑态度，因为他认为座头鲸可能“更有话说”。但他的想法改变了：“我的感觉是，抹香鲸的确在做一些非常有意思的事情。”我问他，无法亲身参与这些激动人心的时刻，只能困在佛蒙特内陆，并且可能再也无法重返海洋去聆听它的声音，对此他有什么感受。“如果真的无缘见证这一切，那会令我非常沮丧。”他说，“当你看到一件事情从一开始就展现出如此强劲的势头，你却对它的前景无动于衷，那才真是疯了。”

AI 大行其道，其中一些令人毛骨悚然

我刚动笔写这本书时，面临的一大挑战是人们并不了解什么是人工智能。我认为，他们不会相信人工智能可以帮助我们完成诸如翻译鲸语这样的高难度任务。如今，情况已经大为不同，人工智能系统已经成为我们生活的一部分。2020 年 8 月新冠肺炎疫情期间，英国政府无法召集学生参加考试。于是，他们决定使用算法来预测成绩。结果惨不忍睹：超过三分之一的学生成绩低于教师预测的分数，他们的人生机遇也因此减少。成千上万的学生走上街头，抗议这种难以捉摸的计算干涉他们的人生。一条横幅上写着："去他 × 的算法。"最终，政府不得不退让，撤销了这一决定。

然而，比起不灵光的人工智能，表现过于出色的人工智能破坏力更大。在我所从事的野生动物纪录片行业，人被机器取代的现象比比皆是。我花了好几年才掌握镜头曝光，养成肌肉记忆，用长焦镜头跟踪快速移动的拍摄对象（如蹦跳的袋鼠和俯冲的鸟类），同时保持不虚焦。而现在，我的摄影机可以识别人类和动物的面部，并为我跟踪拍摄，拍得又稳又清晰。它拍得实在太好，以至于在某些情况下我（先是不情愿，然后漫不经心地）开始让它"接管"拍摄了。我拍摄罗杰时，人工智能工具稳定了画面使其不再抖动，并通过光圈精准地调节中灰密度滤光镜（即减光镜），使画面实现完美曝光。这些在过去都是专业摄影师的工作，如今都包含在摄影机的软件包里。

最近，人工智能工具甚至在一次自然摄影比赛中愚弄了评委，凭借一张合成照片夺得风景类作品大奖。这张照片是人工智能学习和处理了数百万张真实照片后生成的，也骗到了我。人工智能语言工具能通过律师资格考试，还会写诗。我们训练的机器已在所有传统的战棋游戏（如国际象棋和围棋）和新式的战争游戏（如《魔兽争霸》《星际争霸》）中击败了人类，现在甚至连我们的战斗机飞行员也在军事模拟器上败给了人工智能。我们已经在预测新型流行病病原体和核反应堆设计中使用人工智能系统。我们也将一些模型与所能收集到的人类知识连接起来，包括讨论机器有没有可能、怎么推翻并毁灭我们。能出什么问题呢？

趁着罗杰睡觉，我看了看推特。关于通用人工智能（AGI）的论战正如火如荼。未来的计算机系统有可能在所有智力任务上超越人类。有人认为，这些系统可能会自我发展至人类无法控制的地步，然后故意或无意之中杀死我们所有人。有些人提出，在目前没有任何监管的情况下，各大公司正为发展这种“神力”而争先恐后，最终会导致我们的灭亡。另一些人则称，这些不过是科幻小说的情节，通用人工智能要好几百年之后才可能实现，更何况我们随时可以拔掉电源或告诉它应该做什么。说着说着，又把各国首脑扯进来了。

我试着从生物学的角度来理解通用人工智能的真正意义，结果让我坐立难安。如果把这些机器视为新型“大脑”，那么我们创造的它们已经摆脱了生物大脑所面临的诸多限制。它们没有坚硬头骨的束缚，其计算机躯体可以无限膨胀和扩充；它们不眠不休，也不会因性、不安全感或自负而伤神，因此可以持续学习和训练。与我们人类的大脑一样的是，它们也需要大量能量，只不过不需要动植物来制造和提供燃料（葡萄糖），而是靠电力运转。它们甚至不需要恒定的大气，也不需要稳定的温度环境。它们不是“存活”在生物体内，而是生活在企业实体的保护伞下。这些企业的防御能力比生物界的毒刺和厚重甲壳更强，更何况还有律师组成的“铜墙铁壁”。在法律迟迟跟不上、无法限制其发展的“栖息地”，通用人工智能正在肆意生长。从演化上来说，当一个物种具有新的适应性，能够在没有竞争、寄生虫或天敌的情况下，充分利用全新的资源和环境并保持高增长率时，它们就会迅速蔓延，并打破其所侵入环境的生态平衡。正如一位从事人工智能前沿研究的好友在短信中对我说的：“我们使这些系统更强大的速度远远超过我们让其安全运行的速度，所以在这个过程中我们有很大的风险会被灭绝。”别忘了，这些非生物“大脑”还有另一个优势，它们不会死亡。

我机器人，你鲸鱼

那么，在机器学习和鲸类研究领域，我们能觉察到哪些风险？既然人类最近已经能够以新的方式与其他动物交流，我们该如何防止人类利用它们来达到可怕的目的？当然，人类也躲不过非预期后果法则*：我们无意间用噪声和塑料污染了海洋，用光照搅扰了夜空，却丝毫没意识到这给其他生物造成了多大的破坏。那么，我们与动物“交谈”，是不是也会污染它们的文化？毕竟，我们与同类“第一次接触”的记录都惨不忍睹。

地球物种计划的阿扎·拉斯金最近在世界经济论坛上发言，声称人类很快就能深度伪造（deepfake）鲸语。事实上，他认为这种情况很可能已经发生了。地球物种计划的研究伙伴使用座头鲸的召唤叫声（人们认为这可能表示类似“你好”的意思，也有可能编码了鲸鱼的“名字”）来训练一个语言模型，并生成新的呼唤声播放给鲸鱼听。需要指出的是，数十年来人类一直在对其他物种进行此类“叫声回放实验”。从猴子到鸟类，再到大象和海豚，科学家们长期对这些研究对象播放它们自己的声音和经过修改的声音，观察它们的反应，并试图理解这些声音可能具有的含义。

我们一直在做一件事，并不意味着我们应该继续做下去。有一种观点认为，这些回放实验或许能帮到鲸鱼，比如，我们说不定能摸索出一种提示音，警告它们有船只迎面驶来。也许鲸鱼对我们播放的合成声音根本没有反应，但无论怎样，在我看来这种能力已经足以令人不安了。今天的人工智能不同以往

* 非预期后果法则：指出于特定目的而采取的行动，却往往带来意料之外的后果。——编者注

之处在于，我们播放给动物的声音很可能更加逼真。正如阿扎的举例，他一句中文都不会说，现在也能创建一个中文聊天机器人，并且让中国人也觉得它语言流畅。他认为“我们很可能……（从鲸鱼的角度来看）能够通过鲸鱼图灵测试”，也就是说，我们能够让鲸鱼相信，它们听到的是其他鲸鱼或它们自己在说话。假设你正在海中畅游，突然船上传来一个陌生、诡异的声音跟你打招呼，那么它会令你害怕、好奇，还是把你逼疯？这已经远远超出了《怪医杜立德》所想象的与动物对话的范畴。正如阿扎所说，“一场类似第一次接触的时刻即将到来，但我认为它不是按我们预期的方式发生的”。

海洋中的文化早已存在，可能比人类文化更加悠久。它们承受着巨大压力，我们也站在了十字路口：我们发现了鲸鱼文化的存在及其脆弱性，与此同时也拥有令人震惊的力量。CRISPR（Clustered Regularly Interspaced Short Palindromic Repeats）是一种基因编辑技术。地球物种计划的一位合作者评论说：“我们必须非常谨慎，因为我们可能刚刚发明了一种改变文化的‘工具’，就像 CRISPR 任意改变基因一样。”我们不是先解码鲸鱼“语言”，再决定要向它们传达什么信息，我们现在可以先交流，再去理解。退一步说，向拥有复杂声音文化的脆弱动物播放半随机的人工智能生成声音，会不会是一个糟糕的主意？我们是否应该停止所有实验？

自本书出版以来，我意识到，我们关于自然和技术的大部分对话变得多么简单化，而我又是多么不愿意助长这种倾向。我认为，技术对于自然来说本质上没有好坏之分。它是一种非常强大的力量，能造福自然，也能带来伤害。我们必须正视这样一个事实：我们强加给其他动物的最残酷的行为中，很多都是由专用机器设备实现的。在集约化农业系统中，家猪常常被关在混凝土高楼里，现在甚至还有人工智能系统 24 小时监控，从而确保它们处于最佳的生长状态。斯科特自动化公司（SCOTT Automation）有一套羊肉加工系统，先用 X 光扫描每只羊并进行三维重建，然后以每分钟 12 头全羊的速度完成全自动切割和剔骨。也就是说，每五秒钟就有一只羊通过这台机器被切割。美国军方曾将蝙蝠用作活体燃烧弹，海豚则被训练用来杀死敌方的潜水员和布设水雷。

信息就是力量，关于动物交流系统的信息可以带来强大的力量。和有关人工智能的广泛讨论一样，这些快速发展的工具也可能带来助益和希望。罗杰·佩恩的成功，与水听器、频谱图和碟片密不可分。我们利用海洋工具取得的发现，可以推动海洋保护领域的巨大变革。技术背后的初衷很重要；与单纯追求利润的企业 CEO 不同，我相信如果科学家和保护主义者发现他们的工作正在造成危害，他们更有可能会及时收手，并且在制度上支持这种做法。哲学家、技术专家乔纳森·莱加德（Jonathan Ledgard）走得更远。他认为，我们必须引导人工智能去关注大自然，这至关重要。“人工智能放大了人类中心主义。”

他写道，“如果它在进化的早期阶段对非人类生物缺乏好奇心，那么它就不太可能成为这些生物的守护者，甚至连它们的消失都不会记录下来……因为野生动物、树木、鸟类和其他生物缺乏金钱和话语权，人工智能完全有可能在应该关注它们的时候对它们‘不闻不问’。”

当然，如果在揭示和研究这些文化的过程中破坏了它们，那将是一场灾难。这就像惊奇的探险家呼吸时腐蚀了古老的洞穴壁画，我们翻阅古籍时指尖的油脂会模糊手稿的字迹一样。但是，将这些动物文化与科学隔离开来似乎也无助于拯救它们，因为它们的世界已经被我们人类填满了——它们所受的干扰只有一小部分来自科学家。

那么，当工具革命为我们同时带来了制造伤害和赋予关怀的新机遇时，我们该如何在一些人所称的“跨物种时代”找到前行的方向？我们要放弃这一切吗？鲸目动物已经面临生存危机，因此某种程度上说魔鬼已经被放出瓶子，我们覆水难收了。在我看来，有一个观点很有说服力，那就是自然界正遭受重创，我们更不能让坏人把持这些强大的新机器。从这个角度来看，仅仅因为某些人工智能工具是 Facebook 等公司创造的，就放弃它们、不加以利用来帮助保护自然，就好比因为海盗开船就完全弃船不用。软件只会按照给定的指令运行，而如何运用这些力量是我们可以选择的。抽身而去，只会让那些无所顾忌的人乘虚而入。理解动物在说什么、与鲸鱼交谈，听起来或许傻乎乎的，像儿童故事一样幼稚，但其实一点都不傻。其他物种也有自己的文化。我们可以向它们学习，也许很快就能与它们交流。它们脆弱、独特、珍贵，并且不属于我们。人工智能与大自然相遇所带来的可能性天差地别，取决于我们选择如何使用这些工具。我写这本书，就是希望人们能够认真对待这个想法，我认为它是极其严肃的。

如果动物翻译奏效了

我相信，现在已经到了认真讨论保护非人类文化的时候。更广泛地说，也到了在人工智能时代维护大自然数字权利的时候了。或许，我们可以在近几十年的历史中寻求指引。我们已经有过前车之鉴，蹚过了新兴生命科学技术埋下的伦理雷区。

1982 年，面对胚胎学的发展，如体外受精以及其他争议更大的子宫外人类胚胎操作技术，英国政府启动了为期两年的调查。调查由哲学家沃诺克女男爵（即玛丽·沃诺克，Mary Warnock，1924—2019）主持，汇集医生、社会工作者、精神病学家、神经学家、各部大臣和公众代表的意见，力图制定一个指导方针，为英国解决这些新技术力量带来的伦理困境，例如试管婴儿的亲缘关系、胚胎冷冻和研究的时间限制，以及代孕机构的合法性等。这些方针最终形成法律。

1996 年，人类基因组计划（在工作开始前）同意将其发现的所有遗传信息无偿公开，而不是像其竞争对手威胁的那样申请专利并出售。不仅如此，人类基因组计划还承诺，在完成测序的 24 小时内就将结果公开。

和沃诺克调查一样，我建议我们广泛召集哲学家、科学家、政策制定者，或许还有代表其他物种的人类代表（就像律师代表无法自己开口说话的当事人，比如幼儿），共同商讨如何应对人工智能的问题。和人类基因组计划一样，我们可以强制要求相关研究公开，并确保研究成果向所有人开放，不得出售。我们还可以制定国际实践准则，并根据新发现适时进行调整。我认为这是个紧迫的问题，我们必须防患于未然，在发现最严重的危害之前就采取行动，以免任由动机不良者肆意破坏。

我们今天拥有的许多人工智能工具，都是私营公司创造的。但正如哲学家詹姆斯·布赖德尔（James Bridle）所说："当智能被企业想象出来时，它就显得贫乏无力。"我非常认同詹姆斯的观点，我们对这些工具使用方式的设想不应该被创造它们的实体来决定和限制。如果我们想与鲸鱼"对话"，我们是否应该首先就如何将风险将至最低的计划达成一致，并就我们可能需要讨论的内容达成共识？是否应该暂停私人 / 营利性的交流研究？还是说，这么做会阻挡我们了解其他物种的途径？谁在我们的文化中代表它们的利益？联合国是否应该提供一个平台，以便我们与其他物种的代表对话？我们怎样才能征得它们的同意，与它们进行接触？所有的数据将流向何处？世界各地的自然历史博物馆是否也应该成为地球数字生命的仓库，而不仅仅是收藏骨骼和皮毛？是否任何公司、大学、独立个人或组织实体都能享有聆听鲸鱼和其他动物声音的权利？我们如何向鲸鱼解释，它们的知识产权在陆地上已经有了使用限制？

我问大卫·格鲁伯，当鲸类翻译计划在这个全新领域迈出第一步时，他有什么感想。“重要的是，要思考是谁在进行研究，以及目的何在。”他告诉我，“对鲸类翻译计划来说，关键是反复地问：这项工作是否真正为鲸鱼服务；它如何加深我们与海洋生命的联系，改善我们的管理和保护。”他的研究能否为我们开展跨物种工作提供一个样板呢？或许，当我们思考如何与其他动物交流时，我们也应该遵循一个古老的人类习俗：先倾听，后发声。

又见面了，老朋友

在拜访罗杰的几个月前，我收到了快乐鲸鱼网站的研究人员泰德·奇斯曼发来的消息。他们开发了一个新版的鲸鱼识别软件，可以即时识别鲸鱼。乔根·厄本（Jorge Urban）和他的团队正在墨西哥附近的太平洋座头鲸繁殖区域测试软件原型。有一天，他们遇到三头座头鲸。他们使用了这款新软件，结果显示，在这片茫茫大海的数千头鲸鱼里，他们面前的三头鲸鱼中有一头正是我的老朋友：CRC12564——“头号嫌疑犯”。鲸鱼经常蜕皮，“头号嫌疑犯”在他们的船附近蜕了一些皮，他们设法捞起了足够进行 DNA 分析的样本。就在这篇后记随平装本付印之前，分析结果出来了。现在，我可以确认："头号嫌疑犯"是一头雄鲸！

他们恰好随身携带着编号为 PTT849 的 GPS 标签，便轻轻地将它吸在"头号嫌疑犯"身上。于是，我才能从凄冷昏沉的伦敦寒冬，一路追随这头七年前扑到我身上的巨型野生动物，在热带海洋中漫游。"头号嫌疑犯"离开班德拉斯湾（Bahia de Banderas），沿着哈利斯科州（Jalisco）外海向南游，然后转头沿纳亚里特州（Nayarit）向北，经过耶拉帕（Yelapa）和圣布拉斯（San Blas）。据丹尼尔·帕拉西奥斯博士（Dr. Daniel Palacios）说，在标签失去信号之前，它一直在这里"转悠"。

目前，快乐鲸鱼网站只能通过鲸鱼尾部的照片来识别座头鲸个体，泰德和团队正在着手进行一个更复杂的任务：从任何身体部位的照片中识别出多个不同物种的鲸鱼。为了让人们有兴趣参与其中，他还计划使用 ChatGPT 这样的生成式文本人工智能工具，将所有数据转化为邂逅的每头鲸鱼的生平故事。我的梦想是，将快乐鲸鱼网站在海面上的照片识别结果与海底水听器记录的鲸鱼叫声联系起来。这样一来，你看到一头鲸鱼，拍下照片，立即就能了解它的身份，然后倾听它交流和歌唱的声音。你甚至可以知道，它们的名字在"座头鲸语"里是怎么发声的。每头鲸鱼都有独特的声音，因此你可以在我们跨越整个海洋记录下的数十年的音频中找到它们，并穿越到过去，聆听它们经历的时光。如果鲸类翻译计划的动物翻译工具奏效的话，你还可以知道它们在“说”些什么。

短短几年间，我就对这头跃出水面砸在夏洛特和我身上的鲸鱼有了这么多了解。设想一下，如果这些工具应用于全球各地的其他动物（比如花园里的鸟儿），又将意味着什么。当你望向窗外看到一只椋鸟，或在晚间散步时听到一只夜莺鸣唱，你不仅能知道它们是什么鸟，还能知道是哪只鸟。你了解它们去过的地方，将它们的迁徙时间和歌声与其他个体进行比较。你不是把它们看作某类物种，而是拥有个性的个体，把它们当作“人”。

这段漫长的旅程已至尾声，我在想，是不是应该把书名改掉。不叫《如何与鲸交谈》，改作《如何倾听鲸语》也许更合适。我想起座头鲸“头号嫌疑犯”的生活第一次与我的生活碰撞时，乔伊·雷登伯格对我说的话：“你没法问一头鲸鱼，‘你干吗要这么做？’”现在我能找到它，说不定很快就能问它了。不过，随着我对它和它的同类了解越来越深，我发现我不是那么在意它对我做过什么，以及它为什么那么做的原因了。想要知道一个以自己为主角的故事，只有人会这么想！我怀疑它根本没考虑过我。如此一来，我更想深入了解它了。

如果我再次与这头鲸鱼相遇，并且语言不再是障碍，那么我会问它一些问题。我想知道，对它来说什么是最重要的。我想请它向我展示一头座头鲸眼中的海洋奥秘，帮助我理解它所关心的事物。因为，我们越是倾听和观察，对鲸类关注的事物就越感到困惑。

最近，直布罗陀海域的虎鲸一直在破坏帆船的舵。这种行为已经在虎鲸群中蔓延开来，并扩及整个海洋；有些虎鲸甚至成功地撞沉了一艘船，使数十人伤残。现在，它们又开始在苏格兰北部海域袭击船只了。科学家们认为，它们在互相传授这项“技能”。至于原因，他们也无法解释。是出于报复吗？还是它们将这些船只视为威胁？卢克·伦德尔认为，这可能只是它们文化中正流行的一种时尚。这不是什么新鲜事。1987 年，太平洋西北部的一群虎鲸把鲑鱼当帽子戴，一头母鲸头顶一条鱼，戴了好几天。这种热潮兴起后，另外两个鲸群很快也开始“赶时髦”。几周后，它们突然停止了这种行为。为什么呢？在撰写本文时，加利福尼亚沿海出现了大规模的虎鲸聚集，它们来自不同的母系家族和种群，数量之多前所未有。我们无法解释这一现象。

1987 年，一艘破冰船上的俄罗斯水手为两千头被困的白鲸播放古典音乐，引导它们脱险。这种办法为什么会奏效呢？再一个世纪前，灰海豚“罗盘杰克”（Pelorus Jack）在 24 年间引导船只穿越险恶的库克海峡。海豚每次为一艘船领航，时长 20 分钟。等待的水手们会把船停下，等引航员杰克回来，再跟随它安全通过这片凶险的海域。是什么驱使这头海豚这么做的？

此时此刻，一些海豚正在某些海域乘风破浪。在亚速尔群岛，抹香鲸“收养”了一头脊柱畸形的宽吻海豚。这种行为背后的驱动力是什么？在冰岛，虎鲸“收养”或者说“拐走”了一头领航鲸幼崽。在圣胡安岛附近，人们看到以猎食哺乳动物为生的虎鲸与一头鹿共泳。在澳大利亚的天阁露玛（Tangalooma，也称“海豚岛”），海豚还会在岸边给人类留下“礼物”。就在我写这段话的时候，长须鲸的声音正穿透地壳，灰鲸母亲正与幼崽耳语，才出世的弓头鲸已经准备吟唱古老的歌谣。它们的声音中蕴含了什么？我们有没有希望理解这些多样、奇特、濒临消失的海洋文化？

这些问题对我来说是如此迷人。令人费解的是，我们给予它们的关注和资金投入少得可怜。2022 年，欧洲核子研究中心（CERN）超大型强子对撞机的预算高达12亿欧元，詹姆斯·韦伯太空望远镜更是耗资 100 亿美元。对动物交流的研究从未获得过这种数量级的经费支持。相比之下，理论上的亚原子粒子和遥远的超新星，它们在宇宙中无处不在，也并未濒临灭绝。

对罗杰而言，这不仅关乎鲸鱼，更关乎拯救生命——我们自己，以及其他生灵。在我拜访罗杰期间，他刚刚为《时代》杂志完成他的最后一篇文章。他在文中回顾了科学史，得出的结论是，我们早已发现了最重要的洞见，却未能完全领会它的奥义。“就是这样，”他写道：

包括人类在内，每个物种依赖其他一系列物种的共同作用，才能维持这个世界适宜其栖居的特性。我们已经发现并命名了一部分这样的物种，但对它们的生活方式、作用机制和相互作用所知甚少。我们生存所面临的最大困难不是技术上的，而是情感上的。那就是“想办法激励我们自己和人类同胞，将物种保护作为我们的最高使命”。如果我们无法认识和把握这种现实，那么我们必将“彻底灭亡”。现在，是时候再次聆听鲸鱼之声了——这一次，我们要带着我们所能汇集的所有同理心和创造力去聆听。

如今回看罗杰的故事，我们因为50年前倾听鲸鱼的声音而拯救了它们，这一点似乎已是定论。但请记住：罗杰踏上这段旅程时，他的做法看似很疯狂。“它们注定要灭绝”“没有人在乎”“谁会赌他能成功呢？”他告诉我，他当时不知道这么做是否可行，但他必须放手一试。这次尝试，让他感到事情会好起来的。

我向他问起未来。这是个黯然的时刻。

罗杰说，他觉得他的孙辈将生活在“一个日渐缩小的世界”，这令他“心痛不已”，因为到那时他“已经不在了，帮不了他们”。尽管如此，他还是从一个意想不到的来源汲取了一些希望：人的本性。当人们注意到新事物、感受到与他者的联系、改变自己的想法时，他们就能“迅速地改变，快得甚至让其他人追赶不上”。对此，没有人比他更深有体会了。

临别时我向他请教。“该如何倾听呢？”我问罗杰。

“专注地听，”他说，“你应该静静地倾听。不要让其他任何事物分散你的注意力。以一种全然开放的心态去听。这就是倾听的方式。”后来，当我坐着长途客车穿过佛蒙特州，远离了罗杰那日渐脆弱、衰退的自然之力，越过因冰雪融化而骤然涨水的河流时，我整理思绪，回想着他对我说的话。

这是我记下来的：

不要放弃人性。借助人性，与人类以外的世界建立情感联系。走向大海，保持好奇，全力以赴。一路欢欣快乐。

这是他所做的，也是我们所能做的。

再见了，我的朋友。

谨此纪念罗杰·赛尔·佩恩（Roger Searle Payne），1935—2023。